科学技术政策译丛

塑造科学与技术政策
新生代的研究

Shaping Science and Technology Policy
The Next Generation of Research

〔美〕David H. Guston Daniel Sarewitz 主编   李正风 等译

北京大学出版社
PEKING UNIVERSITY PRESS

著作权合同登记号：图字 01-2009-1272 号

图书在版编目(CIP)数据

塑造科学与技术政策：新生代的研究/(美)古斯通(David H. Guston)，(美)萨雷威策(Daniel Sarewitz)主编；李正风等译. —北京：北京大学出版社，2011.8

(科学技术政策译丛)

ISBN 978-7-301-15974-3

Ⅰ．塑… Ⅱ．①古…②萨…③李… Ⅲ．科技政策-研究 Ⅳ．G301

中国版本图书馆 CIP 数据核字(2009)第 179157 号

Shaping Science and Technology Policy：The Next Generation of Research. Copyright © 2006 by The Board of Regents of the University of Wisconsin System. All rights reserved.

书　　　名：	塑造科学与技术政策——新生代的研究
	(Shaping Science and Technology Policy：The Next Generation of Research)
著作责任者：	〔美〕David H. Guston　Daniel Sarewitz　主编　李正风　等译
责 任 编 辑：	郑月娥
封 面 设 计：	林胜利
标 准 书 号：	ISBN 978-7-301-15974-3/G · 2701
出 版 发 行：	北京大学出版社
地　　　址：	北京市海淀区成府路 205 号　100871
网　　　址：	http://www.pup.cn
电　　　话：	邮购部 62752015　发行部 62750672　编辑部 62767347
	出版部 62754962
电 子 邮 箱：	zpup@pup.pku.edu.cn
印　刷　者：	涿州市星河印刷有限公司
经　销　者：	新华书店
	730 毫米×1020 毫米　16 开本　21.5 印张　400 千字
	2011 年 8 月第 1 版　2011 年 8 月第 1 次印刷
定　　　价：	54.00 元

未经许可，不得以任何方式复制或抄袭本书之部分或全部内容。

版权所有，侵权必究

举报电话：010-62752024　电子邮箱：fd@pup.pku.edu.cn

科学技术政策译丛

学术指导委员会
　　主任：孙家广　方　新
　　成员：（按汉语拼音排序）
　　　　　曹　聪　韩　宇　柳卸林　梅永红　穆荣平
　　　　　潘教峰　任定成　沈小白　汪前进　王春法
　　　　　王作跃　薛　澜　曾国屏　赵万里

编辑工作委员会
　　主任：韩　宇
　　成员：刘细文　龚　旭　李正风　陈洪捷　李　宁
　　　　　洪　帆　陈小红

Shaping Science and Technology Policy

The Next Generation of Research

Edited by
DAVID H. GUSTON
and
DANIEL SAREWITZ

总 序

  当代科学技术发展的一个重要特征,就是国家广泛而深入地参与,推动科学技术走向规模化,支持成果实现产业化。科学技术政策作为国家重要的公共政策的一部分,是科学技术飞速发展的助推器,它包括两个方面的重要内容:一是以发展科学技术本身为目标的政策,二是以科学技术为基础支持相关领域发展(如医疗卫生、环境保护、网络社会、国土安全、产业结构转型等)的政策。在20世纪上半叶以及此前相当长的一段时间,科学技术活动基本上属于科学家、工程师以及科研机构、大学和企业的自主行为,在国家层面尚缺乏有关科学技术发展的整体政策考虑和系统战略设想以及相关体制机制建设。20世纪60年代以来,随着一些国家政府对科学技术投入的不断加大,不仅发展科学技术本身的政策得到政府的重视,利用科学技术成果促进经济增长和社会进步等更广泛的社会目标也成为国家科学技术政策的重要组成部分。

  西方科学技术政策研究经历了萌芽、发展和成熟阶段,现在已经演变成为一个涵盖多学科的前沿领域,产生了众多影响深远的研究成果和学术著作。科学技术政策涉及了政府管理、教育政策、税收政策、贸易政策、人才政策、信息政策、环境保护政策等,还与产业发展战略、区域发展战略、国家竞争战略等密切相关。随着数字化和网络化发展,当代科学研究活动还呈现出"E"化(电子化或虚拟化)的特点,建立在数字模拟基础上的科学研究活动已经凸现;同时,科学数据的开放使用进一步实现了科研仪器、科研工具、试验数据的共享,改变了传统科研的手段乃至研究范式;网络化还推动了科研活动成为社会公众关注的"透明性"工作,进而扩大了公众参与科学技术政策制定的广度与深度。无论是新的科研范式的出现还是公众参与政策制定程度的提高,都必将促进科学技术本身以及科学技术政策的转型。

  曾经在古代创造出灿烂文明的中国,之所以在近代落后于西方,固然有其政治、经济、文化等方面的多种原因,但在"闭关锁国"的环境里未能赶上近代世界科学技术和产业革命迅猛发展的浪潮,无疑也是一个重要的原因。新中国建立以来,党和国家历代领导人都认识到大力发展科学技术的重要性,毛泽东同志发出了"向科学进军"的号召,邓小平同志提出了"科学技术是第一生产力"的著名论断,江泽民同志确立了科教兴国和可持续发展的战略思想,胡锦涛同志提出了提高自主创新能力、建设创新型国家的宏伟目标,并通过实施相应的政策措施来促进我国科学技术的发展。

在新中国60多年的历史中,科学技术政策研究以及制定经历了从无到有、从自我完善到与国际接轨、从简单一维到综合集成、从跟踪模仿到自主创新的过程,并伴随我国改革开放与经济社会发展的历程而变化演进,当今正迈向以面向未来经济社会结构转型与核心竞争力提升为目标、服务于创新型国家建设的新时代。我国在21世纪要实现建设创新性国家的战略目标,制定和实施面向自主创新的科学技术政策,不仅需要系统认识科学技术自身的发展规律,还需要深入研究科学技术与经济发展、社会进步、生态文明之间的关系问题,而借鉴和学习发达国家的经验无疑是不可或缺的。

20世纪90年代"冷战"结束以来,西方科学技术政策领域发生了很大变化;网络化和全球化的趋势,不仅改变着传统科学研究的模式,而且促进了公众与科学技术人员以及政策制定者的互动,进而推动政策研究前沿的进一步发展。这些新特点和新进展需要我们及时了解和掌握。

改革开放以来,科学技术政策领域的译介对我国相关政策研究和实践的发展起到了巨大的推动作用。为了全面及时地了解国外科学技术政策相关领域的新进展,进一步拓展我国科学技术和创新领域政策的研究视野,为了满足新世纪我国科学技术的快速发展以及国家经济社会转型对科学技术政策提出的新的要求,为了改进科学技术决策的体制机制,提升科学技术在我国自主创新能力建设中的重要作用,国家自然科学基金委员会和中国科学院于2008年研究决定,共同组织翻译出版《科学技术政策译丛》(以下简称《译丛》)。经商议决定,遴选近年来在科学技术的社会研究、科学技术和创新政策、科学技术政策史等领域的代表性论著,组织中青年优秀学者进行翻译。书目遴选的原则共有四项:一是经典性,选择在科学技术政策及相关领域有影响的著述,以经典著作为主;二是基础性,选择科学技术政策及相关领域的基础性研究专著;三是时效性,选择20世纪90年代以来的著作;

四是不重复性，选择国内尚未翻译出版的著作。

为了保证《译丛》的学术权威性，特设立学术指导委员会，由我国科学技术管理部门的政策调研与制定者、活跃在政策研究及相关领域一线的年富力强的中青年学者以及在相关领域具有一定学术影响的部分海外华人学者组成，负责书目遴选和学术把关。为保证《译丛》翻译和出版工作的顺利进行，还设立了编辑工作委员会，具体负责翻译出版的组织工作。

衷心感谢国家自然科学基金委员会和中国科学院领导的大力支持，同时也感谢《译丛》学术指导委员会、编辑工作委员会、译者以及北京大学出版社等的辛勤劳动。期望《译丛》能够在理论和实践两个方面对提升我国科学技术政策的研究水平具有指导作用。

国家自然科学基金委员会副主任　孙家广
中国科学院党组副书记　方　新
2011年1月于北京

前　言

关于未来的最好的观察,是通过那些还没有接受未来是过去进化的延伸这种观点的年轻学者的眼睛。本书作者是从大量候选者中竞争地挑选出来的,他们的工作从新颖的视角探讨了各种各样的新议题。他们提出的许多思想可能不会很快被联邦的官僚机构接受,这些思想是对科学和技术应该如何体现代表民意的社会目标的探索。

由于认识到它们之间的相互驱动,新的视角采用了一种关于"为科学的政策"和"为政策的科学"的更加整合的观点。尽管这些文章被组织到关于政策、科学、技术和新遗传学几个部分,但这一代学者却不再浪费时间去过分关心这些范畴之间的区别。每当他们的观点是关于全球的,同时也就是关于本国的。在这本著作中甚至不存在一丝技术决定论的痕迹。关于政策的争论的结果,以作者们的观点,无疑是被社会、文化和政治因素塑造的。但是这些作者也没有落入社会建构论的陷阱,技术的事实和知识上的差距在这里都得到了关注。

David Guston 和 Daniel Sarewitz 已经在鉴别这个日见重要的学者群体并给予其显示度方面,对科学和技术政策研究的兴旺作出了重要的贡献。在他们的工作中,有值得政府资助机构和基金会支持的研究议程。

不幸的是,科学和技术政策研究者,特别是年轻一代的学者,能够找到研究资助的空间很有限。这种不幸局面的一个无意识的后果是,年轻的学者经常要在学术的支持之外指望得到以解决问题为导向的项目的资助,结果是他们既考虑理论的建设又着眼于实践的观点的旨趣同时得到了加强。

据我所知,这次研讨会是这类会议的第二次,第一次研讨会是几年前在夏威夷召开的。通过一个或多个基金会和联邦机构的支持召开这样的研讨会并出版其论文,应该变成一种定期的工作。只要美国的科学和技术政策研究还没有制度上的家园,把年轻的研究者时不时地结合在一起的机制就是特别重要的。

Lewis M. Branscomb

致　谢

　　对任何一本书的出版而言,亏欠个人或组织的债务都很多。这本书所积下的欠债可能更甚,因为它是一项由众多有才能的人多年参与到"新生代"项目中的成果。本书源自国家科学基金会(NSF)发起的一个研讨会,它展示了体现在这个"新生代"项目中的学术的、专业的努力,但只是其中的一个小部分。

　　我们非常感谢国家科学基金会的 Rachelle Hollander 和 Joan Siebert,以及匿名评议专家,他们帮助我们提炼并最终同意支持我们关于研讨会和出版本书的提议。对我们项目的委员会,Steve Nelson、Lewis Branscomb、Sharon Dunwoody、Diana Hicks、Gene Rochlin、Paula Stephan、Willie Pearson、Mike Quear 和 Chuck Weiss,我们表示敬意和感激,他们帮助我们从最初收到的应我们征求的近 90 份提议中,筛选出大约 24 位邀请到会议发言的年轻学者。有些项目委员会的成员还和 Barry Bozeman、Andrew Reynolds、Helga Rippen、Christopher Hill、David Goldston、Lee Zwanziger 一样担任了会议的讨论人。

　　这个项目是由新泽西州立大学罗格斯分校(Rutgers, the State University of New Jersey,当时我们中的一位在那里执教)与科学、政策与结果中心(Center for Science, Policy, and Outcomes, CSPO,当时在哥伦比亚大学,在我们中另一位的主持下)合作的成果。罗格斯分校的 Linda Guardabascio 和 Fran Loeser 在项目拨款的管理方面,以及 Ellen Oates 在行政和编辑方面提供了非常大的帮助。在CSPO,Stephen Feinson 和 Shep Ryen 保持了项目正常运行。对重新命名的"科学、政策与结果协会"(Consortium for Science, Policy, and Outcomes,在亚利桑那州立大学重建),我们要对 Misty Wing 和 Lori Hidinger 难以估价的帮助表示感谢。

　　美国科学促进会(American Association for the Advancement of Science)通过

Steve Nelson 和"科学与政策计划"理事会的出色工作,为研讨会提供了一流的场所和后勤支持。

我们还要感谢威斯康辛大学出版社的 Daniel Lee Kleinman 和 Jo Handelsman,我们系列丛书的编辑。尽管延续了很长的时间,他们始终给本项目以鼓励。

最后,要表达对"科学和技术政策新生代的领引者"的感激,即从 80 多位响应我们要求提交申请的年轻学者,到 24 位在研讨会上展现其研究成果的学者,再到 16 位本书的作者。他们给予了我们对科学和技术政策学术未来的极大热忱,以及期待这个未来的坚实理由。

编者衷心感谢 NSF 的资助(资助号:SES 0135170),它支持的一系列活动最终使本书的出版得以实现。NSF 不对本书结论负责,这是作者和编者的责任。本书的任何意见、发现和结论或建议表达的都是作者们的看法,并不必然反映 NSF 的观点。

David H. Guston

Daniel Sarewitz

目 录
CONTENTS

导论 ·· (1)

第一部分 塑造政策

1 伦理、政治与公众——塑造研究议程
Mark B. Brown ·· (6)
1.1 引言 ··· (6)
1.2 自治的科学的意识形态 ··· (7)
1.3 作为专家建议的研究伦理 ·· (8)
1.4 科学及利益与经济的政治学 ··· (11)
1.5 科学、伦理与民主代表制 ·· (14)
1.6 结论 ··· (19)
注释 ·· (20)
参考文献 ··· (21)

2 联邦R&D——塑造国家的投资组合
Brian A. Jackson ·· (26)
2.1 引言 ··· (26)
2.2 联邦R&D作为一种投资组合 ··· (27)
2.3 投资目标与联邦R&D投资组合 ·· (29)
2.4 对R&D投资的实践关注 ··· (33)
2.5 结论 ··· (37)
注释 ·· (40)

参考文献 …………………………………………………………… (41)

3　大学与知识产权——为政府资助的学术研究设计一种新的专利政策

　　Bhaven N. Sampat ……………………………………………… (44)

　　3.1　引言 ……………………………………………………………… (44)

　　3.2　大学，创新和经济增长 ………………………………………… (45)

　　3.3　《Bayh-Dole 法案》之前的大学专利与许可 ………………… (46)

　　3.4　专利、公共资助和《Bayh-Dole 法案》 ……………………… (48)

　　3.5　《Bayh-Dole 法案》的效应 …………………………………… (53)

　　3.6　结论 ……………………………………………………………… (57)

　　注释 …………………………………………………………………… (59)

　　参考文献 ……………………………………………………………… (60)

4　地理与外溢——通过小企业研究塑造创新政策

　　Grant C. Black …………………………………………………… (63)

　　4.1　引言 ……………………………………………………………… (63)

　　4.2　小企业创新研究计划 …………………………………………… (65)

　　4.3　地域相邻性在小企业创新中的作用 …………………………… (67)

　　4.4　经验结果 ………………………………………………………… (70)

　　4.5　结论 ……………………………………………………………… (73)

　　注释 …………………………………………………………………… (76)

　　参考文献 ……………………………………………………………… (77)

第二部分　塑造科学

5　EPA 的饮用水标准与塑造健全的科学

　　Pamela M. Franklin ……………………………………………… (84)

　　5.1　引言 ……………………………………………………………… (84)

　　5.2　氯仿饮用水标准 ………………………………………………… (86)

　　5.3　EPA 对健全的科学的操作性定义 ……………………………… (91)

　　5.4　结论 ……………………………………………………………… (97)

注释 (98)
参考文献 (99)

6 化学毒物兴奋效应的案例——科学的反常如何塑造环境科学与政策
Kevin Elliott (104)
6.1 引言 (104)
6.2 化学毒物兴奋效应的多元概念 (106)
6.3 反常概念的影响 (112)
6.4 对反常概念的塑造力量的回应 (114)
6.5 结论 (117)
注释 (119)
参考文献 (119)

7 专款与激励竞争性研究的试验性计划(EPSCoR)
——塑造大学研究的分配、质量与数量
A. Abigail Payne (125)
7.1 引言 (125)
7.2 专款、预留计划和联邦研究资金的分配 (127)
7.3 对研究活动的影响 (135)
7.4 结论 (141)
注释 (142)
参考文献 (144)

8 美国计算机设备产业的创新——国外 R&D 和国际贸易如何塑造国内的创新
Sheryl Winston Smith (146)
8.1 引言 (146)
8.2 概念框架 (147)
8.3 计算机设备产业的特点 (153)
8.4 结论 (157)
注释 (158)
参考文献 (159)

第三部分 塑造技术

9 塑造技术标准——用户在哪里
   Patrick Feng ……………………………………………………… (168)
   9.1 引言 …………………………………………………………… (168)
   9.2 标准和标准制定 ……………………………………………… (169)
   9.3 "用户参与"的挑战 …………………………………………… (172)
   9.4 参与性设计和用户表征 ……………………………………… (174)
   9.5 结论:重现用户 ……………………………………………… (179)
   注释 ………………………………………………………………… (180)
   参考文献 …………………………………………………………… (181)

10 为了社会目标的技术变化——塑造美国城市的交通基础设施
   Jason W. Patton ………………………………………………… (184)
   10.1 引言 ………………………………………………………… (184)
   10.2 作为实践共同体的公交车乘客 …………………………… (186)
   10.3 仅仅是增加硅吗 …………………………………………… (188)
   10.4 通过改进基础设施来引导公交车乘客 …………………… (190)
   10.5 关于好的机会如何丧失的警示性说明 …………………… (192)
   10.6 结论 ………………………………………………………… (194)
   注释 ………………………………………………………………… (195)
   参考文献 …………………………………………………………… (196)

11 塑造互联网的基础设施与创新——并非端到端网络
   Christian Sandvig ……………………………………………… (200)
   11.1 引言 ………………………………………………………… (200)
   11.2 互联网的设计是一个老问题 ……………………………… (201)
   11.3 什么是端到端网络 ………………………………………… (204)
   11.4 端到端系统已经感受到的挑战 …………………………… (210)
   11.5 端到端方式:已经结束了还是从未开始过 ……………… (212)

11.6 结论 ……………………………………………………… (213)

注释 …………………………………………………………… (215)

参考文献 ……………………………………………………… (216)

12 缺席的技术政策——通过规制政策塑造通信技术
Carolyn Gideon ……………………………………… (219)

12.1 导言 ……………………………………………………… (219)

12.2 规制与通信技术：一种历史视角 ……………………… (220)

12.3 一种可选择的进化：竞争性网络 ……………………… (223)

12.4 分类计价和技术投资的动机 …………………………… (225)

12.5 结论 ……………………………………………………… (229)

注释 …………………………………………………………… (230)

参考文献 ……………………………………………………… (232)

第四部分 塑造生命

13 让不同的社群参与到遗传政策的塑造中去——谁塑造了新型生物技术
Tené Hamilton Franklin …………………………… (238)

13.1 引言 ……………………………………………………… (238)

13.2 背景 ……………………………………………………… (238)

13.3 社群组织的重要性 ……………………………………… (241)

13.4 来自对话过程的建议 …………………………………… (245)

13.5 遗传学以外的讨论 ……………………………………… (247)

13.6 结论 ……………………………………………………… (247)

参考文献 ……………………………………………………… (248)

14 知情同意与塑造英美基于群体的遗传学研究
Michael Barr …………………………………………… (250)

14.1 引言 ……………………………………………………… (250)

14.2 基于群体的遗传学研究 ………………………………… (250)

14.3 知情同意与遗传信息 …………………………………… (253)

14.4　实现知情同意的方法 ……………………………………………（254）

14.5　同意与捐赠法案 ………………………………………………（258）

14.6　捐献的原因:来自北坎布里亚郡社群遗传学项目的例子 ……（260）

14.7　知情同意的内涵 ………………………………………………（261）

14.8　结论 ……………………………………………………………（263）

注释 ………………………………………………………………………（263）

参考文献 …………………………………………………………………（264）

15　胚胎,立法与现代化——在英国和德国议会中塑造生殖技术

Charlotte Augst ……………………………………………………（268）

15.1　引言 ……………………………………………………………（268）

15.2　现代性的矛盾 …………………………………………………（269）

15.3　对矛盾的决议:为科学划界 ……………………………………（271）

15.4　德国:胚胎研究代表了科学的所有错误 ………………………（272）

15.5　英国:同样的忧虑,不同的解决之道 …………………………（276）

15.6　结论 ……………………………………………………………（279）

注释 ………………………………………………………………………（280）

参考文献 …………………………………………………………………（283）

16　重新定义技术转移——塑造国际乳腺癌基因测试系统的挑战

Shobita Parthasarathy ……………………………………………（287）

16.1　Myriad 公司尝试转移它的技术 ………………………………（289）

16.2　对 Myriad 公司的回应 …………………………………………（290）

16.3　解决 ……………………………………………………………（299）

16.4　结论 ……………………………………………………………（301）

注释 ………………………………………………………………………（302）

参考文献 …………………………………………………………………（304）

编者简介 ………………………………………………………………（308）

作者简介 ………………………………………………………………（309）

索引 ……………………………………………………………………（311）

译后记 …………………………………………………………………（325）

导 论

20世纪60年代和70年代早期,概览美国科学和技术政策的前景,可能不仅看到一个充满活力的讨论和制度创新的舞台,而且也有理由期待未来理论家、经验研究者、政策分析家和政策实践者会团结起来以帮助塑造国家的研究与发展事业。然而,这样的期待充其量只是部分地实现了。在科学和技术政策研究继续在诸如民主与科学进展之间的关系,技术创新在经济发展中的作用,以及在科学与政策界面上的制度设计等领域产生重要的新洞见的同时,关于科学政策的公开论述的质量数十年来少有变化,而且保持着它聚焦于边际预算增量的狂热。当科学和技术研究课程已经变成学究讲义夹的固定栏目时,很少有大学仍然保持着其在60和70年代发起的科技政策项目的活力与规模。技术评估办公室(Office of Technology Assessment)的终止,总统科学顾问权力的空心化,"科学战争"和索卡尔骗局(Sakal hoax),以及《技术评论》从煽动者到拉拉队的改革,都是,但也只是一部分,这种雄心没有实现的切实的表征。

科学和技术已经在此期间变成,即便在所有可能的方面,促进变革的更有力的行动者,不断地挑战社会作出反应的能力。科学政策在概念上的进展对现实世界的实践影响甚少只有使这个显而易见的事实更加引人注目。50多年以前,Vannevar Bush 和 Harley Kilgore 之间的争论铸造了国家R&D事业的形态,而在随后的数十年中,Harvey Brooks,Alvin Weinberg,Michael Polanyi 以及其他学者不断成长着的声音帮助建立了公众的和学术的科学政策议程的术语。即便这些术语现在似乎过时了或不够充分了,但是我们必须要问的是:在这个新的世纪有可能指导科学和技术政策的声音在哪里?本书中我们力图回答这个问题。

带着有些谨慎的期许——期望能够得到NSF资助的支持,我们向科学政策领域的年轻学者和实践者发出了征集摘要的请求,并且收到了来自宽广范围足以令人满意的学科和机构的90份提议。在一个已经设立的并在科技政策方面有权威性的评议委员会的协助下,我们将入选范围减少到24份,并邀请这些学者参加在华盛顿召开的一个研讨会,以阐发他们的观点,并接受在他们感兴趣的特定领域的学术专家和实践家的批评。最后,从这24篇论文中优中选精,确定了16篇论文予以出版。个人向一本多作者的著作的投稿受到如此透彻的评议,这是罕见的。

这16篇论文由此成为科技政策中在学术和实践两方面最好的年轻学者的思想的代表。这些论文被用少量横断的论题加以统一:谁对科学和技术政策作出选择,以及谁在这些选择中可能会赢或会输?使用了什么样的选择标准,由谁来使用?什么样的治理规则被利用,被谁利用?全球化的论题、公共和私人之间变化多端的边界的问题,控制收益如何分配的要素的议题,这些都被凸显了出来。更根本地,这些考察在普遍认同下面这一点上是一致的:即科学政策与其说是关于科学本身的,不如说是关于我们世界的明确塑造。这种塑造发生在科学自身被管理或被支配的场景下(第一部分:塑造政策),在知识生产的过程中(第二部分:塑造科学),在创新背后的力量中(第三部分:塑造技术),以及更引人注目地在导向对人种自身的操纵和改造方面(第四部分:塑造生命)。

然而,主题和目标的这种一致是通过分析镜头令人振奋的多样性来展现的:关于通讯技术和知识产权的历史视角;对环境科学与政治对话之间关系的哲学探究;关于全球化的力量如何与本土政治和偏好的力量冲突的基于案例的阐释。从博弈论到建构主义者的研究,到经济计量学,到草根组织的策略,这个论文集方法论的和叙述方式的多样性,揭示着一个可以对我们复杂而纷繁的世界作出许多贡献的充满活力的智力事业。

这并不是说(但愿别发生!)作者们都相信,按时髦的想法,我们能够知道并控制所有我们制造出来的东西。相反地,通过非凡的复杂性和意识形态上的开放,作者告诉我们在遭遇现实的问题时有组织的详细审查能够导致逐渐的改进,这些现实的问题是真正的决策者在诸如城市运输、技术标准制定和人类生物技术治理等多样化的领域中要面对的。

我们非常高兴用这本书来宣告指向新世纪的一个重要的社会资源:科学与技术政策研究的新生代。

第一部分 塑造政策

科学和技术政策帮助发动并塑造以知识为基础的创新。但是,认为研究导致了创新,而政策是次要的甚或与技术的成功无关,这样一种理解始终延续着——政府在因特网的创造中的作用不见了,可以作为一个突出的例子。我们倾向于重视这些政策,或者因为其对创新成功的贡献,或者因为它们自身值得关注。

这一部分中的各章主张,充分论证、清晰表达和精心构思的政策对实现来源于科学研究的公益事业的公共价值是至关重要的。论文的作者们评价了针对科学与技术的政策,然后跨越了从公共研究事业的中心的基本原理及其在一个民主社会中的责任关系到更具体考量特定的创新政策的广阔范围,说明了这些政策是如何能够被塑造的。

Mark Brown,少数从事科学政策研究的政治理论家之一,用对精英科学政策制定的批判开始了这个部分。他的批判既指向全部的公共科学事业,因为未能在研究议程的塑造中与现实的公众相结合,而且也指向研究伦理学事业,因为未能以一种充分民主的方式代表公众。Brown 比较了四种为公共资助研究制定议程的路径。第一种,也是最为人们熟悉的路径,赋予科学共同体决定科学家应该研究何种问题的唯一权威。第二种路径准许相当大的自治,但承认伦理咨询委员会在指导研究方向上的作用。然而这两种路径既没有清晰阐明对科学的政治学的作用,也不容许公众进入决策领域。第三种路径——按 Philip Kitcher"良序的科学"的概括——通过描述一种公众可能同意的理想的过程,准许公众参与但仅仅以一种假定的方式参与,如果他们实际上的确参与了。借助生物伦理中的当代案例和 Kitcher 的批判,该批判基于对哲学来说更为实用的角色而对民主政治来说更为有力的角色的立场,Brown 得出这样的结论:新的和现有的制度能够在塑造研究议程时既有效又民主地代表公众。

在第 2 章中，Brian Jackson，一位从化学转行过来的政策分析家，把一个同样宽泛的议题——联邦研究与发展（R&D）投资组合的概念——还原到可操作的关注。在战后时期，公共 R&D 花费的基本原理强调其投资特征，而且不论是一般的说法还是正式的建议，都把投资组合的隐喻推荐给科学政策，以形成对 R&D 的管理和评估。因为投资组合对收支平衡和投资风险有明确的考量，Jackson 主张这个隐喻对由许多机构资助的计划的不协调的集成特别适当。但是，要成为在设计投资组合和评估投资绩效方面更有用的分析，必须扩展这个隐喻以强调明确的目标，在投资之前对目标加以鉴别和表达。倘若机构持续地努力把《政府绩效与结果法案》（Government Performance and Results Act，GPRA）应用于它们的 R&D 活动，这个策略尤其适当。尽管有时部分地隐含在计划的设计中，特定的 R&D 投资如何与这些目标相关联却很少被系统地加以考虑。Jackson 的结论是：一个以这样的明确的投资目标为基础的自下而上的路径，可能会为把其他技术应用于 R&D 的评估提供一个更加适合的框架，也因此能够使在政府 R&D 机构内的以及跨机构的投资组合的塑造最优化。

在第 3 章中，经济学家 Bhaven Sampat 涉及的是那些有助于传播公共资助的研究的产物以提供最高水平的社会和经济收益的相关政策。这个在二战时期 Vannevar Bush 与 Harley Kilgore 的争论中的一个中心考虑，已经重新浮现为科学与技术政策制定者正在面对的最为关键的议题之一。政治的兴趣已经被重建，这在很大程度上是由于关心公共资助的研究正在不断地被私有化。通过为思考公有和私有领域的优点与局限，《Bayh-Dole 法案》（Bayh-Dole Act）及其他专利政策的变化的历史情境，以及最近政策中的变化的社会福利后果的经验证据提供一个理论框架，Sampat 丰富了关于研究的公有和私有界限的争论。他得出的结论是：尚缺乏有力的证据来确定《Bayh-Dole 法案》的作用究竟是创造了更大的社会福利，还是把研究型大学的使命扭曲到商业化超越了其他私有方面。不过，他推断，这种证据的缺乏仍然支持那种限制商业动机的膨胀，并调整《Bayh-Dole 法案》以允许公众代理人对研究型大学的商业交易给予更大的监管以及潜在的干预的政策。

Grant Black，也是一位经济学家，同样关注了政策的塑造，而这些政策反过来又塑造着 R&D 投资的公共价值。此外，他探讨了另一个可以溯源到 Bush 与 Kilgore 的争论的关于 R&D 资助的地理分布的冲突。研究表明，地理对创新来说是一个至关重要的变量，但是旧的数据、贫乏的地理区分，以及不完善的创新测度掩盖了大多数可得的证据。通过审查在都市层次的小企业创新中地方性的技术基础设施的作用，Black 的研究讨论了这些局限性。该章引入了一个新颖的创新测度——来自小企业创新研究计划（Small Business Innovation Research，SBIR）的第二阶段奖励——来估价源自行业和学术界的在地理上受限制的溢出对小的高技术公司创新活动的影响。SBIR 是针对小企业的最大的联邦 R&D 倡议。Black 发现，以资源的集群和在个体、公司以及由地区的技术基础设施构成的其他机构中的知识流的方式显现的地理布局至关重要。他还发现，在行业方面没有一致的模式。Black 得出的结论是：SBIR 的有效性可能会受指导其地理影响的政治企图的危害。更合适地，地区应该着力于塑造政策，以提高其技术基础设施并推动在该基础设施内部的交互作用，特别是要聚焦于研究型大学。

这些作者向我们展示了，在科学与技术政策方面——既在个别的计划的细节方面，也在整个科学技术事业的结构和基本原理上——仍然有很大的创新可能性，同时也表明了，持续关注科学技术政策的形态能够更直接地产生我们希望得到的来自 R&D 事业的社会后果。

1

伦理、政治与公众
——塑造研究议程

Mark B. Brown

1.1 引　言

尽管在美国巨大数量的公共资金花费在科学研究上——2004 财政年度联邦总的研究与开发经费达到 1270 亿美元（AAAS 2004）——要资助每一个有价值的计划总是不够的。因此，为公共研究建立一个议程是一项重要并有争议的任务。本章比较四种为公共资助的科学研究建立联邦议程的路径，聚焦于在每种路径中伦理咨询委员会的角色，以及外行参与的作用。我主要关心的是每种路径的规范辩护，特别是关于它们对民主政治的意义。三种路径已经在公共资助的科学研究中扮演着重要的角色，一种路径则指向了一种看似合理的替代方案。第一种路径赋予科学家们唯一的权威以决定他们将要进行什么研究；第二种路径继续允许科学家相当大的自治，但对研究强加了由专家咨询委员会确定的伦理限制；第三种路径根据由研究机构、大学和其他利益集团游说的自我本位的结果来分配联邦的科学资金，通过公共政策的补贴以努力刺激公共资助的研究的商业化。这些路径中没有哪一种提供了确保公共研究议程满足一般公民的需求和利益的途径。

与此相反，第四种路径寻求把科学的和伦理的关怀整合到一个包括外行的公众在内的民主政治过程中。在这种路径中，伦理咨询委员会没有建立由科学家和政策制定人员执行的理想的伦理标准任务。他们的目标更确切地说是清楚地表达并阐明在当代的实践中已经默认的观念和理想。从这个视角出发，我主张，研究伦理能够被看做是民主的代表系统中的一个组成部分。由于在一个民主政治中代表依赖于被代表者的参与,建立一个在伦理上通达的且有广泛代表性的研究议程就需要有利于公众参与到科学政策的政治中的制度。

1.2 自治的科学的意识形态

为公共资助的科学建立议程的主导路径长期以来赋予了科学共同体决定科学方向的唯一权威。在冷战时期的大多数时间里,一种默许的"关于科学的社会契约"给了科学家慷慨的公共资助和摆脱政治控制的自由,以换取新的国防、医疗和消费的技术。这种社会契约始终是一种脆弱的结构,而且科学家的自治从来没有像有些在政治上努力规制科学的怀旧批评家现在宣称的那样彻底。[1]尽管如此,公众广泛认可,至少直到20世纪80年代早期,两个基本的前提支配着美国的科学政策:科学共同体有管理自身的能力;以及如果它被允许自我管理,科学将为社会带来技术上的利益(Guston 2000,66)。

在这个路径内要建立公共研究的议程,优先项目要由特定的科学共同体非正式地、及由同行评议正式地共同确定。在项目选择、资助分配,以及研究成果的评价和出版方面利用同行评议,迫使科学家向其他科学家,有时向来自其他学科的科学家,证明自己的工作是正当的,但不是向非科学家证明(比较 Chubin and Hackett 1990)。按照这种看法,伦理的考虑应该仅在个体的科学家或特定的科学共同体准许这样的考量影响他们的研究优先权的范围内影响研究的议程。尽管一些学者长期力争把同行评议的过程扩展到包括非科学家在内(比较 Guston 2003, 35; Fuller 2000, 135—147; Funtowicz and Ravetz 1992),但他们的建议尚未得到象征性的支持。

科学作为一个自治共同体的形象已经被以多种方式证明为正当的。[2]或许最一般的是,科学家们坚持他们应该得到政治的自治,是因为科学共同体是特别地由其不关心政治的追求真理的模式来界定的,而对真理的追求本身是好的。Polanyi (1962)如此比较科学共同体和一个经济市场,在科学共同体中科学家选择问题和方法以生产尽可能多的真理。每个个体科学家都调整他们的努力,以响应其他科学家取得的成果,由此产生了一个不曾预期的和凭借任何个人的单独工作难以获得的总体成果。于是,对科学的政治控制,如同对市场的政治控制,只能预示着要扰乱这个卓越的相互调整的过程。另一种对科学的自我管理的流行的辩护,利用了一种对实践失灵威胁的感觉：因为外行不理解也不能理解科学探究的本质,科学中的政治介入将会抑制其生产力。正如我们将要看到的,自治的科学的意识形态长期以来已经在实践中,如果不是在科学政策制定者的花言巧语中,为科学缠绕着社会价值和政治利益的观点让路。

1.3　作为专家建议的研究伦理

即使在冷战早些年其影响达到顶点时,自治的科学的意识形态也从来没有完全排除来自关于科学研究议程的决策者的"外部的"因素。特别是伦理的和宗教的关心总是给研究带来约束。但是在第二次世界大战之后的年月,作为在纳粹政权下工作的科学家效忠于暴行,以及在美国几个滥用人类研究对象事件被揭露的余波,科学家们开始发展一种质疑研究伦理学的更直接的方法。[3] 20 世纪 60 年代期间,关于遗传学研究的日益精密的技术的发展使对基因工程由来已久的伦理关怀更引人重视。有趣的是,在科学家和神学家中关于人类基因工程的早期争论明确地向公众表明,他们自己是研究议程决策权威的最终来源。操纵人类进化的可能性似乎带来的问题太过困难,以至于不能由专家独自来决定。然而,随着公众对科学总体的(特别是在基因技术上的)怀疑态度能够导致政府对遗传学研究的管制(Evans 2002, 69—71),科学家们很快从这个公众导向的路径中退却了。从那时到现在,研究伦理学经常提供一种辩解的功能,允许科学家们在防范政府从外部对科学更冒昧的介入的同时,示范对特定社会价值的关心。例如,著名的 1975 年关于重组 DNA 研究的伦理的 Asilomar 会议被明确地认为是一种保护科学的自我管理和避免政府介入的方法,会议的组织者假定政府的介入将会是过度限制性的(Weiner 2001, 210—214)。相似地,制度评估理事会(Institutional Review Boards, IRB)和其他为了确保人类与动物研究对象安全并预防利益冲突的机制,在的确对伦理上可疑的实践提供检查的同时,也已经被用于使非科学家远离科学的管理。政府监督和 IRB 程序的执行已经是"从微不足道的到不存在的",而且 1998 年卫生与人类服务部(DHHS)监察长提出的要在 IRB 中包括更多非科学家的建议——现行条令要求一位非科学家——并没有被实施(Greenberg 2001, 360—361)。

随着联邦伦理咨询委员会的创立,研究伦理学的辩护功能获得了制度上的认可和稳定性。尽管既没有经过非专业公民的直接授权,也没有要求他们的参与,这些委员会仍被认为是代表了公众的最佳利益。"代替被选举的代表,未经选举的咨询委员会的公众代表——他们距离对公众应负的责任比被选举的官员要远得多——将为公众作出伦理的决定。"(Evans 2002, 36, 200) 对伦理委员会意图的这种理解,与民主的代表首先依赖于专家知识这样一个由来已久的观念是一致的。的确,自从 17 世纪以来,自由的民主的意识形态已经趋向于强调专家意见——既包括技术上的专家意见,也包括与绅士的或专业的地位联系着的伦理上的专家意见——在创立一种手段上有效的政策中,以及由此在代表公民最佳利益方面的作用(Ezrahi 1990)。我下面要辩争的是,对公众利益的专家意见在今天是民主代表的必要条件,但不是充分条件。

第一个伦理咨询委员会的建立伴随着一个新的生物伦理学专业的兴起。期望受到政策制定者的认真对待,生物伦理学家们从一开始就使他们的路径适应政府咨询委员会的需要(Evans 2002, 37 及其后)。自从其在 1979 年的第一版起,在生物伦理学方面的领先的教科书已经促进了"原则主义"的方法,它聚焦于一个中层道德原则的有限集,在保持与多样哲学的基础之间的协调的同时,这些原则为政策决定提供了基本的指导(Beauchamp and Childress 2001)。通过确定几个简单的伦理原则,生物伦理学帮助政策制定者把他们的决定展现为一组固定的规则的明晰且非个人的应用,而不是一种个人的偏好。这个路径既便利了决策,也提高了其感觉上的合理性(Evans 2002, 41 及其后)。然而,其结果是与 20 世纪 50 和 60 年代期间相比,今天公开的生物伦理学的争论更加狭窄,更关紧了公众介入的大门。除了临床生物伦理学家和其他在特定情境下工作的科学家外,大多数研究伦理学家很少把注意力投向与科学研究关联的道德困境的具体情境和制度框架。这种关注面的不断缩小,已经对关于科学研究议程的公开讨论造成了一定程度的困难。

首先,尽管科学家和神学家之间关于优生学的早期争论涉及对社会问题的考量,今天的生物伦理学,如同更一般意义上的研究伦理学,倾向于聚焦到个体科学家面临的进退两难的境况(Evans 2002, 20)。许多注意力已经专注于是否科学家应该追随特殊的研究路线,如那些涉及 DNA 重组,或更新近的,生殖克隆。其他的关于研究伦理学的关键问题已经包括:人类受试者的知情同意,主要研究者与实验室职员之间的关系,动物的使用,数据的获得和伪造,专利与知识产权,个人和商业的利益冲突,以及男性至上主义、种族主义和实验室中其他形式的社会偏见(Schrader-Frechette 1994)。这些的确是重要的议题,但是它们大体是按个体研究者对同事、研究对象和一般公众的责任来分类的。不管自20世纪60年代以来关于科学的社会影响的广泛公众讨论,研究伦理学家经常忽略被科学的制度所激励的社会规范和动机。换言之,研究伦理学通常关注伦理的决策的结果,而不是决策的过程。

其次,对研究伦理学起主导作用的个人主义方法已经被作为道德专家的哲学家们的观点所加剧。尽管经常承认情境的因素和基于案例的、叙述性的方法,但研究伦理学的任务仍然常常被设计为要为道德困境提供客观的答案。作为道德上的专家意见的研究伦理学的观点,起初并不依赖于研究伦理学家的自我概念,他们中的许多人仅仅认为自己澄清了社会商讨的术语,而不是推荐特定的政策决议。然而,通过被授权参与到政府的伦理委员会、制度评估理事会和其他专家咨询组织,伦理学家们获得了专家意见的光环。这些机构突出的社会地位,以及决策者和公众被错置了的期待,使得这种情况成为可能,即研究伦理学家们公开发表的观点被解释为和充当了专家指导而不是道德上的澄清(Engelhardt 2002,81)。简单地说,一个研究伦理学家难以避免被看做支持公共政策的权威,而不仅仅是道德维度上的权威。

第三,研究伦理学已经趋向于在伦理学和政治学之间采用一种相对刻板的区分。伦理学被看做是关于原则的,而政治学则是关于利益的。例如,作为回应国家生物伦理咨询委员会(National Bioethics Advisory Commission,NBAC)关于干细胞的报告的著作,一位哲学家声明:"我自己的观点是,这些建议是对政策问题可以接受的回答,但是它们的确是对所反映的伦理问题的有缺陷的回答。"(Baylis 2001,52)以一种类似的情绪,另一位作者写道:"尽管生物伦理委员会的成员们不得不重视这样的政治利害关系,但应该驱动他们的分析的却恰是伦理的关怀。"(Parens 2001,44)这种在伦理学与政治学之间的刻板的分裂阻碍了澄清并解决科学家和决策者所面临的道德困境的努力。尽管个别的道德问题是可以按照理想的行为准则解决的,但集体的问题只能通过考虑集体决策的具体场合民主地予以回答。着眼于理想的标准并由此注意个性化的伦理问题。换言之,一个哲学家关于一个特定的政策会是正确的、好的或公正的主张的说服力,不会由它自身使政策成为民主合法的。要点不是理想的伦理标准在政治决策中没有用武之地。但是建立标准的过程——在关系到研究伦理学时,它们是哲学的;在环境规制中,它们是技术的——需要被理解为正在进行中的政治过程的一个部分,而不是优先于这个政治过程。[4]对科学咨询机构和伦理咨询机构的经验研究,都反复强调了标准制定的显著政治特征(Jasanoff 1990;Evans 2002)。尽管这样的机构中的政治不是非常民主的,但它已经清楚地说明了科学和政治经常紧密地相互缠绕在一起。

1.4 科学及利益与经济的政治学

那种支撑着自治的科学的意识形态和专家导向的研究伦理学观点的对科学的理解,依赖于几个在过去的三十年间已经变得越来越难以置信的假定:科学有"追求真理"的任务,这样的真理,而非特殊的真相,被认为在任何时间内都是有意义的;科学的意义能够被独立于社会的和政治的价值加以判定;基础研究的意义能够被明确地与应用研究和技术的意义分割开来;外行公众必然地缺乏对科学的政策制定作出智力上的贡献的兴趣和能力(Kitcher 2001;Jasanoff et al. 1995)。虽然人们不能假定政策制定者已经热衷于哲学家和科学社会学家们的建构主义的主张,他们还是经常表达了政治必然会在科学议程的制定中发挥作用的观点。在概述其关于制定联邦政府的优先研究的过程的观点时,国家科学理事会(National Science Board,NSB)公然声明:"针对国家的研究目标的资金分配最终是一个政治过程,该过程应该知晓最佳的科学建议和可以获得的数据。"(NSB 2002,81;比较 Shapiro 1999)然而,该理事会对什么样的政治是在争议中的这个问题说得很少。看来似乎有两个最常见的可能性:首先,是在公职官员、利益集团、科学协会和研究型大学根据它们经济、制度或意识形态的目标塑造公共资助科学的议程的努力中;其次,是在政府促进有效地、多产地使用公共研究经费的计划设计的改革中。

部分地受他们与二战期间得以发展的原子弹和其他军事技术相关的第二种思想的推动,在冷战时期科学家们偶尔会支持或反对特定的政治动因和与他们相关的研究计划,如武器控制、与苏联科学家的合作研究,或"星球大战"导弹防御计划。在总体上回避选举政治的同时,对科学家来说,为他们认为符合公众利益的研究积极地寻求公共经费的支持并非不寻常(Greenberg 2001,330—347)。相反,在过去的几十年中,科学家已经把他们的政治私人化了,可以说,一方面强调他们的职业不关心政治的品性,同时另一方面努力为他们自己的特定研究项目争取尽可能多的公共经费。一个重要的例外可以在2004年科学家号召注意布什政府压制和歪曲咨询委员会的建议的活动中看到,这些建议与政府的政策存在着冲突。但是这个例外实际上证明了这样的准则,因为科学家发起这个活动,如同人们反对任何形式的"科学的政治化"(Union of Concern Scientists [UCS] 2004)。正如我们将要看到的,有些类型的政治化比其他类型更能够与民主政治相协调。

国家科学基金会、国家卫生研究院(National Institutes of Health,NIH)和其他联邦研究机构的官员们,在一般地避免卷入有争议的科学政策争论的同时,有效地行使着作为科学的政治家的职责,寻求公共资助并不仅仅乃至主要不是为了实现一种在智力上平衡的、在社会上公正的公共研究议程。他们的目标更确切地说,是要提高他们自己的机构在联邦总经费中的份额。例如,对人类基因组计划的资助,主要不是按照该计划的社会和科学价值的不带偏见的评估来划分的,而是根据官僚政治谋求生存的本能:国家卫生研究院取得了该计划的领导地位,主要是要防止能源部得到这种地位,而就能源部而言,其参与部分地是出于为其实验室寻找新的工作的需要,这些实验室在冷战结束后面临着荒废的威胁。类似地,对 Los Alamos 国家实验室和 Oak Ridge 国家实验室,以及其他大型联邦研究机构的资助,经常不得不做与进行国家真正需要的研究同样多的寻找工作、投票和政治联盟这样的事情(Greeberg 2001,26—27,30—31)。

如果联邦研究经费的竞争者们每人发起的是同样类型的工作,没有人会对民主政治构成问题。但是这显然不是事实。例如,由 NIH 主导的非国防联邦研究资助,给予生物医药研究比其他领域更优先的地位。而且 NIH 传统地关注于搜索针对治愈疾病的高技术措施,并由此聚焦于那些能够负担得起的人的需要,潜在地以损害更廉价和更广泛易得的疾病预防措施为代价(Greenberg 2001,193,420;Wolpe and McGee 2001)。

除了联邦研究机构的努力外,大学官员同样经常深深介入到科学的利益集团政治之中。或者独自地,或者在华盛顿游说公司的帮助下,大学官员经常寻求联邦经费为大楼、设备或整个研究机构的"特殊拨款"(见本书第 7 章;Greenberg 2001,183—204;Savage 1999)。经常被嘲笑为"学术恩惠"(academic pork),特殊拨款的经费是在没有同行评议并经常没有被支持拨款的匆忙的国会议员仔细审查的情况下授予的。特殊拨款的支持者宣称,它提供了对趋于偏向声望高的大学的同行评议过程的一种必要的纠正。批判者争辩,特殊拨款意味着研究的政治化,而且有些大学的声望的确反映了其研究人员的价值。然而,这双方面都倾向于假定一个传统的同行评议的概念,这种同行评议很少考虑社会价值或研究分布上的公平。这个争辩已经涉及究竟应该由游说者还是科学家来决定联邦的研究经费如何被分配，而这两者都没有被期待会优先考虑公众的利益。尽管特殊拨款只占对研究的总公共资助的很小份额，但它对联邦研究议程的民主的合法性构成了严重威胁。

在科学的利益集团政治内趋于满足特定机构和社会集团需要的这种倾向性，被当代联邦科学政策的某些特征所印证。当然，通过诸如教育、税收抵免、对待动物和人类受试对象的协议、环境管制和专利政策等，公共政策已经长期塑造着研究的议程。然而，自大约1980年以来，已经存在着一种部分的转变，即从普遍努力通过对经费的宏观经济控制来塑造科学，转向指导研究的更具体的微观层次的努力(Guston 2000)。例如，1980年的《Bayh-Dole法案》创造了为公共财政支持的研究的成果申请专利的可能性。相关的措施包括联邦对大学与产业界研究者之间合作伙伴关系的激励，在NIH创立技术转让办公室，该办公室帮助科学家们对有希望商业化的研究进行鉴定、申请专利、发放许可证，以及市场化等。在政府用经济学术语测度研究的生产力的情况下，这些塑造科学议程的政府努力，已经大大地被经济利益所驱动。

研究的商业化带来一系列不能在本章充分阐述的难题(见本书第3章)。尽管个体的研究者有充分理由可以把研究的商业化看做只不过是追求他们自己的个人目标的一种有效的方式，这种努力是要指引科学研究转向那些能够保证技术发展和经济增长的领域。研究的商业化可以实现伦理的要求和促进社会的目标，如同看来很可能如此的关于癌症和艾滋病的研究，但是它也同样可以与这样的要求和目标冲突，或许就像关于军事技术或基因测试的研究这样的案例。此外，与商业化联系着的产权可能会限制科学家之间的合作，或约束公众享用新知识。与社会科学和人文学科相比，它还不可避免地更有利于所谓的硬科学。[5]

概述迄今为止的论点：伦理咨询委员会已经趋于忽视政治，而不论是科学游说者还是科学政策制定者，都已经经常以损害公共利益为代价着力于商业的目标。在第一种情况下，科学政策的政治学已经被哲学家所抑制；在第二种情况下，科学政策的政治学则被还原为经济学。如果科学的政治化意味着把科学政策还原到利益集团的竞争，或者用特定政策议程的支持者来构成专家咨询委员会，那么这显然与民主政治关于在公众利益中的科学的要求相冲突。然而政治化能够服务于民主政治，如果它被理解为唤起对科学的政治学的注意，因而帮助确保公共研究议程服务于社会的目标，以及专家咨询委员会包含视角的一种平衡。[6]因此，任务是，以避免过分的党派偏见并协调社会的和伦理的关怀的方式,使科学政策和专家咨询政治化。正如一位评论家提出的挑战:"在公共科学和寻求利益的私有科学连锁的领域中,谁代表了公众?"(Greenberg 2001,11)

1.5 科学、伦理与民主代表制

关于如何在联邦科学政策中代表公众的一个引发争议的提议,是一位重要的科学哲学家 Philip Kitcher 提出的(2001)。[7] Kitcher 寻求一种建立公共研究议程的方式,这种公共研究议程既对科学负责又对民主政治负责。他的提议集中于一个他称之为"良序的科学"的理想标准上。为了清晰地阐明这个理想标准,Kitcher 要求我们设想一组"理想的审议者",他们经过一个精心设计的教育和深思熟虑的过程,逐渐把其最初的科学政策偏好改变为"被训导的个人偏好"(Philip Kitcher 2001,118)。在大量的讨论和磋商之后,他们发展出一种科学研究议程,"该议程最好地反映了这些审议者所代表的共同体的愿望"(Philip Kitcher 2001,121)。除由这些审议者指定的对研究方法的道德约束之外,关于寻求该研究议程的最好方法的决定权被留给了科学家们。一旦研究已经形成了某些结果,审议的过程便再次被用于制定关于应用和传播这些研究结果的决定。

这个良序的科学的理想,对科学家应该制定公共研究的议程——或者完全由他们自己,或者如果必要的话在由伦理咨询机构决定的约束内——的观念提出了一个有争议的挑战。它同样帮助澄清了许多当前科学政策的不足。尽管如此,必须注意的是,Kitcher 显然打算用其良序科学的理想来仅仅突出政策的实质性的结果,而非政策得以制定的过程。他写道:"不存在良序的科学必须实际上建立我已经设想了的复杂的讨论的想法。我的想法是,不论用何种方法展开调查,我们希望它匹配这些复杂程序的结果,这会在我已经指出的点上实现。"(Philip Kitcher 2001,123) Kitcher 由此表明,他主要关注的不是民主的磋商本身,而是磋商的成效和结果。他似乎想要一种公众必然会支持的科学政策,如果这种政策被通告并能够表达其观点的话,而非那种告诉公众现实地塑造他们自己的科学政策。

按照 Kitcher 的主张,即他的理想的审议者代表了公众(Philip Kitcher 2001,123—126),这种对塑造研究议程中现实的公众参与的明显拒斥是尤其成问题的。

正如下面所论证的,一种政治代表的民主形式依赖于被代表者的积极参与。没有征求委托人关于他们的意愿的机制,Kitcher 的理想的审议者,以及那些可能把他们假定的深思熟虑用做科学政策的理想标准的人,必然依赖推测、内省或直觉来评估大众的偏好。由此,Kitcher 似乎要支持的不是公民的政治的代表权,而是一种政治学的哲学的代表权。[8]在这个方面,尽管最初表现的是其反面,Kitcher 的路径仍然停留在专家导向的研究伦理学的传统之中。

是否有一种更好的方式将哲学的伦理学带入科学政策的政治学之中?是否能够把伦理学与政治学结合起来而避免前者掩盖了后者?如果哲学的伦理学要在既避免了大多数生物伦理学的精英主义又避免了大多数政治哲学的乌托邦式的理想的科学政策中找到一种角色,就需要把伦理和科学的考量与社会和政治的考量整合起来。这样一种路径将以一种既是跨学科的又是民主的研究伦理学的观点为基础。倘若承认政治代表制对现代民主政治的中心地位,一个研究伦理学的民主理论将需要考虑伦理咨询委员会如何才能够对民主代表制作出最佳的贡献。

民主代表制是一个复杂的概念。对现在的目的而言,按我的理解可以比较充分地说,民主代表制至少依赖于三个要素的结合:对公民最大利益的真正了解(有时被称为代表制的托管人要素),在被广泛理解的政治过程中的公众参与(代表要素),以及那些对其他人的利益有作用的人的合法授权和责任(形式要素)。倘若令人误解的二分法经常漂移在参与的民主政治和代表的民主政治之间,那么强调民主的代表制不与参与制相冲突,反而依赖于参与制,就很重要。公众参与既对帮助代表们理解公众的偏好,也对在委托人中培育被代表的意识有重要意义。民主代表制必须对公民本身是一目了然的。"一个代表制的政府必须不仅仅是控制,不仅仅提高公众的兴趣,而是必须也要对公众作出反应……相应地,一个代表制的政府需要有一种表达被代表者意愿的机制,而且政府要响应这些意愿,除非有充分的理由支持相反的意愿。"(Pitkin 1967,232—233)民主代表制不必总是严格地按委托人的希望来做,但是也不能一贯地忽视被代表者的意见。而且由于公民经常对公共政策的复杂议题缺乏明晰表达的观点,民主代表制不能够简单地重复一个先前存在的公众意愿。它需要致力于培育和诱发相同的公众意见,并必须对这种公众意见作出反应(Young 2000,130 及其后)。

此外,民主代表制最好不要被理解为单个的政府制度的一个特征,而应被作为整个政治系统的特征(Pitkin 1967, 221 及其后)。因此,民主代表制的每一个要素并不需要在每个政治制度中表现为相等的程度。例如,政府的立法的、司法的和行政的部门,每一个都以不同的方式代表着公众,而且对民主代表制的潜能取决于它们如何共同地发挥作用。更广泛地,民主代表制产生于以下各项正在进行的相互作用:在法律上被授权的政府机构、非正式的公共讨论,以及公民社会中各种各样半结构化的磋商与参与的方式(Mansbridge 2003;Habermas 1996, 483—488)。

有人可能坚持,由于伦理咨询机构是仅仅被授权提供建议而不是制定政策决议,它们应该被认为仅仅达成民主代表制的托管人要素。从这个视角看,伦理委员会不需要包括代表公共参与或公众授权与责任的规定。公共参与能够被归属于公民社会,公众授权与责任则可委托给被选举的官员。然而存在多种理由说明,民主代表制的其他要素也可能被结合到伦理咨询委员会的工作之中。[9]

关于民主代表制的形式要素,伦理委员会一般由总统或任命他们的其他行政部门的官员,而不是普通公众,授权并直接对总统或这些官员负责。因此,他们被给予的大众权威比被选举的官员要弱得多。实际上,他们的权威对公众授予的依赖,要少于对他们专业上被证明了的专家意见的依赖。尽管如此,人们可能会考虑,加强对伦理咨询委员会的公众授权,或许通过公众选举来选择他们,是否将会促进民主代表制。一方面,公众选举伦理咨询委员会可能会有悖于专家咨询的中心目的:推进实施一项表面上已经被选民在以前的选举中认同的政治计划。人们能够看似合理地主张,如果没有支持那种过分党派性的政治化的专家意见,公众选举的官员有权利接受有助于其政治目标的建议。然而,另一方面,公众选举可能提高伦理委员会的公众权威,并进而提升其对他们的资助者的政治努力的贡献。而且,除提供建议之外,伦理咨询委员会现在被期待既代表多种多样的利益,又要让一般公众知情和参与,通过公众选举可能会很好地服务于这些功能。假如这种公众选举看起来在实践上很难操作,有人可能会考虑是否可以像许多高层次技术咨询的委员会一样,伦理咨询委员会的任命至少应由参议院确认后生效(参见 NAS 2005)。这些有助于增强伦理咨询委员会形式上的权威的建议,尽管在使专家意见被弱化为党派竞争的工具的意义上的确冒着使专家意见政治化的风险,但它们仍然有提升这种委员会对民主代表制的贡献的潜在可能。

现在让我们来考虑形式代表权的其他要素,值得思考的是改进伦理咨询委员会形式责任的可能性。伦理咨询委员会应该对什么负责？为谁负责？由谁来使委员会负责？依照伦理学家作为代表公众最佳利益的专家的托管人模型，由那些支持其学科的规则和规范的其他专业人员来使伦理咨询顾问承担责任。专业的责任主要通过声望和地位的非正式的机制，而不是通过证明和评定绩效的正式的要求来行使的。即便是按美国《联邦政府咨询委员会法案》(Federal Advisory Committee Act, FACA)对公众的透明度、可获得性，以及对咨询委员会会议档案的规定，伦理咨询委员会的公众责任也已经显然超出了托管人模型(参见 Smith 1992)。在理论上，至少投票人和他们推选的代表能够利用在 FACA 要求下提供的信息，来使公务人员对在其监管下任命的咨询委员会的绩效承担责任。在对此有所促进的诸多事物中，一个方面即是更清楚地理解伦理咨询委员会必需要做的工作。而且假定伦理咨询委员会应该不仅对公众负有责任，而且应该由公众赋予责任，提升这样的委员会的责任可能也要求改进措施以加强公众对其工作的参与。

在过去的三十年中，许多科学政策方面的学者和活动家一直倡导把外行的公民也纳入到科学政策的制定中(如：Kleinman 2000；Sclove 1995；Petersen, 1984；Winner 1977)。例如，经常被坚持的是，由于许多研究是用纳税人的钱来资助的，普通公民应该参与调整研究议程。同时因为科学和技术不断地变革着个人和社会的生活，民主的准则要求公民应该有机会参与到塑造这些变革之中。从这个视角看，宣称科学的政治自治的主张遮蔽了关于谁从科学中获得最大利益，谁拥有利用科学所必需的资源，以及谁承担了科学的社会成本等重要问题(Guston 2000, 48)。

根据上述关于民主代表制的概念，参与对伦理咨询委员会来说，潜在地包含着认识的和政治的两方面的益处。在认识上，正如上面所提示的，由科学引起的伦理问题过于有争议和多面性，以至于难以作为由生物伦理学家和哲学家进行明确分析的对象。伦理咨询组织需要包括与所要解决问题相关的所有学科的代表，以及多种外行的观点。这可以被理解为实现 FACA 规定的一种方式，该规定要求咨询委员会"在所代表的观点和行使的功能方面适当平衡"(Jasanoff 1990, 47)。尽管大部分路径把哲学的伦理学与经验的研究分开，研究伦理学通过吸纳从事政治的和科学的经验研究的学者而获益颇多。研究伦理学依赖社会科学帮助它思考其规范主张的经验表现形式及其后果，依赖自然科学帮助它保持对研究者面对的现实难题作出反应(Weiner 2001, 217；Haimes 2002)。

当然，这对哲学家聚焦于道德逻辑和辩护的问题，以及社会科学家聚焦于集体行为和制度设计的问题,有全面的意义。要点是,这种分工应当以不同学科的学者能够从彼此的工作中获益的方式进行。如果研究伦理学家全然忽视经验的问题,他们可能完全遮蔽而不是揭示社会科学的问题。与此相反,哲学家需要像关心研究议程应该是什么一样关心科学的议程是如何被确立的,这就要求考虑那些被社会科学家们所研究的经验过程。这样一种路径可能会避免诸如制度评估理事会(IRB)所揭露的情形:在深度卷入关于人类受试者研究的相关原则和 IRB 协议的设计之后,生物伦理学家许多年来失于评估他们此前推荐的程序的影响(Arras 2002,43)。根据一些新近的评估,这里所倡导的这种与境性的、跨学科的和过程定向的研究路径,长期为那些在临床情境下工作的生物伦理学家们所熟悉(Arras 2002;Wolf 1994),但是它在更一般的研究伦理学中似乎相对少见。

除使伦理委员会更加跨学科这种认识的益处外,从与外行观点的合作中,伦理咨询委员会同样能够期待获得认识上的收益。不但每种专业的和学术的学科有其特有的盲点,而且专业人士和学术人员经常共享一些特定假设,这些假设往往与其他社会和经济团体所持有的观点不同。把外行公民包括进来,能够帮助辨别这样的假设,并把新的观点引入到伦理的审议之中。当然,实现这个目标需要一种选择外行参与的方式,即选择那种不偏向于在给定议题上已与特定立场结盟的人的外行参与者。共识会议、公民陪审员,以及相似的参与试验,已经在利用随机选择生成一组没有固定立场或意识形态倾向的潜在参与者方面获得了一定的成功。只要人们记住随机选择并不构成以别人的名义行事的授权,它就将是引入新观点并因此增进伦理咨询委员会的深思熟虑的有效方式(Renn et al. 1995)。虽然不是对传统形式的市民组织和激进主义的替代,公民陪审团为哲学家和伦理学家提供了利用外行公民的新机会。他们也已经开始受到美国法律制定者的注意:在 2003 年 12 月 3 日,乔治·W. 布什总统签署了《21 世纪纳米技术研究和发展法案》(Twenty-first Century Nanotechnology Research and Development Act),该法案即包括要求"通过诸如公民陪审团、共识会议和适当的教育活动等机制,集成常规的和正在进行的公众讨论"。

除其认识上的利益之外,外行参与到伦理咨询委员会中同样带来了政治上的好处。尽管伦理咨询机构通常未被授权作出决定,它们有时不论对个别的政策决定还是对整个决策议程都有强有力的影响。公务人员经常忽略他们不但要考虑专家的建议,而且要考虑其委托人的意见和利益的民主责任。在一定程度上把公众结合到生物伦理委员会的工作中,即便当决策者发现赋予伦理委员会的建议更大权重更为有利时,也至少可以帮助确保民主代表制的参与要素得到一定的考虑。与此不同的是,如果民主代表制依赖于专家意见和公众参与的结合,那么明智的做法似乎就是不仅要在顶层,即在决策者的审议中,把两者结合起来,而且要使两者的结合体现在伦理咨询委员会这个较低层次的思考中。

在这里,有人可能会再次注意到,外行参与到伦理咨询委员会中不是被授权去代表他们声称所属的社会集团的利益。他们的主要任务是代表——或者更准确些,是表达——与特定的社会集团相联系的经验观察和立场(Brown 即将发表的文献)。同样地,虽然伦理委员会可能会被劝告要广泛利用民意测验、公开听证会、焦点群,以及其他评估公众意见的手段,决策者仍然必须就其选民的愿望作出他们自己的判断。再多的外行公众被纳入到伦理咨询委员会的工作,也不能免除被选举的代表征求其选民的意见的责任(即便有时恰当地代表他们,要求按其意见相反的方式行事)。尽管如此,如果伦理咨询委员会汲取了民主代表制的多种要素——专家意见、公众参与、正式授权与责任——它们将能够促进采用这样一种公共研究议程:既代表公众,同样也被公众所理解。

1.6 结 论

许多伦理咨询委员会已经相当努力地请求公众介入并代表不同社会集团的观点。布什总统建立总统生物伦理委员会的行政命令规定,作为其多种职责的一个方面,这个委员会将"为全国性的生物伦理问题的讨论提供一个论坛"(PCB 2001)。美国国家卫生研究院(NIH)部长《遗传学、健康与社会咨询委员会(Advisory Committee on Genetics, Health and Society)宪章》,如同许多其他类似委员会的宪章,具体规定了"至少两种成员应该因为其所拥有的关于消费者争议和关心的,以及一般公众的观点和立场的知识而入选"(NIH 2002)。国家生物伦理咨询委员会(NBAC)干细胞报告的发布,引发了五十余万网民访问 NBAC 网站,以及大量的电子邮件,吸引了众多公民在全国各地举办的听证会上发表意见(Meslin and Shapiro 2002)。尽管如此,在塑造研究议程时仍然非常需要提高公众参与的数量和质量。NBAC 前主席和前执行主任这样声明道:"人们必须认识到,在使公民参与方面有更多——非常多——的事情要做。"(Meslin and Shapiro 2002, 99) 特别是他们注意到，NBAC 关于公众介入的程序仅仅包括那些有必要的资源参加会议，在公开场合发表言论和能够访问因特网的公众。更一般地，关于干细胞研究的争论未能充分地代表穷人和社会弱势群体、生活在发展中国家的人们，以及子孙后代的利益（McLean 2001，204；Resnik 2001，198；Chapman，Frankel，Garfinkel 2000，414 及其后）。的确，正如上面所分析的，现代许多生物医学研究关注的是富人和老年人，而且它潜在地重新调配了本来会使更广泛的人群受益的领域的资金使用方向。

发展一种更充分地反映代表制的民主政治的理想的公共研究议程，需要在科学政策制定中公众更有效的参与和代表。伦理咨询委员会对此目标的适宜的贡献，不是建立在专家对将要由科学家和决策者实施的理想标准的洞察力上。它所涉及的不是简单地回应公众的意见或为已形成的利益集团之间辞藻华丽的竞争提供一个舞台。相反，伦理咨询委员会应致力于把科学的、道德的，以及政治的考量整合到一个关涉到外行公众的民主的政治过程之中。正如有些学者所建议的，这种类型的研究伦理学可能需要开发新的规章制度（Fukuyama 2002，212—215），但是它同样依赖于改进对现有制度的公众响应。通过避免专家定向的和利益驱动的路径，以及通过结合更广泛的学科和外行的观点，伦理咨询委员会可以在其努力塑造公共研究议程时成为更有效、更民主的代理人。

注释

非常感谢 Marvin Brown，John Evans 和一位匿名的评议人对本章较早版本的富有建设性的评论。

1. Guston（2000，39，62）把关于科学的社会契约描述为"一个制度安排及其智力基础的地图"，一种"主导的意识形态"，根据该契约，"政治共同体同意给科学共同体提供资源，并让科学共同体保持它的决策机制，而作为回报，期待着即将产生却未详细说明的技术收益"。

2. 对科学的政治自治的四种不同论点的更全面讨论（见 Bimber and Guston 1995）。

3. 在战后时期，对研究伦理学的关注不断增强，对此有影响的其他因素包括：公共资助的大幅度增加和科学与技术的社会影响广泛增强；像医学职业特征这样的行业协会被医学作为政治管制的商业对象这样的观点取代；以及基督教作为一种对医疗实践事实上的道德指南作用的衰落（Engelhardt 2002，76）。

4. 一个人可能会惊奇，为什么我提出科学和伦理学作为政治过程的一个部分，而不是把政治作为科学或者伦理学的一个部分。理由是公民必须参与政治来作出关于科学和伦理学的民主决策,反之,科学或伦理学都不能提供一种方式来作出关于政治的民主决策。

5. 联邦对人文学科研究的资助从来没有公平对待过它的社会意义,即便是考虑到它相对于科学来说固有的低成本:来自国家人文学科基金(National Endowment for the Humanities)的拨款在 1999 年总共不过 1.5 亿美元(Greenberg 2001,24)。由国家科学基金会(NSF)对社会科学和行为科学的资助总是有些不稳定,2004 财政年度在 NSF 总的 R&D 资助 41 亿美元中占到 2.04 亿美元(AAAS 2004,34)。

6. 在政治化的民主形式和党派形式之间的这种区别,在国家科学院(National Academy of Sciences, NAS)最近(2005)关于科学咨询委员会的任命的报告中是比较含蓄的。这个报告首先承认"社会的价值、经济的成本,以及政治的判断……在形成咨询委员会的建议的过程中与技术的判断结合在一起"(NAS 2005,43)。而后,该报告声称一个人的政策立场"不是挑选其目的在于提供科学的和技术的专家意见的成员的一个恰当标准"(参考文献同上)。然而一旦成员被选定,该报告认为,"揭露其立场、相关的经验和可能的偏见……提供了一个通过任命另外的委员会成员来平衡强硬的主张或立场的机会。"(NAS 2005,45,原文如此强调) 这个报告还提倡除其他的改革外,要增加任命过程的公开。

7. 下面的内容利用了在 Brown(2004)中关于 Kitcher 著作的更复杂的讨论。

8. 这种用哲学的表达代替政治的表述,同样也见于 Rawls(1993,25—26),基于此 Kitcher 模式化了他的方法。

9. 在其他原因中,限制公众介入到对决策者的选举人授权,与由随后的选举提供的报偿和认可结合起来,把过大的负担加诸于选举的过程。选举人的系统不仅仅易于遭受各种各样的不公平;原则上,它们也无能力向代表们对在职期间可能产生的所有问题提供清晰的指导。例如,即便一个立法机构的大多数委托人同意他或她关于生物技术的立场,公民也可能仍然由于他或她在其他问题上的立场而投反对票,他们相信那些问题更为重要。

参考文献

American Association for the Advancement of Science(AAAS). 2004. Congressional Action on Research and Development in the FY 2004 Budget. Available at http://www.aaas.org/spp/rd/pubs.htm.

Arras, J.D. 2002. Pragmatism in Bioethics: Been There, Done That. *Social Philosophy and Policy* 19(2): 29—58.

Baylis, F. 2001. Human Embryonic Stem Cell Research: Comments on the NBAC Report. In *The Human Embryonic Stem Cell Debate: Science, Ethics, and Public Policy*, ed. S. Holland, K. Lebacqz, and L. Zoloth, 51—60. Cambridge, MA: MIT Press.

Beauchamp, T. L., and J. F. Childress. 2001. *Principles of Biomedical Ethics*, 5th ed. New York: Oxford Univ. Press.

Bimber, B., and D. H. Guston. 1995. Politics by the Same Means: Government and Science in the United States. In *Handbook of Science and Technology Studies*, ed. Jasanoff et al., 554—571. Thousand Oaks, CA: Sage Publications.

Brown, M. B. Forthcoming. Citizen Panels and the Concept of Representation. *Journal of Political Philosophy*.

——. 2004. The Political Philosophy of Science Policy. *Minerva* 42(1): 77—95.

Chapman, A. R., M. S. Frankel, and M. S. Garfinkel. 2000. Stem Cell Research and Applications: Monitoring the Frontiers of Biomedical Research. In *AAAS Science and Technology Policy Yearbook* 2000; ed. A. H. Teich, S. D. Nelson, C. McEnaney, and S. J Lita, 405—416. Washington, DC: American Association for the Advancement of Science.

Chubin, D. E., and E. J. Hackett. 1990. *Peerless Science: Peer Review and U. S. Science Policy*. Albany: State Univ. of New York Press.

Engelhardt, H. T., Jr. 2002. The Ordination of Bioethicists as Secular Moral Experts. *Social Philosophy and Policy* 19(2): 59—82.

Evans, J. H. 2002. *Playing God? Human Genetic Engineering and the Rationalization of Public Bioethical Debate*. Chicago: Univ, of Chicago Press.

Ezrahi, Y. 1990. *The Descent of Icarus: Science and the Transformation of Contemporary Democracy*. Cambridge, MA: Harvard Univ. Press.

Fukuyama, F. 2002. *Our Posthuman Future: Consequences of the Biotechnology Revolution*. New York: Picador.

Fuller, S. 2000. *The Governance of Science: Ideology and the Future of the Open Society*. Buckingham, UK: Open University Press.

Funtowicz, S. O., and J. R. Ravetz, 1992. Three Types of Risk Assessment and the Emergence of Post-Normal Science. In *Social Theories of Risk*, ed. S. Krimsky and D. Golding, 251—273. Westport, CT: Praeger.

Greenberg, D. S. 2001. *Science, Money, and Politics: Political Triumph and Ethical Erosion*. Chicago: Univ. of Chicago Press.

Guston, D. H. 2003. The Expanding Role of Peer Review Processes in the United States. In *Learning from Science and Technology Policy Evaluation: Experiences from the United States and Europe*, ed. P. Shapira and S. Kuhlmann. Northampton, MA: Edward Elgar Publishing.

———. 2000. *Between Politics and Science: Assuring the Integrity and Productivity of Research*. Cambridge: Cambridge Univ. Press.

Haberrnas, J. 1996. *Between Facts and Norms: Contributions to a Discourse Theory of Law and Democracy*, trans. William Rehg. Cambridge, MA: MIT Press.

Haimes, E. 2002. What Can the Social Sciences Contribute to the Study of Ethics? Theoretical, Empirical, and Substantive Considerations. *Bioethics* 16(2): 89—113.

Jasanoff, S. 1990. *The Fifth Branch: Scientific Advisors as Policymakers*. Cambridge, MA: Harvard University Press.

Jasanoff, S., G. E. Markle, J. C. Petersen, and T. Pinch, eds. 1995. *Handbook of Science and Technology Studies*. Thousand Oaks, CA: Sage Publications.

Kitcher, P. 2001. *Science, Truth, and Democracy*. New York: Oxford Univ. Press.

Kleinman, D. L., ed. 2000. *Science, Technology, and Democracy*. Albany: State Univ. of New York Press.

Mansbridge, J. 2003. Rethinking Representation. *American Political Science Review* 97 (4): 515—528.

McLean, M. R. 2001. Stem Cells: Shaping the Future in Public Policy. In *The Human Embryonic Stem Cell Debate: Science, Ethics, and Public Policy*, ed. S. Holland, K. Lebacqz, and L. Zoloth, 197—208. Cambridge, MA: MIT Press.

Meslin, E. M., and H. T. Shapiro. 2002. Bioethics Inside the Beltway: Some Initial Reflections on NBAC. *Kennedy Institute of Ethics Journal* 12(1): 95—102.

National Academy of Sciences(NAS). 2005. *Science and Technology in the National Interest: Ensuring the Best Presidential and Federal Advisory Committee Science and Technology Appointments*. Washington, DC: National Academy Press.

National Science Board(NSB). 2002. Federal Research Resources: A Process for Setting Priorities. In *AAAS Science and Technology Policy Yearbook 2002*, ed. A. H. Teich, S. D. Nelson, and S. J. Lita, 79—87. Washington, DC: American Association for the Advancement of Science.

National Institutes of Health(NIH). 2002. "Charter of the Secretary's Advisory Committee on Genetics, Health, and Society." Available at http://www4.od.nih.gov/oba/sacghs/SACGHS_charter.pdf.

Parens, E. 2001. On the Ethics and Politics of Embryonic Stem Cell Research. In *The Human Embryonic Stem Cell Debate: Science, Ethics, and Public Policy*, ed. S. Holland, K.

Lebacqz, and L. Zoloth, 37—50. Cambridge, MA: MIT Press.

President's Council on Bioethics (PCB). 2001. Executive Order 13237, Creation of The President's Council on Bioethics (November 28). Available at http://www.bioethics.gov/reports/executive.html.

Petersen, J. C., ed. 1984. *Citizen Participation in Science Policy*. Amherst: Univ. of Massachusetts Press.

Pitkin, H. F. 1967. *The Concept of Representation*. Berkeley: Univ. of California Press.

Polanyi, M. 1962. The Republic of Science: Its Political and Economic Theory. *Minerva* 1(1): 54—73.

Rawls, J. 1993. *Political Liberalism*. Cambridge, MA: Harvard University Press.

Renn, O., T. Webler, and P. Wiedeman. 1995. *Fairness and Competence in Citizen Participation: Evaluating Models for Environmental Discourse*. Dordrecht, Neth.: Kluwer Academic.

Resnik, D. 2001. Setting Biomedical Research Priorities: Justice, Science, and Public Participation. *Kennedy Institute of Ethics Journal* 11(2): 181—204.

Savage, J. D. 1999. *Funding Science in America: Congress, Universities, and the Politics of the Academic Pork Barrel*. Cambridge: Cambridge Univ. Press.

Schrader-Frechette, K. 1994. *The Ethics of Scientific Research*. Lanham, MD: Rowman & Littlefield.

Sclove, R. E. 1995. *Democracy and Technology*. New York: Guilford Press.

Shapiro, H. T. 1999. Reflections on the Interface of Bioethics, Public Policy, and Science. *Kennedy Institute of Ethics Journal* 9(3): 209—224.

Smith, B. L. R. 1992. *The Advisers: Scientists in the Policy Process*. Washington, DC: Brookings Institution.

Union of Concern Scientists (UCS). 2004. *Scientific Integrity in Policymaking: An Investigation into the Bush Administration's Misuse of Science* (February). Available at http://www.ucsusa.org/global_environment/rsi/index.cfm.

Weiner, C. 2001. Drawing the Line in Genetic Engineering: Self-Regulation and Public Participation. *Perspectives in Biology and Medicine* 44(2): 208—220.

Winner, L. 1977. *Autonomous Technology: Technics-Out-of-Control as a Theme in Political Thought*. Cambridge, MA: MIT Press.

Wolf, S. 1994. Shifting Paradigms in Bioethics and Health Law: The Rise of a New Pragmatism. *American Journal of Law and Medicine* 20(4): 395—415.

Wolpe, P. R, and G.. McGee. 2001. "Expert Bioethics" as Professional Discourse: The Case of Stem Cells. In *The Human Embryonic Stem Cell Debate: Science, Ethics, and Public Policy*, ed. S. Holland, K. Lebacqz, and L. Zoloth, 185—196. Cambridge, MA: MIT Press.

Young, I. M. 2000. *Inclusion and Democracy*. Oxford: Oxford Univ. Press.

2 联邦 R&D
——塑造国家的投资组合

Brian A. Jackson

2.1 引　言

像任何组织一样,美国联邦政府分配其资源以履行职责和资助它所从事的计划。作为其为未来作准备的一个方面,它把一部分可以自由支配的资源用于投资而不是都花费在当前的活动上。与那些投资可能包括银行存款、信托基金或房地产的个人不一样的是,联邦政府的投资投向某些不同的类别:物质资产、教育与培训,以及研究与发展(research and development,R&D)。这些国家投资建造可以用于促进国家经济、国防、健康和总体生活质量的能力和知识,而不是单纯的金钱上的回报。尽管在物质资产和教育上的投资对 R&D 政策是重要的,但国家科学和技术政策争论的焦点是调整联邦在 R&D 上的支出。

负责任地利用公共投资的重要性刺激了正在进行着的关于政府拨款的方式和评估其支出的结果的争论。当聚焦于 R&D 时,这些关注指向了三个长期存在的问题:

(1) 政府是否把投资投向了适当的地方?

(2) 政府是否恰当地管理了这些投资?

(3) 这些投资是如何进行的?

尽管科学和技术政策共同体早已经开始研究这些与 R&D 相关的问题,人们远没有就何为在政策设计和实施中解决这些问题的最佳方式达成共识。另一方面,由于缺乏一个其活动不断被评估的集中的"联邦投资者":联邦 R&D 投资组合是一种由许多在联邦政府内独立的"投资者"组成的在此之后的结构体,要达到这样的共识是复杂的。

本章提议一种"自下而上"的调整联邦R&D投资的路径。这样一种方法把每个R&D活动的个体目标作为其根据。对联邦R&D管理来说,这种自下而上的方法论看来比更为常用的路径有相当大的优势,那些更常用的路径经常是在规划或国家的层面上考虑联邦投资的组群。为了给这种基于目标的路径提供基础,本章用政策设计和实施中的投资管理的概念,简短地讨论了联邦R&D投资组合。而后引入关于不同的R&D投入的投资目标的概念。除了要表明投资目标如何使诸如投资组合风险与平衡等管理概念更有针对性,本章还要讨论它们通过刻画R&D的复杂回报而在塑造政策中的效用,以及在评估个别的R&D计划和联邦总体R&D事业的绩效中的作用。

2.2 联邦R&D作为一种投资组合

在迄今为止关于公共资助R&D投资视角的大多数具体描述中,McGeary和Smith(1996,1484)曾提议:"通过引入投资组合的概念,作为一种投资的R&D概念从财务投资理论扩展到对科学和技术资金分配的决策。"把联邦R&D支出设计为一种投资组合是有益的,因为它提供了一种思考投资风险和多样化概念的结构化的方式。在金融市场中,潜在的投资回报与其风险紧密相连。一般来说,要对较高的失败可能给予补偿,风险投资必须对投资者以较高回报的可能性为奖赏。因为不能确切预知单个投资的风险,投资者建立一种投资组合,来从成功的高风险投资中获得某些收益,同时降低总的风险。由于R&D的结果是难以预料的,投资者一般认为它是相对高风险的。其结果是,理解使R&D投资多样化的适当方式对使国家从这种投资组合中获得的总收益最大化是非常重要的。在科学和技术政策的文献中,适当的多样化一般被表述为R&D投资组合中的"平衡"(McGeary and Smith 1996)。

尽管诸如投资风险和投资组合平衡这样的概念的价值是显而易见的,它们在设计和管理联邦R&D投资组合中的效用最终依赖于其执行的状况。在这种情境下,与执行相关的范围,包括从这些概念如何被用于国家的政策讨论,到它们如何(或是否)被用于计划的管理。

依赖于政策讨论的场合和视角，投资风险的概念已经具有多种含义。如 OTA（1991，121）所报告的："风险研究的定义根据探究的方式和领域而变化，而且在一定程度上，每个研究计划都内在地是'有风险的'。"倘若公众强调科学的结果的效用，风险经常被在一个项目之结果的潜在有效性和完成它们所需要的时间的意义上加以定义。如 McGeary 和 Smith（1996，1484）所主张的："成功，以有用却难以预见其应用的方式，可能在稍后的若干年中都不会实现。"这个风险的概念，是基础研究内在地比应用研究或开发有更多的风险这种概括的基础。相反地，那种在性质上是渐进——沿着一个预定的"探究轨道"小步推进——的研究项目通常被描绘为比更具创新性和创造性的工作少一些风险。[1] 在一个项目中内在包含的风险的水平，也与研究者或公司开展 R&D 的记录相关联：一般来说，成熟的研究人员被认为比年轻的或新近成长起来的研究者更少风险。最终，根据从一个特定的研究项目中财政获利的可能性，以及任何单一个体或组织占有这种回报的能力，R&D 投资风险被加以定义。这种定义暗指这样一种信念，即特定类型的 R&D 对私人部门而言风险太高，因此应该由政府来资助。

在联邦 R&D 投资组合中，平衡的概念同样具有多重含义。最主要的平衡是在被联邦政府支持的基础研究、应用研究和试验发展之间的平衡（见 National Science Board 2000 的定义）。争论一直聚焦于，充分支持基础研究的重要性，以及关注在发展项目上（特别是在军用系统中）的巨大投资，可能过分扭曲联邦 R&D 的投资组合（NAS 1995）。[2] 一个次要的平衡概念关注的是科学研究的不同领域或不同学科。政策文件经常引证在许多领域投资的重要性，特别是由于无法预知哪个领域将产生"下一个重大发现"（见 Committee on Economic Development 1998）。政策分析同样已经考虑了在联邦职能部门之间的平衡，尽管这种关心更多的是"二阶效应"（second order effect）——因为不同的机构或多或少都支持基础研究或不同的科学领域。其他关于平衡的考虑包括：投资组合中投入到经同行评议的项目的部分，新的投资与持续的 R&D 资助，大的项目与小的资助，以及 R&D 投资的地理分布。

平衡有如此宽泛的定义比投资风险缺乏一致的概念受到的质疑要少。甚至在一个金融的投资组合中，投资者也可能寻求同时在一系列不同的投资方向之间保持平衡，例如在股票和债券之间，以及国外投资和国内投资之间。然而，关于平衡的一系列完全不同的定义的确使国家的决策变得复杂了。有如此多的解释，"评估平衡依赖于一个人的计划优先性和研究领域偏好"(Merrill and McGeary 1999, 1679)。其结果是,科技政策共同体中个别的成员可能总是认为,投资组合至少沿着一个可能的方向偏离了平衡。没有一种方法对不同的观点进行系统的比较,这种对不平衡的抱怨很难压倒与之不同的主张。此外,虽然许多平衡概念在政策论辩中有长久的历史,但并不清楚它们就必然是最相关的方向,以及联邦投资组合应该按此方向来加以评估。

缺乏更广泛地可应用的定义,风险和平衡的概念当前还不能为联邦 R&D 投资组合的管理提供一个坚实的基础。回到金融投资的领域能够通过提供一个附加概念而得到帮助,该概念即确定的投资目标。关注目标层次——清楚地表达何以作出特定投资的理由及其预期的产出——能够解开某些概念上的扭结。

2.3 投资目标与联邦 R&D 投资组合

在其大部分基础方面,认为需要在作出投资之前对投资目标予以界定的主张显然让人厌烦。然而,如同风险和平衡的概念一样,投资目标的概念能够被用于一组不同的含义,其在投资管理方面的喻义是非常不同的。不同的用法,这对应于被讨论的投资结合的水平,其范围涉及从一种针对整个投资组合的"自上而下"的观点,到针对投资组合各部分的中间的观点,再到一种聚焦于单个投资的"自下而上"的路径。

从自上而下的视角看,一个投资者的目标只不过是为什么终究作出投资的总的理由。在金融投资中,这种总揽的目标可能包括创造财富或为未来的繁荣作好准备。对 R&D,在这个层次的目标回应了体现在本章引言部分中的一般原则:即"为国家的未来作准备"或"建构应对未来挑战的国家能力"。这样的目标并不特别有助于管理。布什政府的《总统管理议程》(OMB 2001, 43)突出强调了这种关怀:

> 需要明晰这种研究的最终目标。例如,NASA 的空间科学计划的目标是"规划我们在太阳系中的命运",而美国地理调查的目标则是"为一个不断变化的世界提供科学"。含糊的目标导致结果糟糕的长期规划。

这样的目标表达了作出投资的合理动机,但却没有为投资的布局、管理或评估提供充分的信息。

在投资组合的中间层次,详细界定投资集团想要的结果的投资目标更为具体——在这里被称为"计划目标",因为它们通常在一个 R&D 资助机构内对应于计划的目的。与"自上而下"的目标形成对比的是,计划目标界定了一组投资有意识要解决的特定问题。例如,一组金融投资能够被设计为产生退休收益,为儿童的教育积累资源,或为家庭而储蓄。由于在这个层次上的目标超出了一般原则,而且能够识别优良的投资特性,因此投资者开始为制定和管理投资目标确定标准。

在 R&D 投资案例中,计划目标可能包括开发一个新的战斗机,寻求解决环境问题的补救技术,提高在生物统计学研究中的能力,或为电子商务开发更安全的方法。[3] 不同于上面讨论的一般目标,在计划层次的目标提供了对 R&D 投资集合背后的基本原理的某些洞察,并因此开始有助于对投资的管理。然而,由于其跨越政府的广泛变化,在这个层次的目标仍然不能为支撑管理联邦 R&D 投资组合的一种统一方法提供必要的连贯性。

一般没有被考虑到的,至少在对公众消费可获得的政策文件中,是具有最高程度的细节的那些目标:单个的 R&D 资助。在金融领域,个体的投资可以有与创造或保持财富相关的一组目标。例如,投资者可以使特定投资瞄准促使资源增长,提供一种收入流,使税收最小化,或设置抵御各种风险的障碍等目标。诸如单支股票、共有基金、合股等不同的投资类型或衍生手段,每种都会有其特定的目标(或多个目标的结合)。一种投资的特定目标既确定了它的总体特性,也明确了它预期的结果,并因此规定了它在特定的投资组合战略中所扮演的适当角色。在投资组合设计中主要的挑战是投资的选择,以使其部分的目标可以恰当地结合起来,实现想要得到的投资组合目标。离开清晰表达的目标,就不可能合理地评价个别的 R&D 投资是否适合作为一个计划的部分,或符合投资组合的目标。如同金融投资,R&D 投资的目标应该既从投入的方面,也从它预期的回报两方面来描述,当投资足够基础就可以独立于计划或投资组合的目标来进行分类。

2.3.1 联邦 R&D 投资"自下而上"的目标

关于 R&D 活动投资目标的建议很多,而且长期没有什么变化,尽管这些建议经常把投资层次的目标与计划层次的目标、一般投资组合层次的目标混同起来。通过目光向下聚焦于单个的 R&D 活动的相关目标,人们能够从一系列政策分析和其他文献中提炼出一个相对较短的目标清单:[4]

(1) 知识体系的扩展;

(2) 通过经济增长实现的财政回报;

(3) 满足对 R&D 成果的任务导向的需求;

(4) 劳动力开发与教育;

(5) 保持国家科学和技术的基础设施与能力。

这样一种关于单个投资目标的清单,对 R&D 投资组合的管理有多种好处。它承认联邦 R&D 投资是为了多种目标而进行的,这些目标可能是互补的,也可能是相互冲突的。对决策而言,这个清单是易于管理的,而且似乎也全面覆盖了公共 R&D 投资的基本动因。此外,由于这些目标独立于机构的投资组合或计划,它们在跨越整个联邦 R&D 投资组合的范围内都是可应用的。

如同对金融投资的情况,对这五个目标的每一个而言,想要得到的结果是相当不同的。[5] 发现新的知识聚焦于信息的输出,以及向更大的科学共同体和整个社会的传播。因此,渴望得到的回报是高质量的、被公开发布的研究成果。相反,经济增长的目标聚焦于研究在财政上的回报,而那些目标旨在促进经济增长的投资者不愿(或不该)过多考虑发布一项有价值的信息输出,因为这可能会降低其研究工作的收益率。

第三个目标,对 R&D 成果任务导向的需求,应对的是这样的事实,即大多数联邦机构需要发达的 R&D 能力和技术来实现其使命。这个目标与国防部和能源部的联系最为常见,其国家安全计划依赖于高技术系统。然而,这些机构的任务引导着 R&D 在公共健康、空间探索、农业生产、工人安全或环境质量等方面的追求。不同于前面两个目标,被任务动机引导着的投资在本质上是工具性的;其期望得到的回报是制造一个新式飞行战斗机所需要的技术,或治愈某种特殊疾病的能力。因此,相关的绩效标准是开发出来的技术或知识实际上是否服务于预期的目的。

后两个目标,劳动力开发和维持国家的科学技术能力,关注的是保持应用科学和技术以应对未来挑战的能力。[6] 然而,这个范畴超出了维持学术的培训和设备的范围,它还包括支持一个公司(或更准确地讲是一个产业)能力的商业化的合约。这种投资的主要例证是,国家处于紧急状态时维持紧急防护行业的工程能力或适应需求巨变的能力。在这两种情况下,投资期望的回报不是用科学成果的产出,而是用人和能力的产出来测度的。例如,一个投资在劳动力方面的产出,可以用具有技术专长的劳动者的数量及其增长来衡量。而另一种情况是,一项旨在保护商业生产能力的投资(类似于一些目标只是规避特定风险的金融衍生物)"回报"可能只是简单地维持现状。

2.3.2 基于"自下而上"目标的路径的优势

这些投资目标能够提供一种解决许多围绕投资风险和投资组合平衡的问题的途径。通过清晰地阐明对多样的 R&D 投资经常十分不同的预期回报,特定的投资目标为严格定义投资风险提供了必要的构成要素。在金融投资中,风险的概念既包括投资的资源丧失价值(或价值受损)的可能,也包括投资不能实现其预期目标的可能。由于投资在 R&D 上的资源从来不能以投资于某个金融机构中的货币出售或期票到期的方式得到回报,那么在两种风险中唯一相关的风险是 R&D 投资不能实现预期的目标。[7] 这样,清晰地说明一个 R&D 投资的目标,对使投资风险的概念有任何分析的意义都是非常必要的。

一般来说,关于风险的讨论不会与投资试图要实现的东西有直接或清晰的联系。基础的和应用的研究之间的区别主要是工作的目标究竟是新知识还是新技术,而不是成功地生产出新知识或新技术的可能性。不能带来金钱回报的风险仅仅适用于那些以金钱回报为主要目的,而且研究者的记录可以提供关于他(或她)潜在生产力的某些信息的场合,其可预见的能力依赖于所涉及的工作的性质。因此,明确地进行以目标为基础的分析,具有完全颠覆认为基础研究本质上比应用研究更多风险的这种传统智慧的可能。可以想象的是,基础研究项目(主要指向新知识的生产)可能在一个如此明显地具有潜在的丰富内容而理解尚不深入的领域中展开,以至于本质上不存在难以获得新知识的风险。相反,即便一个应用研究项目仅仅涉及已被证明的技术,可靠的应用可能也是足够不确定,以至于投资仍然有非常高的风险。[8]

投资目标也可能使关于 R&D 投资组合平衡的讨论简单化。尽管趋近平衡的标准路径隐含一些 R&D 目标,但许多路径还有多种目标,而且由此导致了混乱。例如,关于投资组合最常见的分类——在基础研究、应用研究和试验发展之间——是把生产新基础知识的目标既与经济的目标结合,也与任务定向的技术目标联系在一起。这些分立的目标的结合在《巴斯德象限》(*Pasteur's Quadrant*)中得到最清晰的展现,D. E. Stokes(1997)在该书中指出,要解析内在于基础的—应用的—发展的描述中的混乱,需要把在一个二维矩阵中不同坐标轴中的知识的目标与技术的目标分开来。类似地,关于科学领域中的均衡的讨论也要把知识生产、技术和经济利益、教育与劳动力开发等方面的目标结合起来。

扩展 Stokes 关于基础研究目标的双重细目分类,这种更完全的目标设定使得细分横跨整个联邦 R&D 投资组合的 R&D 的目标成为可能。结果是,这些目标提供了一个分解传统的平衡概念的单个成分的方法。例如,不是简单地把所有国防技术开发项目"堆积"到基础的—应用的—发展的连续谱系的一端,这种方法除瞄准生产特定的武器系统外,把注意力聚焦到这些项目如何能够指向保持技术能力和一支可持续的工程技术队伍。类似地,这种方法关注的是那些在大多数其他关于投资组合平衡的讨论中仅仅被代理人所看重的潜在的理由。例如,尽管国家可能对在科学和技术的不同领域中为了科技自身的缘由投入资金没有内在的兴趣,但在支持人力资源开发和维护各领域的研究能力方面存在着国家利益。这个方法同样还能够把新的路径引入到关于个别计划层次的投资组合内的平衡的讨论中。因为个别 R&D 的努力没有成功的保证,一个计划投资组合为了实现其目标应该在不同路径上保持多样化。在一个投资组合内清楚地界定各个项目的目标有助于确保该投资组合包含其结果并不相互关联的各种组分,由此来提升整个计划成功的机会。

此外,通过提供一种检查 R&D 活动的更高的分辨方法,个别的目标能够使得下面几点成为可能:(1)更好地理解 R&D 活动经常十分复杂的回报;(2)更直截地评估联邦 R&D 计划和机构;(3)在评价作为整体且机构和计划组合各异的联邦投资组合时允许更大的功能多样性。

2.4 对 R&D 投资的实践关注

2.4.1 R&D 投资能够带来复杂的回报

在解读了上述五个目标后,挑剔的读者可能提出反对,认为单个的 R&D 项目几乎总是作出多于一个目标的贡献,而且有时是对所有的目标作出贡献。例如,旨在发展基础性认识的研究工作非预期地导致了新的和有利可图的商业产品。类似地,在大学内旨在生产新知识的研究与教育的结合经常被列举为美国高等教育体系的优势。事实上,R&D 投资产生出同时服务于科学和商业利益、教育和国家需要的结果的能力,正是它们为什么会如此引人注目的一个主要原因。

事实上，这种观察不是削弱了一种以目标为基础的路径，而是强调了这样一种方法的益处。一个目标在投资作出之前就已经被界定了的路径允许把它们的意图与其结果分离开来。结果是，它们提供了一种方式去考虑 R&D 项目有时会产生出在被资助时意想不到并不可能被预测的结果。当前争辩和评估 R&D 投资的方式没有提供处理这类偶然发生的发现的系统手段。相反，讨论经常建立在奇闻轶事——盘尼西林，互联网，诊断成像，GPS，以及类似的东西——之上。这些奇闻轶事在充分地为这种结果能够发展提供例证外，并不能为把这种结果的可能发生与当前的计划和活动关联起来提供帮助。

如同投资风险，偶然的发现只有在工作的原本意图的语境下才有意义。例如，如果一个国防项目是要开发新的雷达技术，该项目将只有那个单一的、聚焦于任务的目标。如果在实施项目过程中所做的实验导致了商业的产品，那么一种超出计划原初目的的经济效果将被归属于该项目。通过标明什么是预期的目的，确定未被预期的效果（不论是积极的还是消极的）是可能的。通过提供一种能够被用于预先界定目标并事后分类回报的架构，这种路径创造了一种能够容纳所有 R&D 成果的体系，并由此支持一种更明达的讨论。

尽管这种讨论已经广泛地利用了那些单个项目仅仅具有五种类型的目标之一的例证，决不防止或阻碍一个单个的项目指向多种目标。例如，NSF 的研究生奖学金计划在以支持研究生教育为主要意图的同时，也可能有意于发展新的知识。在项目开始时就指向多种目标的这种情况下，机构或计划将不得不为每个目标领域简明地确定其预期的产出。

2.4.2 绩效评估要求严格的投资层次的目标

1993 年《政府绩效与结果法案》(Government Performance and Results Act，GPRA)的通过，在科技政策共同体中导致了相当多的关于如何对 R&D 机构适当地贯彻该法案的讨论，在所要求的时间范围和运用该法案规定的方法上，R&D 与许多其他政府活动有相当大的差异（例如，参见 COSEPUP 2001；Kladiva 1997；AAAS 1999)。

在其实施 GPRA 的现状报告中，国家科学院的科学、工程和公共政策委员会(Committee on Science, Engineering, and Public Policy，COSEPUP)提供了一个前文被讨论的问题如何能够妨碍有效的 R&D 评估的例子。COSEPUP(2001，1)

声明：

> 响应 GPRA 评估联邦研究计划是一种挑战，因为我们不知道如何在知识正在产生时测度它，而它的实际应用可能直到研究完成许多年后才会发生，且不能被预知。例如，今天的全球定位系统是 50 年前在原子物理学中进行的研究的产物。

COSEPUP(2001,10—12)关于应对研究评估复杂性的提议是一个过程，在其中，"专家，辅以定量的方法，能够决定知识是否被以高的质量生产出来，是否指向了对资助机构的使命而言具有潜在重要性的主题，以及它是否处于现有知识的前沿，并因此有可能推进对该领域的理解。"[9] 如同大多数对 R&D 评估的讨论，COSEPUP 的报告为所有的 R&D 定义了一组共同的目标——知识的生产和支撑资助机构的使命——而不是分裂的和独立着眼于多重的目标。在报告的稍后部分，COSEPUP(2001,23)指出，GPRA 规划应该明确强调人力资源，类似于第四个目标（见本书第 31 页）。COSEPUP 关于 R&D 资助人力资源的效果方面的建议是特别突出的，类似于 Stokes 在《巴斯德象限》一书中关于知识生产与潜在应用应该被分开的结论，预示着在这里所描述的分解框架的好处。

在这个以及相似的政策文件中的核心考虑是，当要度量的总价值不能被与政策或预算周期相关联的时间表决定时，或者当它们被以这样的方式加以设计以至于不能囊括 R&D 活动的所有收益时，应用性的产出和结果度量标准是否将阻碍或曲解 R&D 活动。如此看待所有的 R&D 投资，似乎它们有一组单一的公共的目标，这是这个问题的主要根源，因为它把 R&D 潜在的产出上的差异最小化，并且没能提供对适宜的时间表的洞察力，以使在超过这个时间尺度时那些产出能够得到估价。

直接指向此前明确表述的五个目标的那些项目已经预期了不同的、可测度的，并且能够在各种时间尺度内加以评估的产出。鉴别一个项目的目标，这个目标可能在很大程度上不同于对联邦 R&D 一般而言的"综合的"目标，界定了能够被合理预期的产出。关于想要的结果的清晰洞察定义了要加以测度的合适的"单元"，这些单元进而让测度对象来确定它是弱于，还是符合或超出了预期的目标。把注意力集中在特殊的、已经规定了的产出，减少了用不适当的目标来对投资进行评判的机会，产生了不切合政策的(而且潜在有害的)结论。以特定应用的考量为基础对其主要目标在于生产新知识的项目作出即时判断,与用适合于发展基金的标准来评价一个聚焦于收入的共有基金一样是不恰当的。尽管也能够用不恰当的标准来作出一项评估,其结果对未来的投资设计仅有次要的价值。而且,聚焦于 R&D 潜在的、长期的、常常是偶然发现的结果,也会过分不重视这些项目产生的短期收益(例如,在教育或新知识方面的收益)。通过在一个目标聚焦的模式中清楚地考虑这些短期的收益,R&D 项目在保持不断审视其长期影响的结构的同时会因为其在短期产生的结果而受到信任。

此外,由于提供了一种区分对 R&D 投资的预期回报与未预期回报的结构,一种基于投资目标的框架提供了一个更好的方式,以评估那些作出个别投资的 R&D 资助机构和管理者的绩效。当评估一个投资管理者的绩效时,超出其所处的情境来判断单个投资或一组投资的绩效是不公平的。通过建立一种涵盖了联邦投资者们意图的结构,基于目标的路径使得把随后的评估建立在能够合法地从投资中期待得到的结果之上成为可能。[10]这样一种方法也将抑制由于偶然发现的结果而对 R&D 管理者过于丰厚的报偿或过于严厉的惩罚,如 COSEPUP 所建议的,这些结果是"不能被预期的"。超越评估特定计划的绩效,投资目标也有助于支持计划中恰当的比较。这种比较可能被误导,例如,采用一个仅仅适用于投资组合目标之一的标准来在财政的投资组合之间进行直接比较。基于每个计划生产了多少新知识来将一个旨在产生受训练的科学家的 R&D 计划同一个更广泛的基础研究计划进行比较,也将导致类似的错误结论。

2.4.3 一种在集成投资组合中保持灵活性的"自下而上"的路径

对联邦 R&D 投资的评估还会因为不存在中心化的"联邦投资者"来对分配和优先安排作出决定而变得更为复杂。在机构内部,尽管经常有来自同行评议或其他咨询专家组意见的广泛介入,但决定是由个别的计划管理者作出的。这已经导致在把 GPRA 应用于研究时的一种额外的关切:对实现分析而言集成的恰当水平。COSEPUP(2001,23—24)声明:

> 要求在机构与监督组织之间更紧密磋商的 GPRA 的一个方面,是这样一个条款,它允许机构在明确表述 GPRA 规划和报告时"集成、分解,或合并计划活动"……当集成的程度太高,监督机构、潜在的用户和公众将不能看清或理解决策和管理的细节层面,而这些细节层面恰恰构成了 GPRA 描述的基础。

从机构或整个政府层面自上而下地看,能够放大简直并不存在的中心化的决策层。在项目的层面上鉴别目标,不论这个鉴别是由计划管理者还是由评议专家组来作,提供了一个应对这个问题的策略。由于基于个别的投资目标的分析是从底部开始的,这样对不同层面的集成的评估变得更加直截了当。如果评价是在单个项目层次上作出的,任何部门的计划绩效就简单地是其各个项目绩效的叠加,以及对是否恰当地选择了项目的评估。假设这些目标被以类似的方式应用到不同的机构,而且用于在机构内作出评估的数据库能够被整合,那么,集成就能够令人信服地继续提升到机构或国家层面。从项目层面开始也使得这些绩效评估对机构内R&D计划的运行管理来说更为有用。对单个的官员来说,他们的特定项目是没有达到还是超出了其设计的目标的知识,要比机构层面的评估——即机构总体是否实现了它的R&D目标——更有用处。

一组关键的和广泛可应用的目标,同样为寻求跨越阻碍联邦R&D投资组合的建构与管理的组织壁垒提供了更好的基础。在不同的机构中,对R&D活动的态度强烈地受到R&D相对于该机构使命的向心性(COSEPUP 2001,23—24),以及如何评估其另外的与使命相关的功能的影响。[11]此外,必然在组织内存在的独特的、偏向使命的立场会关注发出不同的目标,并进而塑造对R&D的评估。定义一组协调一致的、独立于特定使命的基本目标,能够帮助使机构的意图更加明确,并使不同的路径更加明显,由此来把政府看做一个整体进行分析。在目的上简单地理解这种差异对富有意义的跨机构分析而言是关键性的第一步。

2.5 结　论

因为对明智地使用公共资金的可理解的关心,对塑造R&D中联邦投资的批评性的关注是不可避免的。现在GPRA要求所有的政府机构测度并评估其计划的结果,包括它们的R&D计划。本章的引言部分根据三个基本问题限定了评估的议题:

(1) 政府是否很好地安排了它的投资?
(2) 政府是否恰当地管理了这些投资?
(3) 这些投资是如何运行的?

与本章描述的单个项目层次的路径相比,在科学和技术政策的争论中,这些问题几乎普遍地是在整个 R&D 投资组合的情形下被讨论的。

然而,似乎明确的是,关于单个 R&D 项目之目标的可靠理解对管理计划或机构层次上的投资组合是必要的。没有在作出投资之前界定好目标,诸如风险曝光、投资组合平衡,以及恰当的投资分布等概念就缺乏可操作的杠杆作用。离开清楚定义了的微观水平的目标,R&D 投资的选择和管理就像在不知道共有基金的投资类型的情况下建立一个包含共有基金的金融投资组合。在这种情况下,一个实现投资者总体目标的投资组合将只能靠运气来构造。

依赖投资层次的目标的支持,投资组合设计的问题能够聚焦于单个的投资如何符合计划或机构的高层次投资组合的目标。正如一个退休者的投资组合将由不同的投资组成,而不会像为子女上大学的投资那样。一个着眼于形成新技术的 R&D 投资组合将不同于旨在促进经济增长的投资。随着时间的流逝,适宜的投资组合也将发生转变。如同金融投资者快要退休时,他们会转移资产以使其不断缩短的余生中的风险最小化。类似地,随着一个新技术计划构建了它的知识基础并使"未知"变得越来越少,投资也要逐渐从基础知识的生产转向计划的技术导向的目标。

这种以目标为基础的路径的要点能够在最近的政策文件中发现。来自 R&D 机构的 GPRA 文件包括了这个框架的要素,因为与主要指向知识生产的计划相比,这里突出了计划要关注教育和人力资源开发。然而,他们似乎没有普遍地建立起其自下而上对计划和机构绩效的评估,而且他们确实没有按照整个投资组合的绩效能够追溯到其构成投资的绩效的方法来做。此外,通过把诸如教育和知识生产这样的概念分割到关于单个计划相互分离的讨论中,这些计划主要瞄准一个或另一个目标,评估也没有能够系统地突出对许多 R&D 投资的多重回报。因此,他们又回到了关于像"促进跨越科学和工程前沿的发现,把学习、创新与社会服务联系起来"这样广泛的目标究竟是成功还是不成功这样的讨论中。除了更适合应用于 R&D 计划的管理外,这里讨论的微观层次的路径也能够使得在这样的评估文件中对成功的 R&D 的更明达和更令人信服的讨论成为可能。

同样,可以在管理与预算办公室(Office of Management and Budget,OMB)新近的文件中发现这样一种基于目标的路径的要素。一份文件声称:"除了清楚地表达和示范走向期待的目标所取得的进步外,极其重要的是基础研究计划能够证明对其投入的负责任的管理。"(OMB 2002a,2) 类似地,有文件指出其"关注点是改进对基础研究计划的管理,而不是预测不可预期的事情"(OMB 2002a,1)。这种分析与 OMB 文件分歧之处在于对基础性 R&D 目标的选择。OMB 采用质量、适切性和领先地位作为对基础研究计划的度标。尽管这三个原则对知识生产的目标是合适的测度,但仅仅关注它们会忽略基础性 R&D 在本分析所包括的其他四个方面的潜在收益。OMB 的应用性研究的文件(2002b)包含了一组与本章提出的目标分类相关,但不直接可比的目标。如同来自资助机构的 GPRA 文件中的情况,这两种 OMB 文件也都主要关注机构或组织层面的投资组合,而不是要从个体的 R&D 资助出发建立起投资组合的管理与评估。

由于管理任何 R&D 计划的投资组合的实践关切,几乎可以确定的是许多机构或计划已经实行了某些形式的基于目标的个体的路径。因为管理者必须以他们意图要实现的某种图景来组织其活动,以对他们是否成功的评估为基础来指导其未来的规划,很可能是,在最低限度上,每一个联邦 R&D 活动都是通过这里描述的模式的一种含糊的形式来加以管理的。然而,这种路径的真正力量只有在它始终如一地被应用于一个机构内所有不同的 R&D 计划,并且更理想地,应用于构成联邦 R&D 投资组合的许多机构的活动时,才能被认识到。结果,确定何种相似程度的模式已经被运用,并从那些正在实行的政策活动中提炼最佳实践,可能是决定一种把这种路径应用到更大的联邦 R&D 事业的有效方式的第一步。把这样一种基于目标的路径应用到不同的计划或机构的投资组合的示范性的努力,将是验证这种路径的重要的第二步。如果还无法得到适当的模式,一组连贯的概念,诸如那些在这里提出的概念,应该被开发出来以提供必要的覆盖较宽机构的构架。一旦被开发和验证,这种个体层次的目标应该被整合到 R&D 资助与管理的过程中——开始于项目被资助时规定该项目的目标,结束于该项目的最终产出被评定之时。

像投资组合管理和投资风险的概念一样,个体的投资目标能够鼓舞一种评估的模式,该模式将有益于分析在 R&D 上的联邦投资。通过为投资组合层次的分析建立一个坚实的基础,为 R&D 活动规定的目标提供了一个框架,以考虑 R&D 计划多样化的潜在回报并解释其常常在很大程度上作为偶然发现的效果。一组连贯的目标能够为判断一个投资组合设计的适当性并系统、公正地评估其价值提供一个构架,这样一个事实在连续实施 GPRA 时尤其有重要意义。

虽然把个人投资目标应用到联邦 R&D 活动的想法相对简单,以这种方式塑造投资组合并不包括所有活动。这个分析完全聚焦于界定 R&D 的目标,除引证一些说明性的例证外,并不处理项目的结果如何满足或没有满足这些目标的评估过程。关于公共 R&D——它是成功利用这里所描述的框架的关键——结果的评估,有一个内容广泛的文献(见 Kostoff 1997,以及该书的参考文献)。有些目标区域直接联系着重要工作已经被做出来的那些领域,诸如对 R&D 的经济回报的估算。其他一些区域还没有被很好地研究,在公共 R&D 评估领域还存在一些重要的问题(NSB 2001)。本章结束于这个文献开始之处。在这个领域中它没有解决的问题与它重新组织的一些问题和建议的一些问题同样多。如果在这里刻画的路径证明是可靠的,它将可能提供一种架构,在其中各种评估方式的结果能够被更加系统地加以应用,并且变成塑造联邦投资组合的更强有力的工具。

注释

作者非常感谢 Anduin Touw,Emile Ettedgui 和 Henry Willis 对本章早期版本的修改意见。

1. 这种风险的概念在关于严苛的绩效评估和计划评议可能对科学资助机构带来的压力的讨论中是比较含蓄的。随着要求可具体证实的结果的压力增加,人们关心的是同行评议者或计划管理者将偏好那些更有可能在项目评议周期的时间范围内产生可量化的结果的项目。

2. 在其他文献中,参见:NSB 2000;U. S. House 1998;Committee on Economic Development 1998。

3. 最近关于 R&D 投资组合的讨论在一定程度上人为地限制了讨论。政府可能有一个支出的投资组合,R&D 仅仅只是其中的一个部分,该支出包含"改进汽车的燃油经济"或"降低艾滋病在美国的发生率"这样的投资组合目标。在这些案例中,R&D 作为投资组合的一个部分的作用将不得不被政府寻求实现其目标的其他可能方式的考虑所决定。在计划投资组合中对这些可能替代 R&D 的思考,在 OMB 2002 年对能源部(DOE)起草的应用研究投资标准中有清楚的考虑(OMB 2002b)。在如此不同的选择中作出决定,在政策讨论中是特别困难的,为有效地塑造科学政策增添了额外的复杂因素(Toulmin 1968)。

4. 另一种对联邦投资管理的分析可以在 Bozeman 和 Rogers(2001)中发现。他们界定了三类想要的信息产出(基础研究,技术开发与转移,以及软件与预算法则)和科技人力资源作为机构研究的目标,而不是寻求一组顶层的目标。尽管比这里描述的目标要少,但包含在他们工作中的对投资组合平衡的洞察可以同样应用到一个根据这五个更一般的目标来加以归类的投资组合中。

5. 联邦投资者对实现这些目标的时间设计可能不是即时的。R&D 活动也许会瞄准为某个未来时刻潜在新使命的能力铺设基础。在那些情况下,当下对 R&D 的支出已经被表述为对未来能力的"选择",并非不同于用于财政投资的类似选择(参见 Vonortas and Hertzfeld 1998)。

6. 维护国家科学与技术基础设施的目标应该合理地包括部分联邦设备和设施投资,它们瞄准的是科学和技术的能力。由此,本章仅仅关注于对 R&D 的投资对这部分投资组合而言并不是完全恰当的。事实上,一些 R&D 投资的确支持了这些类型的基础设施,因为它们能够购买基础的实验室设备,而且与奖金关联的间接费用也支持了物质基础设施。这种分离简单地反映了当前关于联邦投资分类(或者可能是任何有着相对较少数量的投资等级的分类)的另一个局限性。

7. 由于投资被置于关于未来的需要和条件的设想的基础上,同样存在着一种风险,即财政的或 R&D 投资将无法恰当地适用未来的要求。例如,一项投资想要具备的条件可能从来没有实现过(比如为某项需求投资的经费实际上没有落实,或者在一个领域所做的研究证明是不必要的)。这种错位能够产生相当大的机会成本。尽管这种错位的风险是重要的,此次讨论关注的是一项投资被适当作出后的相关风险,这种风险影响着对投资者的潜在回报。

8. 清晰地界定基于目标的风险的一个例子,出现在 NSF(2003)对基金的描述中:"如果尽管研究者作了所有合理的准备,但数据可能还是不可获得的,那么这个项目将被认为是'有风险的'。"因为项目的目标是新的知识,风险不是用效用或回报这种术语来表达,而是简单地表述成为项目自身而收集需要的数据的能力。

9. 本章没有直接考虑评估的机制,而且研究计划的评估几乎确定无疑地将涉及类似报告中所描述的专家评议。然而,国家科学院分析的这个特定部分被突出出来,以说明在前面的部分引证的要点如何能够在像实施 GPRA 这种努力的情境下妨碍有效的评估。

10. 下一个层次的评估将包括项目的目标是否恰当地与计划和更高的目标联系起来,以及作出的投资(即便它们实现了其目标)是否有效地利用成本。成本效率的问题对投资来说是核心,投资,如 R&D,没有导致"在到期时的投资回报"。除它们在对管理国家投资组合的 R&D 管理者的评估中是特别重要的这一点之外,这些问题超出了本章的范围(见 Link 1996 关于成本效率的分析)。

11. 机构之间工作目标上的差异也将对研究如何被资助和管理产生重要的影响。例如,有些机构关注它们的 R&D 资金授予的机制,而另一些机构则关注合同。理解这些不同机制的影响,以及它们如何既与机构又与国家对 R&D 投资组合的目标相关是非常重要的。

参考文献

American Association for the Advancement of Science(AAAS). 1999. *Science and Technology Policy Yearbook*. Washington, DC: American Association for the Advancement of Science.

http://www.aaas.org/spp/yearbook/contents.htm(11 June 2003).

Bozeman, B., and J. Rogers. 2001. Strategic Management of Government-Sponsored R&D Portfolios: Lessons from Office of Basic Energy Sciences Projects. *Environment and Planning C: Government and Policy*. http://rvm.pp.gatech.edu/papers/strtmng05-05.pdf(17 August 2002).

Committee on Economic Development. 1998. America's Basic Research: Prosperity Through Discovery. http://www.ced.org/docs/report/report_basic.pdf(13 July 2003).

Committee on Science, Engineering, and Public Policy, National Academy of Sciences(COSEPUP). 2001. *Implementing the Government Performance and Results Act for Research: A Status Report*. Washington, DC: National Academy Press.

U.S. House, Committee on Science. 1998. Unlocking Our Future: Toward a New National Science Policy. 24 September. http://www.house.gov/science/science_policy_report.htm (4 August 2002).

Kladiva, S. 1997. *Results Act: Observations on Federal Science Agencies*. General Accounting Office Document GAO/T-RCED-97-220, 30 July, Washington, DC.

Kostoff, R. N. 1997. *The Handbook of Research Impact Assessment*. 7th ed. http://www.onr.navy.mil/sci_tech/special/technowatch/reseval.htm(11 July 2003).

Link, A. N. 1996. *Evaluating Public Sector Research and Development*. Westport, CT: Praeger.

McGeary, M., and P. M. Smith. 1996. The R&D Portfolio: A Concept for Allocating Science and Technology Funds. Science 274: 1484—1485.

Merrill, S. A., and M. McGeary. 1999. Who's Balancing the Federal Research Portfolio and How? Science 285: 1679—1680.

National Academy of Sciences(NAS), Committee on Criteria for Federal Support of Research and Development. 1995. *Allocating Federal Funds for Science and Technology*. Washington, DC: National Academy Press.

National Science Board(NSB). 2000. *Science and Engineering Indicators 2000*. Washington, DC: National Science Foundation.

——. 2001. *The Scientific Allocation of Scientific Resources*. National Science Foundation Document NSB 01-39. Washington, DC, 28 March. http://www.nsf.gov/nsb/documents/2001/nsb0139/(25 September 2002).

National Science Foundation(NSF). "Physical Anthropology: High Risk Research in Anthropology." http://www.nsf.gov/sbe/bcs/physical/highrisk.htm(11 July 2003).

——. "FY 2003 GPRA Final Performance Plan," February 4. http://www.nsf.gov/od/gpra/perfplan/fy2003/Final%20Plan.pdf(11 July 2003).

Office of Management and Budget(OMB). 2001. "The President's Management Agenda," http://www.whitehouse.gov/omb/budget/fy2002/mgmt.pdf(11 July 2003).

——. 2002a. "OMB Preliminary Investment Criteria for Basic Research," Discussion Draft. http://www7.nationalacademies.org/gpra/index.html(11 July 2003).

——. 2002b. "Applied R&D Investment Criteria for DOE Applied Energy R&D Programs," http://www7.nationalacademies.org/gpra/Applied_Research.html(11 July 2003).

Office of Technology Assessment(OTA). 1991. *Federally Funded Research: Decisions for a Decade*. May, Washington, DC.

Robinson, D. 1994. Show Me the Money: Budgeting in a Complex R&D System. Paper presented at symposium, Science the Endless Frontier 1945—1995: Learning from the Past, Designing for the Future, part 1, 9 December 1994. http://www.cspo.org/products/conferences/bush/Robinson.pdf(4 August 2002).

Science for Society: Cutting Edge Basic Research in the Service of Public Objectives. 2001. A Report on the November 2000 Conference on Basic Research in the Service of Public Objectives, May 2001.

Stokes, D. E. 1997. *Pasteur's Quadrant: Basic Science and Technological Innovation*. Washington, DC: Brookings Institution Press.

Toulmin, S. 1968. The Complexity of Scientific Choice: A Stocktaking. In *Criteria for Scientific Development: Public Policy and National Goals*, ed. E. Shils, 63—79. Cambridge, MA: MIT Press.

Vonortas, N. S., and H. R. Hertzfeld. 1998. Research and Development Project Selection in the Public Sector. *Journal of Policy Analysis and Management* 17(4): 621—638.

3 大学与知识产权
——为政府资助的学术研究设计一种新的专利政策

Bhaven N. Sampat

3.1 引 言

在过去的25年里,美国研究型大学公共资助研究的专利与许可有了显著增长。这种增长导致在科学和技术政策中的一些最引人注目的争论。例如,人们见证了对由纳税人资助的学术专利开发出来的药物的高价位的争议,关注着人类基因排序(和专利)的公共资助研究与私营公司之间"竞赛"的适当性,也担忧公立研究型大学持有的专利会阻止胚胎干细胞在美国的研究。

学术研究在公有和私有之间的分配形态是每一个这类争论的核心问题。一些人认为,学术专利和许可的增长是大学——产业互动的一种新的模式,它推动了源自公共资助的研究的经济和社会回报。但另一些人认为,这种增长是学术研究在社会上的低效"私有化",并把它视为对科学自身精神气质的威胁。在本章,我将这些变化置于历史的背景下,为大学专利政策、程序和实践贯穿于20世纪的变化,以及这些政策变化(特别是1980年的《Bayh-Dole法案》)对来自大学研究的经济回报的成效的评估,提供一种更加广阔的视野。

由于对这类问题的更多政策讨论关注大学研究的经济回报,因此本章我以大学致力于创新和经济增长的种种途径的讨论开始。这一讨论揭示了专利与许可只是大学对经济贡献的众多途径中的两种,对于大多数产业而言,这两种途径不如大学将科学和技术信息置于公共领域所作的贡献重要。实际上,正如我在第二节所讨论的,担心危及学术研究的公有方面——这方面不仅对产业,而且对科学自身的进步都很重要——导致在贯穿20世纪的大部分时间里,大多数美国大学避免积极参与专利与许可。尽管到20世纪70年代这种不情愿有所缓和,推动更多的大学转向参与专利与许可的重要动力是《Bayh-Dole法案》,该法案于1980年颁布,目的是促进大学发明的商业化。在第三节,我会讨论《Bayh-Dole法案》的政治史,说明联邦专利政策发生突变的知识基础微弱。然而,对《Bayh-Dole法案》的社会收益效应的评估(以及大学专利与许可增长的更加普遍化)依然是一个悬而未决的经验问题。几乎没有证据表明,大学专利与许可的增长已经推动了技术转移的增加,或者大学在经济中的贡献有显著增长。然而,也没有系统的证据说明,这种增长对公共科学的行为或它对经济的回报有消极的影响。本章的结论部分是对塑造使学术专利与许可更加富有成效的政策的建议。

3.2 大学,创新和经济增长

在过去的一个世纪里,美国研究型大学已经成为极其重要的经济制度。从农业到航天飞机,到计算机、医药行业,大学研究和教育活动一直对产业的增长起着关键作用(Rosenberg and Nelson 1994)。大多数经济史学家都会赞同,战后美国技术的崛起和经济的领先地位强烈地依赖于美国大学系统的实力。

大学研究在经济上的重要"产出"以不同的形式体现,而且随时间流逝和跨越行业而不同。除了其他方面外,它们包括:科学的和技术的信息(通过指导研究向更富成果的方向发展来增加工业中应用R&D的效率),设备和仪器(公司在其生产过程或者研究过程中使用之),技能或人力资本(体现为学生和全体教师),科学和技术能力的网络(有利于新知识的扩散),新产品和工艺的原型。

这些"产出"扩散到(或者换一种说法是"转移到")产业的不同渠道的相对重要性在不同行业和不同时期也会有所不同。除其他方面,这些渠道包括,劳动力市场(雇用学生和教师),大学教师与企业之间的咨询关系,出版物,会议宣读论文,与工业研究人员的非正式交流,大学教学人员成立的公司,大学专利的许可。尽管大学专利与许可最近的增长受到了相当的关注,重要的是要记住,专利只是大学研究贡献于工业中的技术变革和经济增长的许多渠道中的一种渠道。

实际上,在大多数产业,专利提供了一种相对不重要的渠道。对美国制造业领域的企业R&D管理者的一次调查中,Cohen、Nelson和Walsh(2002)要求被调查者对他们了解大学研究的不同渠道进行排序。他们发现在大多数产业部门,被认为最重要的渠道是出版物、会议和非正式的信息交易。专利与许可几乎排在序列表的最底部。[1] Agrawal 和 Henderson(2002)的一项研究,主要关注麻省理工学院(MIT)的两个主要学术单位,从学术研究的"供给"一方提供确凿的证据。对大学教学人员的调查表明,很少一部分知识经由专利的方式从他们的实验室转化到工厂(7%)。其他渠道——Agrawal 和 Henderson 关注出版物——是更加重要的。

值得注意的是,大学—工业知识转化的最为重要的渠道——出版物、会议和非正式信息交换——与科学社会学家 Robert Merton(1973)所称的"开放的科学"的规范相关,从而也为学者创造强大的动力来发表、向大会提交和共享信息,因此将信息置于公共领域(Dasgupta and David 1994)。

学术研究的产出通过开放的科学进行传播,这不仅对工业有用而且对未来的学术研究也有用。学术研究是一种建基于自身的积累过程:回顾艾萨克·牛顿(Isaac Newton)的格言:"如果说我看得更远,那是因为我站在巨人的肩膀上。"因此杰出的科学社会学家(Crane 1972; Merton 1973; de Solla Price 1963),哲学家(Polanyi 1962; Kitcher 1993; Ziman 1968),和经济学家(Dasgupta and David 1994; Nelson 2002)都曾指出信息共享和交流对于学术研究进步的重要性。

3.3 《Bayh-Dole 法案》之前的大学专利与许可

在 20 世纪的大多数时间,大学不情意直接介入专利与许可活动,确切的原因是担心这种介入可能会损害,或者被看做是损害,它们致力于公共科学的承诺和它们促进并扩散知识的机构使命。结果,许多大学一起避免专利与许可行为,那些的确涉及的,其典型的做法是把其专利的管理操作外包给第三方经营者,如哥伦比亚大学的研究公司(Research Corporation at Columbia University),或者建立隶属的但法律上分离的独立研究基金会,如威斯康辛校友研究基金会(Wisconsin Alumni Research Foundation),来管理它们的专利(Mowery and Sampat 2001a; 2001b)。

在《Bayh-Dole 法案》之前的时期,大多数大学参与专利问题都会采用上述两种选择之一,在它们正式的专利政策中存在着相当的差异,例如,在全体教师的披露政策和共享规则中(Mowery and Sampat 2001b)。战后许多大学有"不干涉"的政策,即拒绝以机构来申请专利,但是允许大学教学人员申请专利并保留他们的资格,如果他们想要的话。因此,1980 年之前,哥伦比亚大学的政策将专利申请留给了发明者且把专利的管理留给了研究公司,并声明"拥有专利不被认为是在大学学者的学术目标之内"。有些大学要求教学人员向大学管理部门报告其发明,然后大学管理部门通常将报告交给研究公司或大学研究基金会。值得注意的是,几所重点大学明确禁止对生物医学的研究成果申请专利,显然依赖于这样一种观念,即限制与健康相关的发明的传播尤其与大学的使命相违背。在哈佛、芝加哥、耶鲁、霍普金斯、哥伦比亚等大学,这种禁令直到 20 世纪 70 年代才解除。

尽管实际的专利政策出现过一些变化,在 20 世纪的前 75 年里,美国研究型大学普遍不情愿直接参与专利与许可。然而,专利的确偶然起因于大学研究工作——从这样一个史实来看,这个事实并不令人惊奇,即美国大学从来不是纯粹的"象牙塔",而是在历史上活跃于应用导向的基础和应用研究(Rosenberg and Nelson 1994)。在这种情况下,专利通常由大学教学人员持有或者由第三方技术转让代理商持有,而不是大学持有。在大多数情况下,申请专利的原因是明确地要保护公共利益——促进商业化,保护国家纳税人的利益,或者阻止公司申请专利以及限制利用大学研究(Mowery and Sampat 2001b)。尽管很难确切地认为,但很可能是不利于学术专利申请的强固规范遏制了任何有抱负的大学,这些大学本来在出版物或开放的传播足以达成这些目标的情况下肯定会申请专利。

20 世纪 70 年代,这一切开始发生变化,识别这种转变的源头仍然是未来研究的一个重要议题(参见 Mowery and Sampat 2001b;Sampat and Nelson 2002)。当然,一个重要的发展是,由战后在诸如分子生物学领域中应用导向的基础研究的增长(Stokes 1997)而产生的商业化应用的成就。同时,联邦资助学术研究的经费的增长有所减缓(Graham and Diamond 1997),导致一些大学变得对把申请专利作为创收的一种源泉越来越感兴趣。20 世纪 70 年代,联邦 R&D 资助的地域分布的变化或许对引导"进入"学术专利申请之门也起了作用(Mowery and Sampat 2001a)。此外,20 世纪 70 年代期间政府专利政策的变化——作为《Bayh-Dole 法案》的先驱——使大学更加容易对公共资助的研究来申请专利。

无论原因是什么,在 20 世纪 70 年代这一时期,许多机构开始来重新考虑它们的专利政策和程序。因此,到 20 世纪 70 年代中期,研究公司的《年度报告》注意到,大多数重要的机构都正在考虑设立内部的技术转让办公室(Mowery and Sampat 2001a),并且在《Bayh-Dole 法案》颁布之前的十年,大学的专利申请开始增长。

然而,《Bayh-Dole 法案》通过对如下立场提供了强有力的国会认可而扩展并加速了这些变化,即大学活跃地参与专利与许可是服务于公共利益,远非不光彩的行为。

3.4 专利、公共资助和《Bayh-Dole 法案》

直到 20 世纪 60 年代晚期,大学专利的很大一部分,包括那些由隶属于大学的研究基金会持有的专利,并非是基于联邦资助的研究,而是由机构基金、产业界、州和当地政府提供经费支持的研究。在此之前,许多联邦资助机构仍然保留源自它们资助的研究的任何专利的所有权,其他的则要求大学经历繁琐的申请过程来保留公共资助的专利的所有权。在 20 世纪 60 年代末期到 70 年代,几个机构在允许大学保留申请专利的所有权方面更加宽松,但是关于这种变化的政治性承诺存在相当的不确定性。《Bayh-Dole 法案》消除了这种不确定性,创建了一种统一的联邦政策,允许大学保留来自公共资助研究的专利权。

3.4.1 专利政策的历史背景和知识基础

尽管与大学专利申请相关的话题为《Bayh-Dole 法案》的引入提供了直接动力——并且它对大学产生的影响比对其他承包人产生的影响更加显著——在《Bayh-Dole 法案》听证会期间,对学术环境中关于专利效应的长期存在的历史关注被忽视了。[2] 相反,争论主要聚焦到与以下内容相关的更为普遍的话题:与政府或私人承包者是否应该保留由公共资助产生的专利的所有权,以及跨越资助机构制定统一的联邦专利政策的可行性和必要性。

这样的一种争论是陈旧的:至少在《Bayh-Dole 法案》颁布 70 年前,国会就已考虑谁应该对来自公共资助的研究拥有专利权的问题(Forman 1957)。然而,政府的专利政策第一次变成一个突出的问题,是由于二战期间联邦 R&D 的大幅度扩大。这也是在围绕第二次世界大战之后科学和技术政策设计的争论的中心点,争论发生在 Vannevar Bush 和参议员 Harley Kilgore 之间,Bush 试图扩展让承包者保留专利权的战时政策,而 Kilgore 认为联邦政府应该保留这一权利(参见 Kevles 1977;Guston 2000)。

战后的争论突显了在随后 30 年中关于政府专利政策的分歧中的这一中心论题。支持由政府机构保留知识产权的人认为,允许承包者(而不是政府机构)来保留源自联邦资助研究的专利所有权,有利于大公司却以伤害小企业为代价。此外,他们断言,这种政策将对消费者有害,消费者将不得不支付由他们纳的税来资助的研究成果的垄断价格。支持允许承包者保留所有权的人认为,不这样做将难于吸引合格的公司来实施政府研究,并且缺少所有权将降低对这些发明的商业化开发进行投资的动力。

关于政府专利政策的论战中另一个有争议的问题,是所有联邦机构间"统一的"专利政策的必要性。在二战之后,每一个主要的联邦 R&D 资助机构已经建立了自己的专利政策,而且由此形成的机构特有的政策的混合,对承包者和政府官员造成了模糊性和不确定性。尽管针对这一问题召开了多次国会听证会,在 1950 年到 1975 年这段时间仍没有制定法律,因为对立双方的支持者都没有能力解决他们之间的分歧。肯尼迪总统于 1963 年和尼克松总统于 1971 年各自颁布的联邦机构的专利政策强化了这种立法的僵局。两位总统都认为,从机构使命和 R&D 计划的差异看,机构特有的政策在专利政策中的不同是适当的(US OMB 1963;US OMB 1971)。

在这一时期的争论很少关注大学,毕竟大学是联邦 R&D 资金的少数接受者,就它们自身来说在历史上也不愿意积极地参与专利申请和授权许可。联邦政策面向来自公共资助的大学研究的专利,只是在 NIH 的"医药化学计划"(Medicinal Chemistry Program)的报告(GAO 1968)和给联邦科学和技术委员会(Federal Council for Science and Technology,FCST)关于政府专利政策的更一般问题的第二个报告发布之后,才成为讨论的一个主题(Harbridge House 1968b)。两个报告检查了联邦专利政策对于美国制药公司和医药化学领域的学术研究者之间的合作研究的效果。在 20 世纪 40—50 年代期间,这些制药公司可以免费地对由 NIH 资助的大学的研究者开发的、用于生物活性的化合物进行例行筛选。根据特殊大学的专利政策,这些制药公司可能会得到对这些化合物进行开发和推向市场的专有权。1962 年,卫生、教育和福利部(Department of Health,Education and Welfare,HEW)告诫这些大学,公司对化合物的筛选必须正式同意不拥有任何技术的专利,这些技术是源自 NIH 的资助或者源自 NIH 授权支持的"研究工作领域"。

这两个报告批评了卫生、教育和福利部的专利政策,认为制药公司已经停止筛选 NIH 授权的化合物,因为公司担心卫生、教育和福利部的政策损害它们对源自它们内部研发的知识产权的权利(Harbridge House 1968a,Ⅱ-21;GAO 1968,Ⅱ)。两个报告都建议卫生、教育和福利部改变其专利政策,以澄清权力归还政府的情况,以及哪些大学应该保留专利权并向公司发布专有许可的情况。

卫生、教育和福利部于 1968 年通过创立机构专利协议(Institutional Patent Agreements,IPAs)来对这些批评报告作出回应,在这个协议中给予具有"经批准的技术转让能力"的大学有权保留机构资助专利的所有权。此外,卫生、教育和福利部开始更加迅速地回应大学和其他研究执行者对来自联邦资助的研究的知识产权的要求。在 1969 年到 1974 年期间,卫生、教育和福利部同意了 90% 的所有权申请,并且在 1969 年到 1977 年间,也向 72 所大学和非赢利研究所授予了机构专利协议(Weissman 1990)。国家科学基金会(National Science Foundation,NSF)于 1973 年创建了一个同样的机构专利协议计划,并且国防部(Department of Defense,DOD)开始在 20 世纪 60 年代中期允许大学以批准的专利政策来保留由联邦资助项目而产生的发明的所有权。

因此,20 世纪 70 年代开始,美国大学就可以通过机构专利协议(或者 DOD 的类似计划)对由联邦资助的研究而产生的成果申请专利,这一过程基于机构—机构之间的协商,或者通过案件—案件的申请。这些变化对 20 世纪 70 年代大学专利申请的增长似乎起到了部分作用。

3.4.2 《Bayh-Dole 法案》

大学对卫生、教育和福利部的机构专利协议计划的潜在限制的关注,为引进最终变为《Bayh-Dole 法案》的议案提供了最初的推动力。1977 年 8 月,卫生、教育和福利部的总法律顾问办公室(Office of the General Counsel)表达了对大学专利与许可,特别是专有许可,可能会导致更高的卫生保健成本的担忧(Eskridge 1978)。卫生、教育和福利部责令对专利政策进行评议,包括重新考虑大学协商专有许可的权力是否应该被剥夺。接下来经过 12 个月的评议,卫生、教育和福利部对 30 个专利权的申请以及 3 个机构专利协议请求作出延期决议。在卫生、教育和福利部对其专利政策的再次审查之后,随之而来的是 DOD 的一个类似审查,该审查导致对大学专利申请的更加严格的政策(Eisenberg 1996)。

反思它们已经增强了的专利与许可活动,美国大学向国会表达了对这些限制的忧虑(Broad 1979a)。1978 年 9 月,参议员 Robert Dole(堪萨斯州的共和党参议员)召开了一次发布会,在会上他批判卫生、教育和福利部为大学专利申请和评论设置障碍,"我们罕见地见证了一个更加丑陋的实例,即被官僚体制过分管理的实例",并且宣布他的目的是引进修正这一情形的议案(Eskridge 1978,605)。1978年9月13日,参议员 Dole 和参议员 Birch Bayh(印第安纳州的民主党参议员)提出了 S.414:《大学和小企业专利法案》(University and Small Business Patent Act)。这一法案提出了一种统一的联邦专利政策,该法案给予大学和小企业对于由政府资助研究而产生的任何专利以统括权(blanket right)。[3] 这个议案缺少了通常包括在机构专利协议的条款,包括大学必须拥有一种"批准的技术转让"能力才会接受所有权的要求。与一些机构专利协议的描述相比,该议案也没有表达对于非专有许可协定的联邦优先权(Henig 1979)。

至少自从早期的 Bush-Kilgore 争议开始,国会就一直强烈反对任何统一的联邦政策,即授予专利所有权给研究的执行者或承包者。但是《Bayh-Dole 法案》几乎没有吸收这种反对观点,有以下几个原因。首先,在如其标题所说明的,议案只关注大学和小企业获得专利权,减弱了这一专利所有权政策将有利于大企业的争论。[4] 其次,议案纳入几个条款,这些条款是针对消除对议案将以损失公共利益为代价而导致"获暴利的人"这一批评而设计的;纳入一个补充条款,借此条款机构必须向资助机构回馈许可收入或者出售的一部分利润,以及对专有许可从商业销售起5年或者从许可颁发之日起8年的时间期限。最后,也是最为重要的,议案在中间部分引入了20世纪70年代晚期关于美国经济竞争能力的争论。《科学》(Science)杂志上一篇讨论该议案中这一争论的文章观察到:

> 这一立法的评论家们,在过去斥责说对"公共资金的泄漏"已经变得不正常的宁静。原因似乎很清楚。工业创新在官僚圈里变成了一种流行词……人们已经不再接受专利转让问题。他们说,需要时间来剪断这条红色警戒线,以激发发明的动机(Broad 1979b,479)。

委员会听证了《Bayh-Dole 法案》的议案,分别是由小企业和各类贸易联盟组成的证人的室内听证会,以及主动参与专利申请和许可申请的大学组成的证人的室内听证会。在这些听证会期间,更多的证据和评论关注延缓美国生产率的增长和创新,建议政府专利政策致力于这些困难的方面。在参议院司法部(Senate Judiciary Committee)听证这次议案的公开陈述中,参议员 Bayh 和 Dole 每人都指出了1979年的联邦专利政策的两个问题:"政策"一词实际上由二十多个不同的特定机构的专业政策构成,大多数联邦机构使承包者很难保留专利的所有权。

大多数争论的核心问题是，公共资助的专利由私人承包者持有，是否会享有较政府自身持有而言更高的商业转化率。听证人支持《Bayh-Dole法案》的议案，频繁引用来自哈布基屋(Harbridge House)的研究结果，即政府资助专利的使用比率在承包者而不是机构持有这些专利所有权时会更高一些。另一个高频引用的统计数值基于1976年FCST的报告，报告得出结论说，在1976年得到许可的28 000份专利中，联邦政府拥有的专利不足5%(FCST 1978)。立法者和听证人使用这些发现来主张将专利权下放给承包者，将创造当前体系所不具备的进步和商业化动机。然而，如Eisenberg(1996)所指出，这种参考是无效的。引用于这些研究的专利主要基于DOD资助的研究(83%的专利来自Harbridge House的样品，63%的专利来自FCST的样品)，这些专利实际上迅速地将专利权授予了研究的执行者。对那些承包者选择不寻求拥有所有权的来自DOD资助的研究的专利，几乎肯定是仅具备有限的商业潜力，这也就毫不奇怪它们没有得到许可。

此外，这些报告中的数据主要基于因政府资助的R&D而产生的专利，这些R&D由私营公司来执行。同样地，它们会对联邦政府资助的发明由大学申请专利的相关争论产生质疑。几个来自大学的代表的确提出了适用于学术语境的观点。第一个观点是，大学发明当其首次被公开时处在"胚胎阶段"，在具有商业的有用性之前需要重大的额外发展，如果没有相关知识产权的清晰界定，企业将不会投资于这些昂贵的开发活动——它们认为，这就要求大学赋予专利的所有权和专有许可。其他证人建议，将所有权给予大学将创造发明动机，并且机构也会变得积极参与专利的开发和商业化，预期争论最近被Jensen和Thursby发展得更加正式(2000)。

在引用Harbridge House或者FCST统计数据之外——那些在有效性和相关性方面具有质疑的引用——因为大学在保留所有权或者授权专有许可方面所面临的困境，《Bayh-Dole法案》的支持者几乎没有提供大学发明正在"使用之中"的系统证据。更加重要的是，没有证人讨论过由大学专利与许可对学院科学的规范可能造成的潜在风险，或者申请专利和许可对于其他渠道的大学—工业技术转移的有害后果。一位经历听证会的新闻记者注意到："尽管《Bayh-Dole法案》正在受到近乎空前的支持，一些国会议员副手指出，听证会依然留下关于一般专利，以及特别是与大学校园有关的专利的未解答的基础性问题。"(Henig 1979,284)

1980年冬天，众议院和参议院以绝对优势且伴有最低限度的议会辩论通过了《Bayh-Dole法案》。尽管该法案的最终版本保留了对大企业专有许可的期限，但是省略了对小企业专有许可的赔偿条款和期限。总统 Carter 于 1980 将《Bayh-Dole 法案》签署成法律,1981 年该法案生效。

这个法案为大学和小企业创立了一个统一的联邦专利政策,赋予它们享有由任何联邦机构资助的拨款或者合同而产生的任何专利权。由于早在《Bayh-Dole 法案》之前,大学就开始增加它们对专利申请与许可的参与,并且因为大学专利与许可本来可能会在没有该法律的情况下继续增长,这个法律的效应最为重要的方面之一是规范性的:通过支持大学介入专利与许可,它减轻了介入专利与许可的商业行为的有关声誉代价的担心。大学获取专利,授权许可,以及甚至特许创收将不再被看做潜在的政治性窘境的源头——正如它们在贯穿 20 世纪大部分时间所处的境地那样——而是看做研究型大学的"企业家主义"和"经济活力论"的指示器。

3.5 《Bayh-Dole 法案》的效应

3.5.1 大学专利和许可的增长

随着《Bayh-Dole 法案》而来的,是大学日益变得直接介入专利与许可活动之中,并成立内部技术转让办公室来管理大学专利的许可。图 3.1 显示了大学"进入"专利与许可的年度分布,把用于"技术转让活动"的 0.5 个全职等效职员定义为

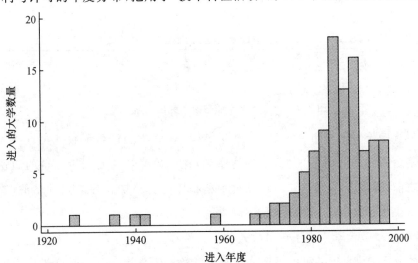

图 3.1 1920—1998 年大学进入技术转让活动的年度和数量

资料来源:AUTM(1998)。

大学进入该活动的第一年(AUTM 1998)。与上述讨论相一致,在20世纪早期没有几所大学介入专利与许可活动。介入在20世纪70年代期间开始,但是在《Bayh-Dole法案》之后出现加速趋势。

大学专利申请展示出一种相同的趋势。图3.2显示了1925—2000年期间颁发给研究型大学的专利数。同样,于20世纪70年代这一时期开始增长,但是在1980年之后开始加速。转让许可收入的时间序列更加难于获得,因为这些数据在20世纪90年代之前没有系统地收集过。1991年,根据美国大学技术经理协会(Association of University Technology Managers,AUTM)的一项调查,美国大学赚得的许可收入总量约为2亿美元。十年后,这个数目增加到超过10亿美元(AUTM 2002)。

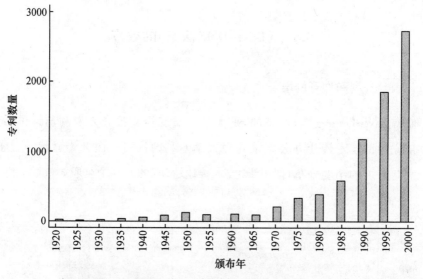

图3.2 每个颁布年颁布给研究型大学的专利数

尽管增长率令人印象深刻,2000年AUTM大学的许可证收入占这些大学总研究基金的比例仍不足5%。也要注意到,这一数值是在发明者分享的版税收入扣除之前(通常占30%—50%),以及专利和许可管理费扣除之前计算的,这些数目可以说相当大。

同样,少数大学占有了许可收入的最大份额。图3.3表明了1998年大学许可收入的分布,1998年是可以得到分开的许可数据的最后一年。注意没有几所大学获得大的收入;实际上,这些大学的10%占有60%的总许可收入。图3.3中的数据也没有包括专利和许可的管理费。似乎在将支出考虑进去之后,大多数美国研究型大学在它们获取专利和申请许可的活动中一直是赔钱的(参见 Trune and Goslin 1997)。

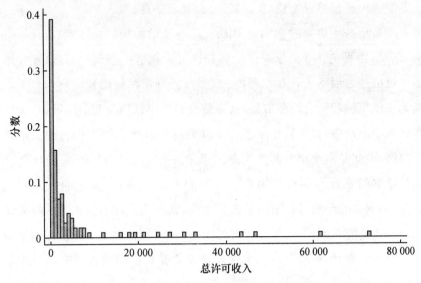

图 3.3　卡内基大学许可证贸易收入的分布

3.5.2　对技术转让和学术性企业的作用

当然,《Bayh-Dole 法案》的主要目的不是使大学富裕而是来促进"技术转让"[5]。美国和许多海外评论者注意到上述展示的这种专利与许可趋势,并且宣告了《Bayh-Dole 法案》的彻底成功(例如,见 Bremer 2001; *Economist* 2002)。隐含在这一解释中的是这样一个假设,即这些趋势深层的商业化和开发如果缺少《Bayh-Dole 法案》,那么将不会发生,或者更加普遍地说,缺席大学参与专利与许可。

这一假设在一些案例中肯定是有效的,但肯定不是全部。专利与许可对于大学发明的开发和商业化的重要性在《Bayh-Dole 法案》听证会期间尚未得到充分理解,今天也还没有充分被理解。大学可以获得由其职员开发的任何发明的专利,在商业化要取得进展的地方甚至在缺少专利与许可的情况下也会如此行事。[6] 例如,Cohen-Boyer 的重组 DNA 技术甚至在加利福尼亚大学和斯坦福大学开始发放许可证之前就被工业所使用;专利(以及广泛地说,申请许可证)允许大学产生收益,但是不能促进技术转让。在一种口述史中，Cohen-Boyer 申请许可证项目的经理，Niels Reimers（1998），使这一观点明确化。他注意到，"无论我们是否许可，重组 DNA 技术的商业化正在前进。正如我所提到的，一项非专有许可项目，在其核心，实际上是赋税……但是通常说'技术转让'会好听一些。"

另一个适用这一议案的发明是 Richard Axel 的协同转化过程（cotransformation process），由哥伦比亚大学取得专利和许可。在这一案例中，在该项技术在科学文献中被描述之后不久且在专利授权之前，公司正在使用这一技术。大学以如果继续无证使用将起诉公司相威胁，来迫使公司取得这项发明的许可证。

在这两个案例中，技术转让早于大学获取专利和申请许可的行为。这仅仅只是两个案例，但却是两个重要的案例：两个案例一起占有 1983 年到 2001 年所有研究型大学赚取的累计专利权使用费收入的近 15%。在此，大学的收入是工业的"赋税"（使用 Reimers 的话），最终是消费者的，这并不是技术转让范围的指标。

在诸如此类的案例中，大学正在对可能已经被利用的或开发的，即便缺少知识产权的发明申请专利，社会因非竞争性定价而遭受标准的缺失。限制对大学发明的使用权也可能并非必然地限制了进一步的试验和开发（参见 Merges and Nelson 1994）。对这些案例的共享以及这些成本的范围还不知道，因为它们涉及违背事实的情况。但是对《Bayh-Dole 法案》对技术转让的作用的适当评论必须要把这类成本考虑在内。

更为重要的是，对《Bayh-Dole 法案》产生作用的完整评价需要分析它对知识和技术转让其他渠道的作用。对于增加学院的专利与许可是否和如何对其他大学致力于工业和经济增长中的技术变化的渠道产生影响，我们知之甚少。然而，考虑到其他渠道的相对重要性，这些问题是许多担忧的根源，而且的确如此。特别是，上述引用的调查表明，大学对经济最为突出的贡献是通过信息的生产，这些信息有助于增加应用 R&D 的效率。从传统的角度来讲，这些信息已经通过出版物和会议、非正式交流以及通过对毕业生的雇用得到了传播。我们不知道增加的专利与许可是否对知识转让的这些渠道有所限制，这仍然是未来研究中的一个重要话题。

一个相应的担忧是，学院和大学正在限制那些输入到科学研究自身的信息和材料的公开性、可用性。不幸的是，除了轶事性的证据外，这一重要方面也少有系统的证据。但是由于交流和信息公开对于科学进步的重要性，对这一担忧值得极其认真地加以对待。

3.6 结　　论

本章表明了学院科学的"私有部分"在过去25年里已经显著地扩张。在历史上大学不情愿介入专利与许可的情况已经消失了,取而代之的是显而易见的热情。这一变化部分地受到《Bayh-Dole法案》的支持,该法案不仅使大学申请联邦资助研究的专利变得容易,而且也提供了政治的认可,以及为大学参与到专利与许可活动提供了关系并非密切的财政刺激。

《Bayh-Dole法案》的政治史揭示出,该法案的通过是基于不甚坚实的证据,即以前的状态导致了大学发明的低商业化率。国会的听证忽视了大学研究的公开方面的经济重要性;他们忽视了增强专利与许可对开放的科学以及技术和知识转让的其他渠道有潜在的负面效应的可能性。

然而,《Bayh-Dole法案》(以及更普遍地说,大学专利与许可活动的增加)对创新、技术转让以及经济增长的实际效应还不清楚,有必要对此重要方面进行更多的研究。就这点而论,当前在其他国家对Bayh-Dole类政策效法的努力(参见OECD 2002)可能还不成熟,我们也没有足够的证据来说明,《Bayh-Dole法案》的重大变化对于美国是必要的。

但是,一些修补可能有助于保护公共领域——以及公共利益——在纳税人资助的研究情境下尤其重要。从社会福利的角度而言,我们希望大学申请公共资助研究的产物的专利,只有在缺少专利时这些研究产物将不能被有效利用的情况下去申请。类似地,我们希望大学对授予专利的发明颁布专有许可,是在只有非专有许可不能促进使用和商业化的情况下授权许可。然而,在《Bayh-Dole法案》的规定下,大学在对什么申请专利和如何授权许可作出决策方面拥有全方位的自由,通常它们作出申请专利和授权许可的决策是基于它们自身的利益而不是公共的利益,即便二者经常是相互关联的。

这一问题可以用委托—代理术语来思考。[7] 通过《Bayh-Dole法案》的方式,委托人(投资机构)将权力委托给代理商(大学)来对专利与许可作出决策,相信如此做将有利于大学研究的技术转让和社会回报。但是代理商基于自身的利益来对专利与许可作出决策——包括对授权许可回报的考虑——在某些情况下或许作出了阻碍而不是利于技术转让和社会回报的选择。由于让委托人去监督其代理商的决策是困难的且代价昂贵的[例如,由于"健全的"授权许可制度("right" licensing regime)的知识要求关于大学、技术和相关产业的专业知识],代理商可以"侥幸"作出有悖于公共利益的选择(Rai and Eisenberg 2002,161)。这种委托—代理框架表明,如果一些可能的可供替代的选择能让决策者使用,将有助于确保大学专利和许可仅服务于公共利益,这与《Bayh-Dole 法案》的意图(如果不是文字)相一致。

对委托—代理问题的标准解决途径是,让委托人更好地了解代理商的行为,即加强监督。一定意义上,由 NIH 和其他机构实施的政策,即增强大学的公开性和报告要求,就是在这一方向迈出的一步,尽管它们走得还不够远。对于大学使用什么标准来决定是否申请联邦资助发明的专利,以及如何和向谁授权这些专利的许可,投资机构要求大学对此持有更加精细的信息,此举是合乎情理的。投资机构不可能来审查所有这些信息,但是随机(低的可能性)审查就可足以抑制大学一方的投机行为。此外,这一体制也将提醒大学,在此过程的每一步它们的责任是推动技术转让而不是它们自己的私人利益。

另一种解决途径是增加机构的成本,以面对如果大学被发现偏离了委托人预想的轨道。有趣的是,贯穿 20 世纪的大部分时间,大学回避介入专利与许可行为,恰恰是因为担心如果它们被发现以公共代价获取"不正当利益"的政治的反响。上述我已论及,这些顾虑可能已经消失——部分原因在于《Bayh-Dole 法案》对大学参与技术转让的授权——而且关于大学应该如何在这些竞技场行为的规范,可能不再审查大学的财政抱负。然而,在特殊情况下,投资机构通过激励性陈述澄清"在 X 研究领域,广泛地传播就是普遍性地服务于公共利益",投资机构依然能够引导专利和许可与公共利益相一致。对于单核苷酸多态性和人类基因 DNA 序列的研究,NIH 就依循了这一途径(Rai and Eisenberg 2002)。由于这样的陈述清晰地定义了公共利益,如果大学的专利申请和许可授权战略偏离了公共利益,那么它们会造成政治的和名誉的代价。沿着同一途径,Nelson(2002)建议,修改《Bayh-Dole 法案》以强调在大多数情况下的预设应该是对公共资助研究的广泛传播(通过出版物或者非专有许可),但是要认识到在特殊情况下专利与许可可能是必要的。

这样的劝告还不够,其他人曾经建议加强资助机构,在例如大学作出的专利与许可决策与公共利益相违背的地方,采取正确行动的能力。在《Bayh-Dole 法案》下,在"特殊情况"下投资机构可以撤回公共资助专利的所有权,或者在许可证持有人没有采取合适步骤将其发明商业化的情况下，它们可以"进入"强迫的更宽范围的许可。然而，这些条款都极其麻烦，结果自从《Bayh-Dole 法案》通过之后，还没有付诸实践过。Rai 和 Eisenberg（2002）因此提出修改《Bayh-Dole 法案》以降低事后调节的门槛。这一建议的一个引人的特点是，甚至委托方这一措施的威胁就可以阻止代理商的投机行为。

这些用于塑造专利政策的每一个建议，是基于对专利申请和公共研究许可的限制在一些情况下有利于商业化的认识，但不是所有的情况——这种认识没有把当前政府专利政策概括在内。除这些变化之外，评论者（Rai and Eisenberg 2002; Nelson 2002）进一步建议，与大学专利与许可增长相关的潜在问题可以被专利系统中更加普遍的变化所改善，例如，加强效用和非显而易见的必要条件，以及实施一种正式的研究免税。

最后，大学自身的长期利益可以指向在公共利益而不是它们自己的财政利益角度下更负责任地实践专利与许可的管理。大学就其在推进基础知识并将其广泛传播而言，是社会最好的工具。从长远的角度来看，如果它们在这一使命的方向上迷失太远，并开始像追求最大利益的公司那样行为，对学院研究给予广泛财政支持的任何政治愿望将必定会减弱。考虑到自从《Bayh-Dole 法案》通过之后的 20 年里，只有少量大学赚取了显著的净许可转让收入，积极地追求专利使用费的收入可能是不值得努力做的。即便缺少立法者和官员对专利政策的这种额外塑造，如果美国研究型大学重申它们的致力于创造经济上和社会上有用的"公共知识"，我们可以预期，它们在过去一个世纪取得的惊人成就将会在新的世纪里重现。

注释

非常感谢 Diana Hicks 对本章较早版本的评论。

1. 存在相当大的产业间的不一致。与其他产业相比，专利和许可在制药业更为重要。然而，即便在制药业，其他渠道从历史的角度而言也是极其重要的（Gambardella 1995）。
2. 这一节的一些内容采用了 Mowery 等（2003），第 4 章。
3. 同样的立法（H. R. 2414）被 Rep. Peter Rodino（新泽西州民主党议员）于 1979 年引入下议院。
4. 一种当代的解释注意到，议案限制为大学和小企业适用是"一种策略的用于确保慷慨相助的排除措施"（Henig 1979, 282）。一位议员助手评论说："但是，如果我们使这一议案从来没有机会通过，我们宁可将[这一政策]推广到每一个人……"（Broad 1979b, 474）

5. 《Bayh-Dole 法案》的预期和非预期效果的经验证据的详细调查见 Sampat(2003)。

6. 根据对 76 所重点大学技术转让办公室的最近调查,许可收入是最重要的标准,通过这项标准技术转让办公室来测度它们的成功与否(Thursby, Jensen, and Thursby 2001)。

7. 科学和技术政策中的委托—代理问题的更加普遍的讨论见 Guston(2000)。

参考文献

Agrawal, A., and R. Henderson. 2002. Putting patents in context: Exploring knowledge transfer from MIT. *Management Science* 48(1): 44—60.

Association of University Technology Managers(AUTM). 1998. The *AUTM Licensing Survey 1998*, *Survey Summary*. Norwalk, CT: AUTM.

———. 2002. *The AUTM Licensing Survey: FY 2001*. Norwalk, CT: AUTM.

Bremer, H. 2001. *The First Two Decades of the Bayh-Dole Act as Public Policy: Presentation to the National Association of State Universities and Land Grant Colleges* [online]. New York: National Association of State Universities and Land Grant Colleges, 11 November 2001 [cited 14 September 2004]. Available at http://www.nasulgc.org/COTT/Bayh-Dohl/Bremer_speech.htm.

Broad, W. 1979a. Patent bill returns bright idea to inventor(in News and Comment). *Science* 205: 473—476.

———. 1979b. Whistle Blower reinstated at HEW. *Science* 205: 476.

Bush, V. 1943. The Kilgore bill. *Science* 98(2557): 571—577.

Cohen, W., R. Nelson, and J. Walsh. 2002. Links and impacts: the influence of public research on industrial R&D. *Management Science* 48(1): 1—23.

Crane, D. 1972. *Invisible Colleges: Diffusion of Knowledge in Scientific Communities*. Chicago: Univ. of Chicago Press.

Dasgupta, P., and P. David. 1994. Towards a new economics of science. *Research Policy* 23(5): 487—521.

de Solla Price, D. 1963. *Little Science*, *Big Science*. New York: Columbia Univ. Press.

The Economist. 2002. Innovation's Golden Goose. *Economist* 365(8303): T3.

Eisenberg, R. 1996. Public research and private development: Patents and technology transfer in government-sponsored research. *Virginia Law Review* 82: 1663—1727.

Eskridge, N. 1978. Dole blasts HEW for "stonewalling" patent applications. *Bioscience* 28: 605—606.

Federal Council on Science and Technology. 1978. *Report on Government Patent Policy, 1973—1976*. Washington, DC: U. S. Government Printing Office.

Forman, H. I. 1957. *Patents: Their Ownership and Administration by the United States Government*. New York: Central Book Company.

Gambardella, A. 1995. *Science and Innovation*. New York: Cambridge Univ. Press.

Guston, D. H. 2000. *Between Politics and Science: Assuring the Integrity and Productivity of Research*. New York: Cambridge Univ. Press.

Harbridge House, Inc. 1968a. Effects of government policy on commercial utilization and business competition. In *Government Patent Policy Study, Final Report*. Washington, DC: Federal Council for Science and Technology.

———. 1968b. Effects of patent policy on government R&D programs. In *Government Patent Policy Study, Final Report*. Washington, DC: Federal Council for Science and Technology.

Henig, R. 1979. New patent policy bill gathers Congressional support. *Bioscience* 29 (May): 281—284.

Kevles, D. 1977. The National Science Foundation and the debate over postwar research policy, 1942—1945. *Isis* 68: 5—26.

Kitcher, P. 1993. *The Advancement of Science*. New York: Oxford Univ. Press.

Merges, R., and R. Nelson. 1994. On limiting or encouraging rivalry in technical progress: The effect of patent scope decisions. *Journal of Economic Behavior and Organization* 25: 1—24.

Merton, R. K. 1973. *The Sociology of Science: Theoretical and Empirical Investigations*. Chicago: Univ. of Chicago Press.

Mowery, D., and B. Sampat. 2001a. Patenting and licensing university inventions: Lessons from the history of the research corporation. *Industrial and Corporate Change* 10: 317—355

———. 2001b. University patents, patent policies, and patent policy debates, 1925—1980. *Industrial and Corporate Change* 10: 781—814.

Mowery D., R. Nelson, B. Sampat, and A. Ziedonis. 2003. *The Ivory Tower and Industrial Innovation: University Patenting Before and After Bayh-Dole*. Palo Alto, CA: Stanford Univ. Press.

Nelson, R. 2002. The market economy and the republic of science. Draft.

Organization for Economic Co-operation and Development (OECD). 2002. *Benchmarking*

Science-Industry Relationship. Paris: OECD.

Polanyi, M. 1962. The republic of science: Its political and economic theory. *Minerva* 1: 54—74.

Rai, A. T., and R. S. Eisenberg. 2002. The public and the private in biopharmaceutical research. Paper presented at the Conference on the Public Domain, at Duke University, Durham, NC.

Reimers, N. 1998. *Stanford's Office of Technology Licensing and the Cohen/Boyer Cloning Patents: An Oral History Conducted in 1997 by Sally Smith Hughes, Ph. D. Regional Oral History Office*. Berkeley, CA: the Bancroft Library.

Rosenberg, N., and R. R. Nelson. 1994. American Universities and Technical Advance in Industry. *Research Policy* 23: 323—348.

Sampat, B., and R. R. Nelson. 2002. The emergence and standardization of university technology transfer offices: A case study of institutional change. *Advances in Strategic Management* 19.

Stokes, D. E. 1997. *Pasteur's Quadrant: Basic Science and Technological Innovation*. Washington, DC: Brookings Institute.

Thursby, J., R. Jensen, and M. Thursby. 2001. Objectives, characteristics and outcomes of university licensing: A survey of major U. S. universities. *Journal of Technology Transfer* 26: 59—72.

Trune, D., and L. Goslin. 1998. University technology transfer programs: A profit/loss analysis. *Technological Forecasting and Social Change* 57: 197—204.

U. S. General Accounting Office. 1968. *Problem Areas Affecting Usefulness of Results of Government-Sponsored Research in Medicinal Chemistry: A Report to the Congress*. Washington, DC: U. S. Government Printing Office.

U. S. Office of Management and Budget. 1963. Memorandum and statement of government patent policy. *Federal Register* 28: 10943—10946.

——. 1971. Memorandum and statement of government patent policy. *Federal Register* 36: 16886.

Ziman, J. M. 1968. *Public Knowledge: An Essay Concerning the Social Dimension of Science*. London: Cambridge Univ. Press.

4 地理与外溢
——通过小企业研究塑造创新政策

Grant C. Black

4.1 引　言

加利福尼亚州的硅谷、马萨诸塞州的128号公路、北卡罗来纳州的研究三角区都使人联想到在经济活动前沿的密集创新和丰饶的区域。在脑海中带着这些形象,政治家——特别是州和地方层面的政治家——已经对增长他们掌管地区的创新热点日益发生兴趣。由于在某些产业中小企业对经济活动非常重要,一个日益流行的路径是发展政策以吸引和刺激小的高技术企业(Acs and Audretsch 1990;1993;Acs,Audretsch,and Feldman 1994;Pavitt, Robson, and Townsend 1987;Philips 1991)。实际上,在2000年之前美国有14个州制定了以生物科学为焦点的战略性经济发展计划;41个州拥有某种类型的支持生物科学产业的举措(Biotechnology Industry Organization 2001;Johnson 2002);有几个州已经开始了干细胞研究和纳米技术的资助计划。

地域相邻性在小公司创新过程中起着关键作用,这一观念成为这种政策的基础。然而理解这种作用是非常初步的。前期的研究挖掘创新过程中的聚群效应和地方知识的溢出,因为数据的限制已经面临着局限性。创新活动的测度几乎完全依赖于从创新输入得到的替代指标,例如R&D经费和就业率,或者创新的中间产物如专利。然而,这些测度和创新之间的联系,并不总是直接的。例如,高水平的R&D支出可能与大量的创新不相一致,与创新相比,专利是测度发明的更为准确的方式。再如,一种产业经历着高的专利活动但可能不总是经历高的创新活动。

此外,由于数据保密以保护被调查者身份的联邦规则,许多创新测度,如 R&D 支出,是通过政府发起的调查收集而来的,数据无法以观察的小单位进行分解,如以公司为单位,或者以比州小的地理区域为单位。例如,由 Jaffe(1989) 和 Feldman (1994a;1994b) 描绘的一系列研究,开始对溢出效应是否具有地域边界性进行调查。由于数据的限制,早期的许多研究检测了在州层面的溢出。然而,州被普遍认为太宽泛了而不能有效抓住溢出过程中所预期的复杂性。为了纠正这一失误,强调转向城市经济活动中心,如都市区(Anselin et al. 1997,2000;Jaffe et al. 1993)。但是,数据有限的问题限制了在这些小的观察单位孤立溢出效应的努力。

创新总量——新商业化的产品或过程的数量——或者对创新的引用,是能够消除这种失误的创新的直接测度方法。但是,以系统的方式收集实际创新总量或者引用是一种耗费时间的过程,少有人会去尝试。然而,少量具有产业特殊性的具体案例研究为一组狭窄产业的创新提供了新的洞察。从更大的范围来说,小企业主利益保护局(Small Business Administration,SBA)于 1982 年为美国举行了一次关于创新的一次性调查。这次努力提供了横贯大量产业的数据,然而只覆盖了一年。没有发生过高于 20 年的关于创新总量的系统收集。

为了讨论创新的传统测度的缺点,为了在大都市层面有限地理解溢出和聚群效应,以及为了关注小型企业创新活动的这种稀少研究,我提出一种研究创新的新颖测度方式,并用它来检测贯穿美国都市区的当地技术基础投施对小公司创新所起的作用。这种新的创新测度来自小企业创新研究(Small Business Innovation Research,SBIR)计划,即一项联邦 R&D 项目,为了刺激小公司的商业化创新而设计。自从 20 世纪 70 年代开始,有证据不断表明,小公司对创新和整体经济增长持续地作出贡献(Acs 1999;Acs and Audretsch 1990;Acs, Audretsch, and Feldman 1994;Korobow 2002;Phillips 1991)。集中关注小公司部分地是由于小公司对由公司之外资源产生的知识的使用,大体包括大学、已经建立的公司。因此,小公司可能特别地受到了溢出的地域边界的影响。识别知识源与创新型小公司之间的联系是重要的,特别是作为高技术部门的扩张引发了小公司的成长。得到的证据表明,知识溢出对于都市区域小公司创新的可能性和比率而言的重要性,特别是大学的知识溢出,以及某种范围的聚群。此外,并非像早期的大多数工作那样只关注一年的时期,这次研究检验贯穿六年时间的创新活动集合。这些证据清晰地展示了,针对小企业部门如何有效地塑造创新和经济发展政策。

本章我将首先描述 SBIR 计划,展示以使用 SBIR 第二阶段研究成果作为小企业创新的一种测度方式的优势,并且检验美国 SBIR 活动的地理偏斜性质。然后,我将探究地域相邻性在小企业创新中所起的作用,并对这一经验方法进行描述。此后,我将展示关于当地技术基础设施对小企业创新所起的作用的经验发现,并以对我的研究成果的政策内涵进行讨论结束本章。

4.2 小企业创新研究计划

国会根据《1982 年小企业法案》(Small Business Act of 1982)创立了小企业创新研究(SBIR)计划。SBIR 的立法目标部分地是要在小型的国内企业实现"刺激技术的创新……[以及]推进私营部门源自联邦研究和发展的创新的商业化"(P. L. 97—219)。SBIR 的兴起则部分是源于越来越多的文献引证了小企业通过创新和创造就业对经济增长的突出贡献(Birch 1981; Scheirer 1977),以及小企业部门缺乏联邦 R&D 资助(Zerbe 1976)。

SBIR 是针对小企业的最大的联邦 R&D 项目。自从 1998 年,为此目的设计的资助已经超过了每年 10 亿美元。对于十个联邦机构来说,加入 SBIR 是强制性的,需要担负的额外的 R&D 预算超过 1 亿美元。参与的机构必须留下它们在 R&D 预算的 2.5% 用于该项目。五个机构(国防部,国家卫生研究院,国家航空航天管理局,能源部和国家科学基金会)出资总数约占 SBIR 基金的 96%。

SBIR 计划由三个阶段构成。阶段Ⅰ把有限的联邦基金竞争性地授予一项研究构想的科学和技术的价值与可行性的短期调研。阶段Ⅰ目前每一授予项目的最高资助是 10 万美元。阶段Ⅱ是竞争性地授予另外总计 75 万美元的联邦资金来发展在阶段Ⅰ已经执行的研究。阶段Ⅱ的选择仅限于阶段Ⅰ的授予者,强调授予有强大的商业潜力的计划。大约有一半阶段Ⅰ的授予者接受了阶段Ⅱ的资助。阶段Ⅲ针对没有获得 SBIR 资助的对象,关注阶段Ⅱ项目的私营商业化,资助的对象必须是取得私营资格或者没有获得 SBIR 公共资助的公司。

SBIR 阶段Ⅱ的资助对象的裁定提供了与其他方式相比的显然优势,即测度小公司创新活动的优势。第一,阶段Ⅰ的评审过程实际上是一种评估程序,该程序有助于确保阶段Ⅱ授予拥有特定商业化目标的切实可行的研究计划。从这个角度来说,阶段Ⅱ的授予类似专利的授权,在于它们是朝商业化创新方向发展的中间环节。然而,阶段Ⅱ的授予又与专利的授权有显著的区别,因为它们与商业化的紧密联系而更加接近于最终的创新。阶段Ⅱ项目的相当大一部分达成了商业化,而这对于专利来说是不可能的。从早期项目中已经取得的、或者拥有可能取得的实施计划的阶段Ⅱ的项目中抽取 834 份样品,近 30% 的项目在接受阶段Ⅱ资助后的 4 年之内实现了商业化(SBA 1995)。此外,高于 34% 的接受了调查的公司表明,它们的产品不需要知识产权保护,这进一步说明,专利作为测度创新的一种方式漏掉了相当大一部分创新性活动。

第二,阶段Ⅱ的授予方式提供了检验小型高技术公司创新机制的一种独特方式。SBIR 委托的目标公司要拥有 500 名或稍少的员工,申请的项目在高技术领域。阶段Ⅱ的公司通常创立不久且是小型的。小企业主利益保护局(SBA 1995)发现,超过 41% 的接受调查的公司在它们接受阶段Ⅰ资助时有不足 5 年的历史,近 70% 的公司拥有 30 名或稍少一些的员工。SBIR 公司更多关注的是它们在 R&D 方面的努力;调查中超过一半的公司将其努力的 90% 投入在 R&D 上。

第三,从 1983 年开始可以获得关于 SBIR 的年度数据,这也是公司首次获得 SBIR 资助的时间。这一由公司构成的大样品,跨度 20 年,允许从时间系列和水平维度进行分析,因为一家独立公司加入这一计划可以在时间的跨度对其进行跟踪。

SBIR 资助的分布具有高度的地理偏斜。少量州和都市区的公司接受了 SBIR 资金的大多数。总的来说,三分之一的州接受了接近 85% 的所有 SBIR 资助(Tibbetts 1998)。表 4.1 列出了于 1990—1995 年接受阶段Ⅱ资助的五大行业排名前五的都市区。SBIR 资助的分布遵从的模式更像 R&D 活动的其他测度方式。[1] 创

表 4.1 1990—1995 年以行业区分的接受阶段Ⅱ资助的前五名都市区(括号内数字为授予资助的数目)

化学制品及相关产品	工业机械	电子	仪器	研究型服务
旧金山(51)	纽约(46)	波士顿(132)	波士顿(138)	波士顿(371)
波士顿(47)	波士顿(28)	旧金山(95)	洛杉矶(136)	华盛顿(212)
纽约(44)	西雅图(27)	纽约(76)	旧金山(78)	洛杉矶(164)
丹佛(29)	旧金山(24)	洛杉矶(71)	华盛顿(71)	旧金山(142)
华盛顿(29)	兰开斯特(16)	华盛顿(47)	纽约(65)	纽约(125)
阶段Ⅱ所有获资助中前五位都市区所占的比例/(%)				
52.6	49.3	57.6	51.0	56.8

新活动集中在东海岸和西海岸。从贯穿五个行业的情况来看,波士顿位居第一或者第二,旧金山和纽约在每一行业都排在前五名。两个特例是,丹弗在化工业排名第四,以及宾夕法尼亚州的兰开斯特在机械行业排名第五。

4.3　地域相邻性在小企业创新中的作用

地方性的技术基础设施通常被认为包含机构、组织、公司和相互作用的个体,并且通过这一互动影响着创新活动(Carlsson and Stankiewicz 1991)。这种基础设施包括学术和研究机构、有创造力的公司、技能性劳动力,以及有必要投入创新过程的其他资源。更多的研究关注技术基础设施的特定元素(比如关注劳动力或者R&D),少有研究试图关注更宽泛的基础设施自身。[2]有文献曾经将基础设施作为一个整体,例如硅谷,描述其在创新领域中的作用,为的是试图推断技术基础设施与创新活动之间的关系(Dorfman 1983;Saxenian 1985;1996;Scott 1988;Smilor,Kozmetsky,and Gibson 1988)。

SBIR 阶段Ⅱ的活动与都市区中地方性的技术基础设施之间的关系,可以描述为一种生产的模式。在这种模式中,被生产出来的产物是建立在与知识相关的投入基础之上的。[3]在这种分析中,"知识的生产功能"把阶段Ⅱ的活动(对知识产物的测度)定义为地方性的技术基础设施(知识投入)的一种可测度组件的功能。这些组件覆盖了一定范围的知识和代表着地方性技术基础设施的资源的积聚。它们包括私营和公共的研究机构、相关劳动力的集中化、商业服务的普遍化,以及一种潜在的非正式网络和区域规模的指示器。人们用五个变量来测度都市区的技术基础设施以把握基础设施的广度。这些变量,共同地对知识溢出的作用进行有效测度,并且测度了经由都市区阶段Ⅱ活动中地方性的技术基础设施转化得出的聚群效应。这些用于评估地方性的技术基础设施对都市区 SBIR 活动的影响的变量被描述如下,并列于表 4.2 中。

一个都市区内 R&D 实验室的数量被用做由工业 R&D 产生的知识的一种替代指标。[4]一个都市区内的 R&D 实验室越多,由于可以期待从这些实验室产生并向公共领域扩散的有用知识增多,创新活动将更有可能会增加。R&D 实验室的数量是从年度的《美国研究和技术指南》(*Directory of American Research and Technology*)收集而来的,这是大都市 R&D 的唯一数据来源。

表 4.2　变量的定义

人口密度	在一个都市区,1990—1995 年每平方千米人口的平均数量
R&D 实验室	1990—1995 年坐落在一个都市区内的 R&D 实验室的平均数
商业服务就业	1990—1995 年在一个都市区内在商业服务(SIC 73)方面的平均就业水平
行业就业集中度	1990—1995 年在一个都市区内在行业 i 就业的平均分布份额
拥有研究型大学	虚构的变量,指 1990—1995 年是($=1$)或否($=0$)有任何研究Ⅰ/Ⅱ型、博士Ⅰ/Ⅱ型大学坐落在一个都市区内
学术 R&D 支出	1990—1995 年在一个都市区内在对应于行业 i 的领域中研究Ⅰ/Ⅱ型、博士Ⅰ/Ⅱ型大学学术 R&D 支出的总体水平
阶段Ⅱ活动的标志	虚构的变量,指 1990—1995 年在一个都市区内在行业 i 是($=1$)或否($=0$)有至少一个公司获得了任何阶段Ⅱ SBIR 资助
阶段Ⅱ资助的数量	1990—1995 年间在一个都市区内行业 i 获得阶段Ⅱ SBIR 资助的总数

有两个变量被构造出来以概括学术部门:行业相关的学术 R&D 经费,以及是否至少有一个研究型大学坐落于这个都市区。[5]关注研究型大学而不是其他类型的学术机构是重要的,因为它们在研究中的实质绩效使它们成为区域内部学术知识的突出资源(NSB 2000)。一个变量指出,在一个都市区内至少有一所研究型大学存在,在地方区域就可以轻而易举地从学术部门获得知识。由于公司更有可能对坐落于当地的研究机构所从事的研究有所认识,大学与私营部门研究者之间的互动更有可能不断增加,因此当地的研究型大学的能力越强,知识越可能更易转移到处于同一都市区中的小公司。

另一个学术变量扩展了这个关于知识获取的指标,关注在研究型大学中所生产的知识的层次,而这一层次可用在地方性研究型大学中针对对应某个产业的学术 R&D 经费支出来测度。其他类型的学术机构贡献的知识可能在知识溢出过程中起到小得多的作用,因为它们对前沿研究的贡献较低。此外,研究型大学通过研究生课程培养出在科学与工程方面训练有素的劳动力,对于雇用其毕业生的公司来说,是默会知识的一种至关重要的来源。假如 R&D 经费与在科学和工程领域授予的学位存在高度相关性,那么这些机构在科学和工程领域的 R&D 经费可指代表现为毕业生人力资源以及研究的知识。

国家科学基金会(NSF)的网络计算机辅助科学政策分析与研究(WebCASPAR)数据库,提供了不同部门学术 R&D 支出的机构层面的数据。特定领域的学术 R&D 支出与相关产业相关联,并且基于 NSF 的《大学和学院 R&D 的调查》

(*Survey of Research and Development Expenditures at Universities and Colleges*)的学术领域分类而计总。

熟练劳动力的重要性是通过在与产业相关的高技术都市区内就业的集中来体现的。就业集中的强度是基于一个都市区的一种产业的就业集中度相对于该产业在全国范围的就业集中度而言的。一个都市区的就业集中度越高，在相同产业内公司与工人之间知识转化的潜力越大。产业就业的数据来自人口普查局（Bureau of the Census）的《国家商业模式》（*County Business Patterns*）。

商业服务的就业水平测度一个都市区内归因于有效创新的服务措施的普及。商业服务包括广告、计算机程序编制、数据的获取、个人服务以及专利经纪。由于用于创新过程的服务变得更加普及，且由于一种有效创新的生产成本较低，因此创新有望增长。就业数据来自《国家商业模式》。

人口密度是用做一个都市区的范围大小以及非正式网络的潜力的一个指标。例如，密度越大，致力于创新活动的个人越可能遇到其他拥有有用知识的个体，从而通过私人关系将知识挪为己用。许多社区已经把技术园区的发展以及城市复兴计划的实施建立在这个假设之上。大都市人口密度水平来自于经济分析局（Bureau of Economic Analyses）的《区域经济信息系统》（*Regional Economic Information Systems*）。

SBIR 阶段 II 的活动以两种途径测度。检测小公司创新性活动在都市区发生的可能性，产生的一个变量是测度是否任何阶段 II 的资助在取样阶段都可以被给定都市区的公司获得。一个都市区公司获得阶段 II 资助的总数被用于检测小企业创新的比率。年度 SBIR 资助数据来自小企业主利益保护局（SBA）。

为了经验地估计由 SBIR 阶段 II 的活动测度的关于小企业创新中地方性的技术基础设施在知识溢出和聚群方面的效应，这一分析检测了 1990—1995 年期间美国 273 个都市区。为了控制地方性的技术基础设施对创新的效应在产业之间的不同，检测了五个行业：化学制品及相关产品、工业机械、电子、仪器以及研究型服务。这一宽广的行业分类允许在大都市层面进行可靠的数据收集，以及与其他探究高技术部门创新活动的区域变化的研究进行对比（Anselin, Varga, and Acs 1997；2000；ÓhUallacháin 1999）。

这一分析以两种途径检测了地方性的技术基础设施对创新活动产生的效应。[6]首先，估计基础设施对都市区内创新活动发生可能性的影响，由是否在这里接受了任何阶段 II 的资助来表示。这一方法挖掘了知识溢出和聚群仅对创新活动出现的作用,由此表明,技术基础设施的构成要素和规模大小,是否都与小企业的创新相关。然后,来推断基础设施对创新比率的影响,由一个都市区小型企业获得阶段Ⅱ资助的总数来测度。这一方法检测了来自技术基础设施的溢出和聚群效应对该区域内小企业创新活动的数目的重要性。

4.4 经验结果

本节提供了对这种经验结果的讨论,大量吸收了 Black(2003)的研究成果,该研究对数据和计量经济学结果有更加充分的展现。表 4.3 总括了被检测的五类行业中技术基础设施与 SBIR 活动之间的关系的经验性推断。

表 4.3 地方性的技术基础设施对不同行业 SBIR 活动的重要性

技术基础设施的组件	行业				
	化学制品及相关产品	工业机械	电子	仪器	研究型服务
SBIR 活动的可能性					
拥有一所研究型大学	+	+	+	+	+
R&D 实验室数量	+	+	+	+	+
行业就业集中度				+	+
商业服务就业	−	+		+	
人口密度					
SBIR 活动的比率					
大学 R&D	+		+	+	+
R&D 实验室数量					
行业就业集中度		−			+
商业服务就业					
人口密度		−	+		−

注:+/−表示技术基础设施组件与 SBIR 活动的可能性或比率的统计意义上明显正面的/负面的关系。

4.4.1 SBIR 阶段Ⅱ活动的可能性

知识溢出,远不只是聚群,影响 SBIR 阶段Ⅱ活动的可能性。来自学术界和工业部门的溢出对一个都市区是否经历 SBIR 活动有跨行业的最为持续的影响。研究型大学的存在对一个都市区的小企业是否受到阶段Ⅱ横贯五个行业的资助起到一种积极的并且极其显著的效应。换言之,在拥有研究定位的学术机构的区域,阶段Ⅱ活动的可能性较高。R&D实验室的数量也与一个都市区拥有阶段Ⅱ活动的可能性显著相关。拥有更多R&D实验室的都市区更可能经历阶段Ⅱ活动。这些结果与之前的证据是一致的,即小企业在创新过程中依靠外部知识流。例如,美国工业专利引用的70%的论文来自公共科学(Narin, Hamilton, and Olivastro 1997)。

与相关行业的相邻性对都市区的阶段Ⅱ活动具有混合效应。在化工、机械和电子行业就业的集中度对接受阶段Ⅱ资助的都市区的公司的可能性没有显著影响。实际上,阶段Ⅱ活动没有从这些行业劳动力相对高的集中度中获利。这些行业中大公司的盛行,可以带来一个都市区高水平的就业,也许导致了这一结果。这或许表明,在这些行业公司间的知识流动相对不容易,特别是从大公司向小公司的流动。在这些行业中,与聚群相联的成本或许也会从劳动力簇群得到的任何收益中抵消。然而,对于仪器和研究型服务行业来说,具有行业特殊性的就业的较高集中度导致了阶段Ⅱ活动可能性的显著增高。这种正面效应或许由于这些行业小公司的盛行而升高,而这些小公司更加强烈地依赖于外部知识。这一结果对于研究型服务行业来说尤其适用,由于该行业范围广泛,就其行业本质而言,依赖于具备创造商机和吸引形形色色知识的相关活动的公司。

商业服务的普遍性对阶段Ⅱ活动可能性的影响在不同行业也各不相同。在电子和研究型服务行业,商业服务中增加就业对都市区阶段Ⅱ活动没有显著影响。鉴于行业的特质,研究型服务行业缺乏关联或许可被预期。由于公司从事的创新活动是以自身优势为特长,这些公司通常向其他公司提供合同服务,或许不寻求相同层次的商业服务。在仪器行业存在着强的正相关效应,在机械行业则存在不太显著但正面的影响。在这些行业的小公司创新得益于都市区商业服务的聚群。这些行业中创新过程可能更加依赖于服务,即那些小公司不能内部提供的服务。在化工业,商业服务就业现象与阶段Ⅱ活动的可能性之间存在着意料之外的负的而且显著的关系。这一结果表明,商业服务的高集中度减少了化工行业阶段Ⅱ活动的可能性,说明与商业服务聚群相关的成本超过其收益。这一结果或许是生物技术部门特质的一个假象,在这一部门一些新的创新的商业化出现极其高的成本,如新药品,以及这一行业小公司取得长远成功的低能力。由此表明,拥有高水平商业服务的都市区与那些由具备更大可能取得成功的大公司主导的地区相一致,从而削弱了小型竞争者创新活动的可能性。

人口密度对于五个行业中的四个行业的阶段Ⅱ活动的可能性几乎没有可以辨别的效应。聚群效应因区域的大小和网络关系作用的潜力而对大多数行业产生显著作用,决定着一个都市区是否经历阶段Ⅱ活动。这一结果并不必然表明这些聚群效应与所有类型的创新无关,但是它们与小公司的SBIR活动几乎无关。然而,在化工业,更加密集的人口会导致一个都市区小公司接受阶段Ⅱ资助可能性的显著增加,这表明,与其他行业相比,默会知识或面对面交际在化工业的创新过程中起到更大的作用。

4.4.2 SBIR阶段Ⅱ活动的比率

在整个行业中最为突出的是,在地方性技术基础设施对一个区域可能获得阶段Ⅱ资助有很强的影响的同时,基础设施和接受资助的实际数目之间则存在一种弱得多的关系。工业R&D活动在决定都市区阶段Ⅱ活动比率方面并不起着突出作用,与其在决定阶段Ⅱ活动的可能性所起的作用形成对比。R&D实验室数量的增加不会导致在一个都市区公司接受阶段Ⅱ资助的总数的显著变化,无论哪个行业都是如此。这表明,或者知识不容易从私营部门的R&D努力中溢出到小企业来参与SBIR,或者这些公司依赖于其他的知识资源,而这些知识影响着它们创新活动的数量。

答案似乎是,这些小公司会求助于大学而不是产业界。与构成技术基础设施的其他元素相比,小公司中的创新比率强烈依赖于研究型大学R&D活动的表现。由当地研究型大学正面的溢出,除影响阶段Ⅱ活动的可能性之外,在决定除机械行业之外的所有行业的活动比率方面也起着主导作用。地方学术部门R&D活动越多,就会给小型公司带来更多的阶段Ⅱ资助。在电子行业,学术R&D经费是技术的基础设施中的唯一显著因素。这些结果支持前面的证据,即小公司挪用当地大学生产的知识,而这种知识是决定这些公司的创新活动的关键(Mowery and Rosenberg 1998)。然而大学只执行美国全部R&D的10%的份额,学院R&D的前沿性和探索性本质使其对于小企业来说,是一种具有吸引力的知识资源,特别是自从这些小企业常常在内部难于胜任重要的R&D工作之后。此外,学术R&D的公共属性为来自大学的知识更加容易被转让提供了一种机制(见本书第3章)。知识可以通过出版物、会议论文、大学教师与工业科学家之间的非正式讨论,以及在工业界获得工作的学生而从大学流出(Stephan et al. 2004)。

行业就业集中度只有在化工业和研究型服务行业是突出的,说明与相邻性关联着的积极溢出对相似的公司而言,在决定阶段Ⅱ资助数量方面的影响要小于仅仅决定阶段Ⅱ活动存在的影响。换言之,经由网络的知识转让和相同行业的不同公司员工之间的非正式交流,似乎对不同行业阶段Ⅱ活动比率起到不相一致的作用。奇怪的是,化工业劳动力相对高集中度的存在对一个都市区获得阶段Ⅱ资助的数量起一种负向效应——化工业更加集中的就业导致更少小公司的创新。这一结果可能反映出行业规模效应,因大型的化工和药品制造厂主导该行业而造成的。这些公司或许表明在都市区中的就业高集中度,然而该行业中小型公司的簇群可能不会因为与这些大的玩家相邻而被驱动。在这一行业 SBIR 公司在生物技术区域显著下降,与这些大的化工制造厂坐落的区域相比,这些公司可以聚集于十分不同的区域。因此,负面效应至少部分源自化工行业公司地域分布的差异。

一个都市区内公司接受阶段Ⅱ资助的总数不依赖于该地区的商业服务水平。无论哪一行业,商业服务中就业的更高水平不增加阶段Ⅱ活动的比率。这一结果由早期阶段对 SBIR 性质的研究中得出,因此从事阶段Ⅱ研究的公司可能不处于要明显利用外部商业服务的创新过程的这个阶段。

有趣的是,相对于对阶段Ⅱ活动的可能性而言,人口密度是阶段Ⅱ活动比率的更强的决定性因素。此外,在不同行业人口密度的影响方向也会不同。一个都市区更加稠密的人口导致化工行业和仪器行业阶段Ⅱ资助的较低数目,但是在机械行业却导致较高的数目,这表明在化工行业和仪器行业,聚群的负面效应超过了收益。对这些行业来说,成本源自增加了对有效创新的资源需求的竞争,在人口更加稠密的区域,可能使进行创新的小公司的比率减少。在电子行业和研究型服务行业人口密度对阶段Ⅱ活动的比率没有显著作用,这表明,区域规模和网络潜力不是决定该行业小公司接受阶段Ⅱ资助的总数的重要因素。

4.5 结　　论

地域对小企业创新过程来说非常重要。地方性的技术基础设施既影响都市区中小企业创新活动的可能性,又影响其比率。基础设施的作用源自其资源的聚群性以及知识在个人、公司和机构之间的流动。这些聚群效应和知识的溢出在决定创新活动是否在发生中起到更明显的作用,在决定创新比率中起到较弱的作用。小企业的创新活动从知识溢出中受益最大,特别是从那些地方性学术研究共同体中受益最大。

研究型大学是地方性技术基础设施对小企业创新产生影响的关键组成要素。知识溢出,是由当地研究型大学R&D活动的存在进行标示,对研究中的所有五个行业发生创新活动可能性的贡献更多,对五个行业之中的四个的创新活动比率贡献较大。小公司对附近大学知识的这种依赖性表明,这些公司趋向利用外部的知识资源——特别是公共资源——假定内部资源的约束对小公司而言是共同的,包括有限的资本、劳动力和空间。此外还表明,来自当地学术研究共同体的知识可以显著地帮助相同都市区的小型企业有效地进行创新。

尽管大学为整个行业的小企业创新提供一贯的动力,来自产业界的溢出影响的证据却揭示了一个更为复杂的故事。都市区内R&D实验室数量的增长加速了小企业间创新活动的可能性。与之形成鲜明对比的是,不存在都市区内R&D实验室数量的增长对创新比率产生影响的证据。从工业R&D溢出的知识可以帮助小型公司发展创新能力,但对这些公司使用这种能力的倾向几乎没有影响。

来自地方性技术基础设施的聚群效应在行业之间变化较大,导致在都市层面没有影响小企业创新的主导模式。工业就业的集中度表明,对可能性和创新比率都没有一致的影响。在仪器行业和研究型服务行业较高的就业集中度显著提升了创新活动的可能性,而只有在研究型服务行业的较高集中度导致更大数量的创新。横跨几个行业,与都市区创新的比率相比,商业服务的普及和人口密度更加清晰地影响该区域创新活动的可能性。尽管如此,这些聚群效应在横跨五个行业间没有一致的模式。这些发现强调了认识到创新过程中跨行业之间存有差异的重要性,在政策的领域中这一点不容忽视。基于推测的聚群效应而制定一劳永逸的政策将不可能有效地发生作用。

从这一研究可以引出两条政策含义。一条具体地与SBIR计划有关,另一条与经济发展的一般政策有关。国会创立SBIR来刺激小企业的创新,通过提供一种使小公司与联邦R&D事业更好结合的机制来实现。对这一计划的成功进行测度,大多关注公共投资在接受SBIR资助的公司中得到的回报。然而伴随着对SBIR资助分布的高度偏斜性是否与计划的目标相一致的质疑,使对SBIR资助的地域分布的担忧,已经在SBIR的管理者和立法者中逐渐增强。最近的建议强烈主张,在州一级层面资助要更加均衡分布,并且加强州和地方政府的参与。实际上,有几个州现在已经拥有 SBIR 在当地的延伸服务以及辅助部门。

以前的研究(Tibbetts 1998)表明,创新在地区中是形成簇群的。如加利福尼亚或者美国东北部地区,这些相同的区域经历了更高水平的 SBIR 活动。这一研究发现,聚群和知识溢出有助于都市区层面创新活动的簇群,这可能导致 SBIR 资助的偏斜分布。如果政策被设计为更加均衡地分配 SBIR 资助,从而导致选中无效的公司而不是有效的公司,那么资助选择过程可能会产生效率差的结局;如果这些无效的公司相对于它们所取代的公司而言,对经济活动的贡献少,那么创新活动就可能逐渐缩减。试图创造更加均衡的分布,因此潜在地可能会减少 SBIR 计划资助有效项目的比率。此外,如果公司接受了资金却将其置于薄弱的技术基础设施区域,那么 SBIR 资金可能不足于刺激创新。这些区域增加的创新活动可能要求资源的大量投入,以培育有益的聚群效应和知识溢出。然而,这种政策已经被证实成本太高以致不可能是有效率的。

另外,SBIR 资助可能会在基础设施薄弱的区域向有潜力的小公司提供财政资金,允许它们追求那些在 SBIR 资助缺失的情况下成本太高的创新活动。如果这些公司必须从距离遥远的资源寻求知识,假定为了提高成本,那么这一情况尤其更加适用。在 SBIR 中实施地域均衡目标之前,需要更好地理解潜在产出。

从更宽的视野来看,这一研究提供了塑造经济发展政策的方向。州和当地政策制定者创建创新的区域热点的集中努力不是虚幻的(Keefe 2001; Southern Growth Policies Board 2001),而且要求政策制定者深入了解创新活动的驱动力。我的结果强调的是地方性的技术基础设施(特别是通过地方性学术研究共同体)在刺激小企业创新方面所起的作用。这一结果与那些有兴趣在都市区层面刺激经济活动的政策制定者有关。技术基础设施越强,都市区将越可能展开创新活动。

依然存在许多致力于通过吸引现存公司或促进新公司的出现刺激经济增长的政策。在这一考虑下通常使用的刺激包括:R&D 税收抵免、公司税的降低、对教育的定点资助、政府辅助小公司和新公司在创新方面的计划。如果提供充分聚群利益和有用知识溢出的基础设施不能获得的话,那么吸引或促生创新公司的动机可能不会实现。或许早期的政策努力聚焦于建设适切的技术基础设施,如建立私营和公共研究设施,可能会更好。如果一个区域关注小企业部门的发展,这一研究表明,提高地方大学的研究能力的政策将可能导致创新活动的增加。对没有大量学术研究活动的区域,可以提出这样的政策,即减少从远距离的学术研究共同体获得知识需要的成本,并促进与这些共同体的互动以扩大知识流。一旦一个地方具备了充分的技术基础设施,接下来的政策可以针对刺激地方经济中个体与机构之间的知识流。这一政策将增加发现有用知识的可能性,并且因此增加知识溢出对创新的收益,进而对整个经济活动的收益。例如,许多州发起地方性会议来把从事相似活动的个体和机构结合起来,提供服务以在小企业和潜在合作者之间建立起联系,以促进创新活动的成功,而且公共发起的合作努力已把技术和居于大学的公司孵化器作为目标。

经济发展政策必须考虑一个州的当前的技术基础设施。仅仅知道技术基础设施可以刺激创新还不够。为了使政策更加有效,必须利用当前基础设施的优势,关注基础设施的薄弱环节,把具体类型的创新活动补充到区域产业布局中。政策制定者必须戒除盲目追求一劳永逸的政策,或以最新发展的热点行业或技术为目标的时尚政策。

注释

1. 见 Feldman(1994b)对以州为单位的选定创新测度的分布的详细的细目分类。

2. 例如,见 Markusen, Hall and Glasmeier 1986 和 Jaffe 1989。

3. 见 Griliches(1979),Jaffe(1989)和 Feldman(1994b)对知识生产功能模型的推导和应用。遵从 Feldman(1994b),我使用知识生产功能模型来推测 SBIR 活动和地方的技术基础设施之间的关系。我把这种知识生产功能定义为

$$SBIR_{is} = f(R\&DLABS_{is}, UNIV_{is}, EMPCON_{is}, EMPSIC\ 73_s, POPDEN_s)$$

其中 SBIR 是 SBIR 阶段 II 活动的一种测度;R&DLABS 测度行业 R&D 活动;UNIV 测度与行业相关的学术知识;EMPCON 是行业的集中度;EMPSIC 73 是相关商业服务的集中度;POPDEN 是人口密度;i 代表行业;s 代表观察的空间单位(都市区)。

4. 工业 R&D 经费,通常用做 R&D 活动的一种测度方式,由于数据保密,在都市区层面不能获得。

5. 研究型大学的定义为,在卡内基(Carnegie)分类系统中等级为研究 I/II 型或博士 I/II 型的机构。

6. 经验的评估使用了一种负的二项跨栏模式(binomial hurdle model)来计数。见 Cameron and Trivedi 1998, Mullahy 1986,以及 Pohlmeier and Ulrich 1992,对这一技能的细节解释。Hausman, Hall and Griliches(1984)提供的在调查工业 R&D 对公司的专利行为的影响时,首次

使用了一种计数模型来检测创新行为。

参考文献

Acs, Z. 1999. *Are Small Firms Important? Their Role and Impact*. Boston: Kluwer Academic Publishers.

Acs, Z. and D. Audretsch. 1990. *Innovation and Small Firms*. Cambridge, MA: MIT Press.

——. 1993. Has the Role of small firms changed in the United States? In *Small Firms and Entrepreneurship: An East-West Perspective*, ed. Z. Acs and D. Audretsch. Cambridge: Cambridge Univ. Press.

Acs, Z., D. Audretsch, and M. Feldman. 1994. R&D spillovers and recipient firm size. *Review of Economics and Statistics* 100(2): 336—340.

Anselin, L., A. Varga, and Z. Acs. 1997. Local geographic spillovers between university research and high technology innovations. *Journal of Urban Economics* 42: 422—448.

——. 2000. Geographic and secrotal characteristics of academic knowledge externalities. *Papers in Regional Science* 79(4): 435—443.

Biotechnology Industry Organization. 2001. *State Government Initiatives in Biotechnology 2001*. Washington, DC: Biotechnology Industry Organization.

Birch, D. 1981. Who cares about jobs? *Public Interest* 65: 3—14.

Black, G. 2003. *The Geography of Small Firm Innovation*. Boston, MA: Kluwer Academic Publishers.

Cameron, A., and P. Trivedi. 1998. *Regression Analysis of Count Data*. Cambridge: Cambridge Univ. Press.

Carlsson, B., and R. Stankiewicz. 1991. On the nature, function, and composition of technological systems. *Journal of Evolutionary Economics* 1(2): 93—118.

Dorfman, N. 1983. Route 128: The development of a regional high technology economy. *Research Policy* 12: 299—316.

Feldman, M. 1994a. Knowledge complementarity and innovation. *Small Business Economics* 6(5): 363—372.

——. 1994b. *The geography of innovation*. Dordrecht: Kluwer Academic Publishers.

Griliches, Z. 1979. Issues in assessing the contribution of research and development to productivity growth. *Bell Journal of Economics* 10(1): 92—116.

Hausman, J., B. Hall, and Z. Griliches. 1984. Econometric models for count data with and application to the patents-R&D relationship. *Econometrica* 52(4): 909—938.

Jaffe, A. 1989. Real effects of academic research. *American Economic Review* 79: 957—970.

Jaffe, A., M. Trajtenberg, and R. Henderson. 1993. Geographic localization of knowledge spillovers as evidenced by patent citations. *Quarterly Journal of Economics* 108(3): 577—598.

Johnson, L. 2002. States fight to keep high-tech industries. *NANDO Times*, 11 October.

Keefe, B. 2002. Biotech industry's newest darling. *Atlanta Journal-Constitution*, 27 June: E1, E3.

Korobow, A. 2002. *Entrepreneurial Wage Dynamics in the Knowledge Economy*. Dordrecht: Kluwer Academic Publishers.

Markusen, A., P. Hall, and A. Glasmeier. 1986. *High Tech America: The What, How, Where, and Why of the Sunrise Industries*. Boston: Allen & Unwin.

Mullahy, J. 1986. Specification and testing in some modified count data models. *Journal of Econometrics* 33: 341—365.

Mowery, D., and N. Rosenberg. 1998. *Paths of innovation: Technological change in 20th-century America*. Cambridge: Cambridge Univ. Press.

Narin, F., K. Hamilton, and D. Olicastro. 1997. The increasing linkage between U. S. technology and public Science. *Research Policy* 26(3): 317—330.

ÓhUallacháin, B. 1999. Patent places: Size matters. *Journal of Regional Science* 39(4): 613—636.

Pavitt, K., M. Robson, and J. Townsend. 1987. The size distribution of innovating firms in the UK: 1945—1983. *Journal of Industrial Economics* 55: 291—316.

Philips, B. D. 1991. The increasing role of small firms in the high-technology sector: Evidence from the 1980s. *Business Economics* 26(1): 40—47.

Pohlmeier, W., and V. Ulrich. 1992. Contact decisions and frequency decision: An econometric model of the demand for ambulatory services. ZEW Discussion Paper 92—109.

Saxenian, A. 1985. Silicon Valley and Route 128: Regional prototypes or historical exceptions? In *High-technology, Space and Society*, ed. M. Castells. Beverly Hills, CA: Sage Publications.

——. 1996. *Regional Advantage: Culture and Competition in Silicon Valley and Route 128*. Cambridge, MA: Harvard Univ. Press.

Scheirer, W. 1977. *Small Firms and Federal R&D*. Prepared for the Office of Management and Budget. Washington, DC: U. S. Government Printing Office.

Scott, F., ed. 1988. *The New Economic Role of American States: Strategies in a Competitive World Economy*. Oxford: Oxford Univ. Press.

Small Buiness Administration. 1995. *Results of Three-Year Commercialization Study of the SBIR Program*. Washington, DC: U. S. Government Printing Office.

Smilor, R., G. Kozmetsky, and D. Gibson, eds. 1988. *Creating the Technopolis: Linking Technology Commercialization and Economic Development*. Cambridge, MA: Ballinger Publishing Company.

Southern Growth Policies Board. 2001. Conference to focus on building tech-based economies. *Friday Facts* 13(28).

Stephan, P., A. Sumell, G. Black, and J. Adams. 2004. Firm Placements of new PhDs: Implications for knowledge flows. In *The Role of Labor Mobility and Informal Networks for Knowledge Transfer*. Jena: Max-Planck Institut zur Fakulstat Kehrstuhl VWL.

Tibbetts, R. 1998. *An Analysis of the Distribution of SBIR Awards by States, 1983—1996*. Prepared for the Small Business Administration, Office of Advocacy. Washington, DC: U. S. Government Printing Office.

U. S. Public Law 97—219. 97th Cong., 2d sess., 22 July 1982. *Small Business Innovation Development Act of 1982*.

Zerbe, R. 1976. Research and development by smaller firms. *Journal of Contemporary Business*(Spring): 91—113.

第二部分 塑造科学

科学和技术政策不是简单地通过提供一种助长知识创造的中立的文化或制度环境来推动科学的发展。相反,政策通过设立或废除某些研究议题、合作项目、设施、程序,等等,运用一些具体的、细微的方式来塑造科学。科学和技术政策也通过程序、要求和政策流程的其他结构元素来使某种研究合法或不合法。

这一部分的章节追溯在科学领域制定的政策的后果,这些政策使研究工作成为科学或被接受为科学。对于这些作者来说,科学的轮廓既是政策特意塑造的结果,也是为其他或近或远的相关目标而设计的政策导致的意外。

同时作为环境研究员与国会研究员的 Pamela Franklin,提出了她对美国环境保护署(EPA)的具体意见,通过一个研究案例分析了"健全的科学"争论的各个方面。这一案例研究制定饮用水中氯仿———一种被证实为动物性致癌和被怀疑为人类致癌的物质——的健康标准。对 EPA 来说,健全的科学要求专家在法律上是可以进行辩护的、通常具有化学专长以及应急手段。该署依赖于多种多样的同行评议程序和特别专家团,这可能会模糊专家与利益相关者的区别。EPA 在 1998 年 3 月宣布,考虑将不可强制执行的氯仿公共健康标准从零修订至每 10 亿 300 单位(300 ppb)。作为第一个非零饮用水致癌物质健康标准,此项提议开创了一项关键的先例。该署的最终规定恢复为零水平标准,这一标准受到氯和化学工业的挑战。法院裁定,EPA 在此项决议中疏于使用"最佳可采用性、同行评议的科学"。该章调查私营部门的研究在此规制过程中的作用,关注 EPA 对关键性科学争论的决议,以及适宜的相关专家对此决议的解释。分析按照科学的正当、平衡与效率标准评价了 EPA 的评估程序,并表明规制过程的要求如何塑造"健全的科学"。

科学哲学家 Kevin Elliott 在其文章中通过详细阐述化学毒物兴奋效应应对了一种双重挑战,这既是一个学术上棘手的科学反常,也是一个棘手的政策调整挑战。毒物兴奋效应是一种现象，在高剂量物质产生毒性效应，在低剂量物质产生有益效应，其自身就具有争议。Elliott 激发了同时期人们关于毒物兴奋效应的研究和调控的讨论，作为一个案例，它提供了：第一，一种伴有异常毒物兴奋效应的科学变化过程的简要描述；第二，对这一描述的政策结果的一种说明，包括面对回应新的、变化中的科学的决策缺陷。Elliott 认为，在科学变革的许多案例中，包括毒物兴奋效应的例子在内，研究者们创造了新奇现象的多重特性。在其他政策结果中，这种多重性在持续的政治辩论中被借用于支持多种利益相关者的利益。反过来，多种利益相关者之间的解释，确保对多重视角持续的考虑，以便在多重视角中仔细选择，并促进公众对他们影响的赞同。反常因此帮助塑造一种政治环境，反过来，这种政治环境又帮助塑造科学发展的进程。

Franklin 和 Elliot 都间接提到了利益相关者的利益在塑造什么被算做科学时发挥的作用。经济学家 Abigail Payne 调查了当利益相关者们有地域偏好，以及这些偏好——不是传统的同行评议——在基金研究的具体项目中制度化时，将会发生什么。到 20 世纪 70 年代末期，大多数公共研究基金只集中在坐落于几个州内的几所大学。政治家们在不降低研究资助效力的情况下寻找方法试图减少这种集中。Payne 的文章考察了在过去 30 年研究资助在大学间的分配是如何发生改变的——或没有改变，同时也探讨了两种反对集中的资助策略类型的效应——指定与预留——特别是它们引导的研究在数量与质量上的结果。使用 30 年间为大部分研究型和博士类大学提供指定资助、联邦基金及学术发表的专家数据，Payne 评估了地域偏好项目对大学完成的研究项目的分配、质量和数量的塑造方式。她发现研究型与博士类大学里，尤其自 1990 年后，研究资助的分配中有一种温和的变化。她同时发现，指定资助趋向于增加学术论文发表的数量，但是降低了质量要求，并将每篇发表物的引用作为衡量标准；同时，预留计划，诸如促进竞争性研究的试验性计划（EPSCoR），则提升了发表物的质量而降低了它们的数量。

公共政策专家 Sheryl Winston Smith，通过探讨国际贸易与研发（R&D）行为间的关系将地域问题提升到一个更高层次。经济理论的一个中心原则是，开放性为知识的跨国际流动创造机会。贸易和新知识之间的关系仍未被完全理解。Smith 在其文章中，思考了在日益全球化的经济中知识流是如何塑造研发密集型计算机产业的创新的。对这一产业，Smith 形成了关于创新的历史性叙述，然后，将全要素生产率中的变化作为创新的有益成果的测度，她考察了这一假设，即贸易与应用国外资源理念的能力（吸收能力）对国内创新起重要的决定性作用。这一章的结论是：R&D 既不是无差别的，也不是孤立的。国际贸易在特定的产业环境中，用积极的和消极的方式塑造国内和国外的知识创造。强劲的国内 R&D 投入不仅直接导致了创新的强化，也间接地对吸收能力有所贡献。

总之，这些作者展示了一种确定的且增长的信心，相信人们能理解各种政策工具如何直接或间接地塑造科学。这样做，他们增加了对之前塑造政策部分的肯定，并且他们预测，对于理解随后的塑造技术与生活两部分，存在某些额外的乐观态度。

5 EPA的饮用水标准与塑造健全的科学
Pamela M. Franklin

5.1 引 言

因"健全的科学"被纳入政策决策而受指控,美国环境保护署(U. S. Environmental Protection Agency, EPA)卷入了激烈的关于保护公共健康的化学制品规则的科学争论之中。这些争论强调了该署的声誉依赖于基于预设的科学权威性的科学的可靠性(Smith 1992)。在规制的竞技场上,科学的专业知识往往是理想化的:"科学探索真理;科学追求客观知识;科学不会被政治利益、短期考虑或情绪所影响。科学,换言之,应该是与政治截然不同的东西。"(Smith 1992, 74)

在由其规制的环境带来的张力和约束下运行,EPA使用了一类科学,被称为"规制性科学"——在时间和政治限制下,科学知识专门为规制的目的而创立(Jasanoff 1990)。不同于所谓的研究性科学随着时间的推延具有开放的目的,规制性科学受制于法定的和法院指定的时间表。研究性科学是基于经过同行评议的在受到尊敬的刊物上发表的论文,规制性科学则往往依赖于未经发表的研究或"灰色文献"。但规制性科学仍然对国会、法院和普通大众负责。

在美国规制的背景下,三个关键性约束直接影响着EPA将科学合并入规制发展的能力:(1)规制程序;(2)对公开性与透明度的要求;(3)司法干涉。正如本章所例证的,这些约束牵制了EPA评估科学和作出规制性决策的能力。

EPA大多数规则的制定都遵循所谓的非正式的或事先通知的以及《行政程序法案》(Administrative Procedures Act, APA)中§553指定的评议程序。这些要求包括时间表、公告和公众评议时期。这些要求延长了规则制定的过程,在EPA则平均为 4 年(Kerwin and Furlong 1992)。

美国对规制过程开放性的要求来源于对公众的责任。William Ruckelshaus, EPA 的第一任行政官,声明:"我确信,如果一项有关特殊化学制品使用的决策对公众和媒体来说是具有可信性的……那么,这个决策一定是在充分的公众关注下作出的。"[1] EPA 从属于《联邦顾问委员会法案》(Federal Advisory Committee Act, FACA),这也要求顾问委员会的活动是向公众开放的。

或许在美国规制的语境中独特的最有意义的方面是法院的活跃角色,法院拥有能力和意愿来干涉机构的规则制定(Jasanoff 1995;Kagan 2001)。法院保证着机构按照立法意图解释条例,严格地遵守程序要求,不会超越法令的权威性(Levine 1992)。在 APA 条款(§706)下,在以下情况机构制定规则要受制于司法审查:如果机构的行为(1)"被不正当地中止或不合理地拖延";(2)"专断的,任意的,滥用酌处权,或相反,与法律规定不一致";(3)"没有法律要求的程序惯例";或(4)"缺少事实依据"。

依据传统,法院准予行政机构充分遵循技术要素。举例来说,Judge Bazelon 提倡:"当科学议题的行政决策被关注时,依赖法院去评估机构的科学或技术性决定毫无意义;并且可能对法院来说,用它们自己的价值偏好取代机构的偏好更缺少理由。"(Bazelon 1977,822)相反,"严格审查"原则更多地支撑了机构决策中的司法失察(McSpadden 1997)。例如,Judge Levanthal 相信法院拥有机构决策中的"监督职能",包括对技术决策基本原理的评审(Leventhal 1974,511)。

从 EPA 创立起,法院就在规制诉讼中扮演了日益积极的角色(O'Leary 1993;Jasanoff 1995;Kagan 2001)。诉讼是"全部行政管理程序中一项平常的,并没有什么特别的部分"(O'Leary 1993)。EPA 主要规章中的一个重要部分就是在法庭中面对挑战(Coglianese 1996;Kerwin 1994)。两个高级法院的案例确立起关于规制决策制定的重要的,然而在某种程度上却相互矛盾的先例。1984 年最高法院在《雪佛龙公司投诉自然资源保护委员会案件》(*Chevron v. NRDC*)的决议中认为,如果情况模糊不清,司法部必须尊重由机构提出的任何合理解释。[2] 然而在《多伯特投诉麦雷尔·道药业公司案件》(*Daubert v. Merrill Dow Pharmaceuticals*)中,法院作出的裁决是,应该由法官而不是由陪审团或者科学机构决定专家技术的适当性。[3]

本章记述了一个具有争议的决策制定过程:EPA 一项关于饮用水中氯仿标准的不可强制执行的公共健康目标(亦被称为最大污染物水平目标,简称 MCLG)的形成。EPA 氯仿饮用水健康目标的形成,说明了该署如何面对其规制性环境的制约,使用其可操作性定义"健全的科学"来塑造其科学的规制性决策的。

5.2 氯仿饮用水标准

氯仿,是饮用水氯处理过程中一种普遍的副产品,可导致实验室小鼠和大鼠患癌。人体研究表明,饮用水氯处理的副产品与膀胱癌及其他癌症增长的发病率之间有关联。表 5.1 列举出氯仿规则发展年表中的重要调整与研究事件。

表 5.1 时间表:饮用水中的氯仿

调整	年度	研究进展
国会通过《安全饮用水法案》(SDWA)	1974	在经氯化的饮用水中发现三卤甲烷
	1976	国家癌症学会通过动物实验发现氯仿致癌
EPA 提出饮用水中三卤甲烷总量的"过渡标准"	1979	
国会修改 SDWA	1986	EPA《癌症风险评估指南》:致癌物的线性剂量—反应模型
EPA 开始消毒副产品的规则制定	1992	Morris 等的流行病学研究指出膀胱癌与氯化水之间的关联
EPA 提出消毒副产品标准:氯仿的零 MCLG	1994	
国会修改 SDWA,要求"最可用的,同行评议"的科学,将 1998 年 11 月设为消毒副产品去除最终规则的最后期限	1996	EPA 修改癌症指南:非线性模型被认可
	1997	ILSI 专家组报告:氯仿事件研究的推荐癌症指标
(3月)EPA 提出氯仿 300 ppb MCLG	1998	
(12月)EPA 发布最终规则:氯仿零 MCLG		
(12月)氯化学工业委员会递交针对氯仿 MCLG 的法律诉讼		
	1999	(12月)SAB 完成氯仿反应模式报告
(3月)哥伦比亚地区巡回上诉法庭推翻零 MCLG,发回 EPA	2000	(2月)SAB 起草氯仿风险评估复查
		(4月)SAB 最终报告:氯仿健康风险评估

EPA 通过《安全饮用水法案》(Safe Drinking Water Act，SDWA)控制饮用水污染物。1998 年 3 月，该署宣布考虑将氯仿的最大污染物水平目标从零（致癌物质零水平政策）提高至每 10 亿 300 单位(300 ppb)[①]。这个提议开创了一个重要先例，因为它是第一个被提议的关于致癌物的饮用水健康目标的非零指标。EPA 此项提议基于一种新的研究——研究的大部分由化学行业资助——关于氯仿引发癌症的机制的研究。

5.2.1 科学争论

1992—2000 年间，两个争论控制了 EPA 对设立饮用水氯仿健康目标的审慎考虑，反映出公共健康和风险管理社区之间更为广泛的冲突。第一个争论考虑线性或阈值模型是否更适合致癌性的剂量—反应模型。第二个争论考虑流行病学或毒物学数据是否更加相关。

争论一：致癌性的剂量—反应模型

氯仿引起癌症的机制和非常低剂量的致癌物效应被广泛地争论。科学家使用剂量—反应模型从实验室动物在高剂量下可观察到的效应作出推断。

图 5.1 给出了一个以线性模型和阈值模型表示的假设的剂量—反应曲线。最初形成用于描述放射效应，线性剂量—反应模型显示，一种化学制品即使剂量非常小也会引起有害影响。对于致癌性化学制品，剂量—反应模型是基于这样一个预测，即致癌物质具有遗传毒性：癌症通过破坏细胞的遗传物质而发生。理论上，即

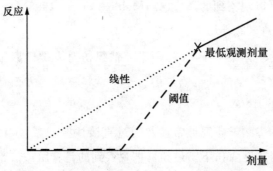

图 5.1 用于说明致癌性化学制品的线性和阈值剂量—反应模型

---

① 10^{-6}，10^{-9}，10^{-12} 过去曾记作 ppm，ppb，ppt，曾在分析化学界延用已久，现已不提倡再使用。其中：ppm(parts per million)为百万分之一，ppb(parts per billion)为十亿分之一，ppt(parts per trillion)为万亿分之一。——编辑注

使只有一个分子也能破坏 DNA 或者引起一种突变从而引发癌细胞生长。在此不存在暴露的"安全"水平，暗示出对致癌物质零水平健康目标的需要。

根据致癌作用的一种细胞毒素模型，癌症是因反复对细胞或组织进行损害而导致的，这种损害源自暴露于某种化学制品或其代谢物下。反复的细胞再生来修复坏损的组织会导致细胞从复制现有的突变开始不可控制地生长，或通过新突变增加的可能性而得以生长(ILSI 1997)。在暴露于致癌化学品时存在一个"安全"的阈值。

由于科学的理解的介入，EPA 使用致癌物质线性或阈值模型的官方立场发生了普遍改变。基于 1974 年 SDWA 的国会意图，EPA 将所有致癌物质均为零水平 MCLG 确立为政策要点(Cotruvo and Vogt 1985)。在其 1986 年的《癌症风险评估指南》(Cancer Risk Assessment Guidelines)中，EPA 在缺少数据说明其他方面的情况下，规定了用线性剂量—反应模型来说明致癌物(US EPA 1986)。1996 年，该署提出新的癌症指南，允许了在低剂量时阈值和非线性剂量—反应行为的可能性。

充分的科学证据表明，氯仿不具有诱导有机物突变的性质———一种与遗传毒性高度相关的特性(Butterworth et al. 1998；Melnick et al. 1998)。然而，EPA 的科学咨询委员会(Science Advisory Board，SAB)注意到，一些证据显示出一种可能的遗传毒性促成氯仿的致癌性(SAB 2000，2)。动物实验证据表明，通过一种尚未完全理解的细胞毒素机制，氯仿的代谢物引起癌变(Dunnick and Melnick 1993)。然而，很难确定地对细胞毒素作为一种成因机制进行证实(SAB 2000)，因为对于证据的适当标准没有形成一致的意见。此外，一种细胞毒素机制并非必然表明存在着一种可以观察到的阈值(如，Melnick et al. 1998)。

争论二：流行病学与毒物学

第二个科学的争论集中于 EPA 用于评估氯仿对人类健康影响的证据的两种原则性类型上：流行病学的和毒物学的。这些学科在重要方面存在着不同(Evans 1976；Foster et al. 1999)。

基于实验室的毒物学研究通常涉及通过直接注射或者经由饮用水，将大鼠或小鼠暴露于大剂量的纯氯仿下。最频繁被观察到的是肾脏或肝部肿瘤。实验室研究使用受控的、实验的环境以鉴识剂量—反应关系、代谢路径和致癌机制。

受控条件允许研究者去设定因果关系，使得复杂的、真实世界中暴露的因果关系难以推断。大多数实验室研究关注于纯粹的氯仿的影响效应，但是实际上人类接触的是含有复杂污染混合物的饮用水(US EPA 1998c；SAB 2000)。动物的代谢路径可能与人类无关联,而且在短期研究内将极高剂量(有时是致命的)给予动物产生的影响,与人类通常低剂量、长时期暴露的情况也不明确相关。如何用动物研究来推测敏感的人类子群体的情况,如孕妇、老人、儿童或免疫系统受损的人群,尚不确定(US EPA 1996)。

流行病学研究评估人类疾病模式,以将暴露因素与疾病结果关联起来(Evans 1976;US EPA 1994b;Foster et al. 1999)。这种研究具有直接观察人口健康效应的优势。流行病学研究显示,暴露于氯仿或饮用水消毒处理的副产品与膀胱或直肠癌有关系(Morris et al. 1992)。

流行病学也有许多重大的缺点,包括缺少实验控制,以及观察足够大数量的人口以获得统计意义的结果的困难性和花费(US EPA 1998a)。由于包括人的行为、遗传学及不可控制的诸多变数在内的各种因素混杂在一起,因此这些结果可能很难解释。饮用水中氯仿的流行病学研究,常常不能确定现实人类暴露的精确数量,可能也不能考虑所有相关的暴露途径,如淋浴期时的吸入量(ILSI 1998)。此外,流行病学研究不能确定氯仿单独的效应,因为在氯处理过的水中存在着如此多消毒副产品(Dunnick and Melnick 1993;Schmidt 1999)。

这些不同的学科视角对氯仿的规制—关联研究的结果具有决定性的意义。由于流行病学研究或许需要某种路径去获得公共健康记录,研究的时间段与私有部门的时间表相左,而且研究结果又对公共健康有直接意义,因此流行病学研究典型地是由国家或州一级的公共组织操作、发起并与之相关。工业研究者们几乎完全致力于基于实验室的毒物学研究,这需要更短的时间尺度,并获得与工业之间更具潜在相关性且更加具体的结果。学术机构和政府机构也实施着数目可观的实验室研究。

在从 1994 年到 1998 年氯仿规则的制定期间,EPA 起初引用实验室研究作为基础,提议 MCLG 为 300 ppb(图 5.2)。1994 年提议的规则制定中,EPA 引用的大多数研究是评估或者评论(US EPA 1994a)。引用的文献研究 70% 以上来自 EPA 的《1997 年数据有效性通告》(1997 Notice of Data Availability, NODA),这些研究是实验室研究,也是 1997 年 ILSI 专家组引用数据的全部(US EPA 1997;ILSI 1997)。ILSI 专家组成员包括许多学科专业的专家,但是没有流行病学专家;后来,专家组主张 EPA 对专家组明确地将流行病学拒绝在外负有责任(ILSI 1997)。在 1998 年 NODA 和最终规则中,EPA 引用了几个流行病学研究,但是在证明其最终决定时却不考虑它们的发现(US EPA 1998a;1998b)。

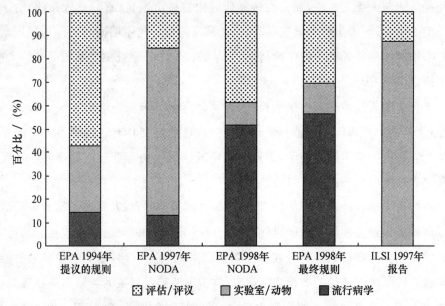

图 5.2　在关键的 EPA 评估中引用的研究类型

在流行病学数据不相关的背景下，EPA 对有关氯仿的科学证据的评估强烈地青睐毒物学的数据。EPA 的 1997 年研究计划发现："许多流行病学研究已经在实施，但是它们一般来说并非决定性的。"(US EPA 1997b, 25) 在其最终规则中，该署发现了流行病学证据与膀胱癌之间的一种启发性关联，但发现这种关联不足以确立一种因果关系(US EPA 1998a)。

尽管去影响 EPA 1998 年氯仿规则的制定已经太迟了，但是 SAB 认可了 EPA 对化学特异性毒物学数据的选择。"有关饮用水消毒（特别是氯化）与癌症之间关系的广泛的流行病学证据，几乎对决定氯仿是否是一种致癌物质没有什么支持……由于人类并非只暴露于氯化过的饮用水所含的氯仿中，因此缺乏对饮用水中氯仿和癌症关系的流行病学研究，而且也不可能被研究。"(SAB 2000, 2)

然而，EPA 将流行病学数据排除在机构专家组评议、健康风险分析及规则制定之外，激起了来自医学、公共健康领域和环保社团的强烈批评。这些团体强调，不考虑相关的流行病学数据，而使用毒物学数据去预测对敏感人群产生的影响，具有广泛的不确定性。一个来自国家环境健康科学院（National Institute for Environmental Health Science, NIEHS）的分子和细胞生物学家认为，EPA 对人类数据的不予考虑削弱了 ILSI 小组全部的结论以及 EPA 提议设立的非零 MCLG

(Melnick 1998)。国家健康学会(NIH)质疑 EPA 选择性地利用毒物学研究,责备 EPA 不顾流行病学数据而强调动物研究(NIH 1998)。与 NRDC(一个环境论拥护组织)合作紧密的学院科学家声称:"排除流行病学数据绝对没有科学的原因。这项决定是由政策驱动的。"[4]

因此,对处于氯仿之争核心的这两个科学的争论进行解决的尝试中,EPA 面临着相互矛盾的指令。在一项研究能够花费若干年的科学界,法规要求采用最可用的科学的证据。同时,EPA 的规则制定则要满足国会强制的时间表,并与其科学顾问委员会协商。

5.2.2 收场白:法院的角色

为回应来自反对提议 300 ppb MCLG 的环境的和公共健康社团的反应,EPA 的最终规则令人意外地回复到零水平的 MCLG(US EPA 1998a)。氯行业和化工行业迅速向最终规则发起挑战。哥伦比亚地区上诉巡回法院(the Circuit Court)以行业的利益进行裁定,认为"EPA 公然推翻氯仿是一种有阈值的致癌物质这一'最可用'的科学的建议"。[5]在以专断的、任意的和超出法律权威为由废除最终规则时,法院并不同情 EPA 的不情愿面对科学的不确定性而行事:"我们不怀疑采用非零 MCLG 是意义深远的一步,这一步脱离了先前的实际……EPA 得出一个全新的,甚至政治操控的结果这一事实,既对其法律义务没有意义,也对履行其采用的政策没有意义。"(US EPA 1998a, 14)

法院对 EPA 最终规则的强烈拒绝说明了其在机构之上的否决力量。这也显示出,法院的角色由仅仅是一个法律义务的实施者转变为一个科学的决策制定的积极监督者。远不再顺从于 EPA 的专家意见,法院给出了自己的关于"最可用的"科学的解释。

5.3 EPA 对健全的科学的操作性定义

在评估过程中,EPA 挑剔地检查可用的科学的证据,以确保其与健全的科学的标准兼容,以及其在规制过程中的相关性。三个标准塑造了该署对科学的专家意见的评价:什么是好的科学? 什么是可用的科学? 及最后,使用的是谁的科学? (Franklin 2002)正如下述所示,EPA 对健全的科学的定义显著地影响了氯仿规则制定中科学的争论的解决方案。

5.3.1 什么是好的科学

基于常规决定"健全的"科学是 EPA 盛行的考虑,并且也是科学共同体的整体看法。Smith(1992,78)注意到,"每一位 EPA 的行政官,就像其他规制者一样,至少以修辞学目的都接受了好的科学这一概念。"通常,好的科学意味着客观性(就结果而言的中立性)、独立性(机构与既得利益的研究者分离),和同行评议(Ozawa 1996;Herrick and Jamieson 1995;Latour 1986;Jasanoff 1990)。

客观性与中立性提供给科学以认识论上的权威。"科学界专家意见的权威很大意义上依赖于科学中立性的假定……科学家的解释和预测被认为是理性的且免于政治操纵,因为他们是基于通过客观程序收集到数据的。"(Nelkin 1994,111)当然,就科学家一方而言绝对的中立是不太可能的,因为科学家也是会犯错误的人:"没有人能完全避免潜在的冲突,包括那些在有偿的研究、咨询和非商业活动中专业地行事的人。"(Smith 1992,36) Sarewitz(1996,78)注意到,"对于政治争论的结果,科学家自身可能有政治上的、学术上的或经济上的关切,并且他们可能因此带着自己的倾向去说明科学的内容。"单独一个科学家的可信赖性依靠更加广大的科学共同体,而不是科学家个人:"这是一个共同体,不像大多数其他人,这里共享的一种精神气质,发展了一个多世纪,要求每一个个人的主张都经受开放的检查、复查和修订。"(Guston and Keniston 1994,59)

对于诸如 EPA 这类规制机构,独立是尤为重要的。机构被规制的工业"俘获"的可能性对科学权威的至高无上性造成严重威胁。自从 EPA 的早期历史,独立的科学建议对它来说就极其重要,这是出于这样一种顾虑,即 EPA 内部的技术顾问组与他们服务的工业和赞助者的关联过于紧密(Smith 1992)。

同行评议,"好的科学"的特质之一,是研究者展示其成果并接受同行的详细审查的过程。在科学家之间默许的"社会契约"下,科学家服从于知识生产的潜规则,比如精确和真实的观测报告,以及承认其他人的知识贡献(Guston and Keniston 1994)。同行评议意在确保坚持职业行为规范,忠于科学的事实真相,及科学作为一项公开的、可证实的事业的开放性(Merton 1942;Chubin and Hackett 1990)。

同行评议是一项对规制品质和坚持科学家间的专业标准有着高度影响力的机制。但同行评议也保留有一些令人难以捉摸和不可规制的特点:"将研究成果整合到一起的体系——如学术期刊上的发表物等——由科学家自己宽松地管理着。缺少对这一体系的研究,没有充分的理解,完全地不可约束。科学出版物由商业和学术利益的混合体所掌控,这不是短期内的任何有关当事人能够负责的……科学研究没有官方的许可或者授权体系,可能的例外就是博士学位的授予。这里没有评级机构,没有资产负债表,也看不到什么年度报告。"(Woolf 1994,83) 此外,正如科学共同体对《多伯特投诉麦雷尔·道药业公司案件》(*Daubert v. Merrill Dow Pharmaceuticals*)的回应所说明的,在科学评议中存在着严重的标准化的缺失:"科学家对评估科学知识的合法性甚至都不能就标准达成一致……[或者就]什么构成了有效的资料和结论这样的基础性问题达成一致。"(Sarewitz 1996,79)

EPA 认为,为确认科学研究和决定什么构成了"好的"科学,同行评议是其评估过程中至关重要的部分(US EPA 1997a;1997b;SAB 1999a)。EPA 同行评议的范围从相对的非正式的内部评议到由机构指定的专家组评议,如 SAB 和国家研究委员会(National Research Council,NRC)。国家科学院(1997)建议,SAB 的角色应该是一个"中立的仲裁人",介于 EPA 作为一个倡导者来行事的倾向与工业界使用知识以支持其自身立场之间。"EPA 作出规制性决策的许多过程都具有对抗性,并且通常科学知识被其中的规则之一提出。类似地,机构自身有时被放置在一个倡导者的角色上。任意一个案例中,评议都有助于确保处理科学和技术知识的一种平衡。"(Smith 1992,88)

因为自身声誉很大程度上依赖于其科学的信任状,EPA 致力于强调在其机构中好的科学与政策无关。科学和技术研究中的文献表明,科学与政策相当大地交叠在一起;然而科学家与 EPA 的规制者再三地尝试给科学的世界与政策的世界划界以使其可以分离,并且分离为两个领域。Gieryn(1983;1995;1999)将科学与政策之间作出的武断区分描述为"划界工作"。投身于划界工作的政治的和科学的参与者既利用了科学的认识论权威,也使他们远离了"政策决定"(Guston 1999;Jasanoff 1990;1995)。一些研究显示,划界工作在 EPA 是普遍深入的(如,Jasanoff 1990;1992;Keller 2001;Powell 1999)。EPA 的科学家们和决策者们小心地将先前的"既定政策"(致癌物质的零 MCLG)从基于"健全科学"的政策中区分开来。(如水科学办公室的一位高级官员描述,默认的线性模型作为"一个纯粹的政策决定历史性地发展形成",其"本意是要被保留、保护,而不必然地具有科学性"。)[6]

为了在氯仿规则制定的整个过程中确保好的科学,EPA 寻求一系列专家对引起争议的流行病学的整合分析进行审查(Morris et al. 1992；Poole 1997)，由两个 ILSI 专门组审查再生性和致癌性数据(1993；1997)，由 SAB 审查氯仿和阈值致癌性政策(SAB 1999；2000)。EPA 审查过程的范围和严密性与氯仿争论的高度政治性相匹配。

5.3.2 什么是可用的科学

在规定的语境下，EPA 认为好的科学必要但不充分。EPA 还要求可用的科学以满足规制竞技场的特别要求：恰如其分，具体说明，法律上的可辩护性(Jasanoff 1995)。对 EPA 科学家来说，什么是有用的"不一定是由学术的同行评议过程作出最佳判断的"(Smith 1992,84)。

恰如其分是至关重要的，因为研究的时间表经常与规制的最后期限不相容，最后期限通常不允许一种全面的、结论性的科学研究。"在极其复杂和综合的社会问题的案例中，在 10 年或者 20 年……的时间范围内，在与政策相关的问题上取得科学的共识是很少达成的，并且实际上这种共识可能根本没有达成过。政治活动，相反，必须通常更加迅速地被执行，既是为了预防可以想象的结果的不确定性，也是为了满足代议制民主的责任。"(Sarewitz 1996,77) 此外，可用的科学必须足够具体以满足单独化学(single-chemical)标准的法定要求。最后，可用的科学还要以高度的确定性为特征以经得起法律上的挑战。法律上的可辩护标准的必要性起因于美国政治环境的法律上的对抗性，在这一政治环境下许多规制都要经受司法的审查(Kagan 2001)。

EPA 在形成氯仿 MCLG 时，追求可用的科学，从恰如其分、化学上的具体说明、法律上的可辩护性的角度，青睐毒物学研究多于流行病学研究。毒物学研究尽管在理解人类致癌机制方面存在着问题，但是这种研究相对迅速，因此对于规制者来说是有用的。相反，流行病学数据尽管提供实际人类暴露和反应的相关信息，却是花费时间的。在氯仿规制形成的过程中，EPA 与法定的最终期限抗争，因为需要在压缩了的时间框架内获得科学研究结果而使整个过程变得复杂。因为没有充足的时间去咨询 SAB，EPA 主张在最终规则中回复到零 MCLG。然而，对《氯化学委员会案件》(*Chlorine Chemistry Council*)，法院坚持要求依照严格的时间表。

但是无论如何 EPA 或许渴望去咨询一次 SAB，甚至在未来会去修订结论，与此同时没有理由来违反自己的科学发现。法令要求 EPA 去重视"最有效"的证据。42 USC §300g-I(b)(3)(A)[额外强调]。EPA 不能拒绝"最有效的"证据,只不过是因为在采取行动时不能获得的证据在未来会产生相反的可能性——这种可能性将一直存在……所有的科学结论都会遭遇某种质疑;未来,假设的发现总是具有解决这种质疑的潜力(当然,新的解决方案本身也会遭遇后来发现的证伪)。重要的是,国会要求在规则制定的同时采取的行动应建立在最有效的证据的基础上。

法院强调,同行评议和对不确定性的解决方案必须服从于规制的恰如其分:规则制定的最终期限胜过科学的评审。因此,可用的科学在规制的语境下甚至变得比好的科学更加重要。

EPA 的科学家们青睐将化学的特定数据用于健康特性的描述、风险评估和形成标准。同样从这个角度,对于 EPA 来说,评估人类暴露于饮用水污染物的复杂混合的流行病学研究,不再像评估暴露于单一氯仿的效应的侵蚀性的研究有用。如在其 1998 年 3 月的 300 ppb MCLG 提议中,EPA 强调毒物学证据支持氯仿致癌性的阈值模型的力度(US EPA 1998b)。基于 EPA 发布的定义,作为单独氯仿而不是水消毒副产品的复杂混合物的一项评估,EPA 强调流行病学研究无力产生有关氯仿的具体的、适用于规制的结论。

从潜在的法院挑战来说,EPA 需要法律上可辩护的、具有高度确定性的科学证据。因为关于致癌机制和其他健康影响的许多细节仍然未知,氯仿是一种相对被充分研究了的化学物质,有来自毒物学研究的大量机制与动物实验数据。因此,氯仿规则的制定清楚地说明,EPA 决策制定者依赖的科学证据的类型显然取决于规制语境中的有用性。

5.3.3 谁的科学

最后,EPA 规制者面对的问题是,谁的科学适合去解决规制决策。受到严格的法令与法院指定的最终期限的限制,EPA 常常不能产生充分的内部研究去支持规制的形成。结果,EPA 依赖于外部的研究者,包括规制了的产业,来提供科学的证据以塑造规制的决策。私有部门的科学为 EPA 提供重要的优势:它差不多没有花费,但提供了其他机构无法获得的信息。

然而,私有部门的研究具有潜在的严重缺陷,源自它独立于机构监督之外,尤其是有出现偏见的可能性。"科学的专家们,即使他们在为无私利而努力,也是带有个人利益和弱点的普通人……专家可能混淆公众和私人的目标,或者发现在何者对己有利和何者对广大的公众有利二者之间存在着密切的关系。"(Smith 1992,21)如果潜在的机构的偏见更加显著,就会对规制性科学研究产生严重的威胁。广泛报道的与规制性机构共享技术知识的工业失职事件——比如烟草、石棉和四乙基铅的案例——破坏了公众对工业研究的信任。

机构采用谁的研究的问题很重要,是因为它是科学权威性与合法性的基础,同时也是其中立性。规制者常常借助,至少暗暗地借助,他们依赖的研究组织的制度的可靠性。声誉无疑重要。事实上,就科学和科学家的可靠性而言,对科学事实的理解与科学家所决定的"实际"事实一样重要,甚至更加重要(Sarewitz 1996,75)。在报告和规则制定中,EPA往往会引证具有国际声望的专家和杰出的科学机构的观点。

氯仿MCLG形成中,EPA广泛地依靠工业赞助的毒物学研究。两个化学工业组织:化学工业毒理学研究所(Chemical Industry Institute for Toxicology,CIIT)和国际生命科学研究所(International Life Sciences Institute, ILSI),在管理和评估研究中都扮演了重要角色。一位SAB官员描述EPA对工业研究的依赖性时称:"[EPA]更看重同行评议的文献。它们一般不情愿采用灰色文献,尤其是独立文献。这一态度部分地来自科学的立场,部分地来自政治的立场。如果你过于依赖[工业赞助的灰色文献],你会遭到炮轰。"[7]然而,环境组织NRDC对与工业有关的或由工业出资的组织所得出的研究和评议的客观性表示出顾虑(Olson,Wallinga, et al. 1998)。

为确保专家组的客观性、完整性和可信性,EPA以平衡的观点来选择专家组。按照SAB一位官员的说法,机构的隶属在评议小组的选择中所起的作用有限:"我相信当好的科学家们坐在会议桌前的时候,总代表着各种不同的身份,而不仅仅是他们所属的组织的观点……显然,如果有人是全世界著名的科学家,不论他(她)在哪个组织工作,比起那些不太知名的科学家来说,你总是会较少地关心他(她)所带有的来自该组织的可能偏见。"[8]一位水科学办公室的高级官员认为,这些专家组的公共性质扮演了一个检查的角色:"我想在此过程中,对一个人的同行会有极大的关注……这是一个非常公开的过程;你所说的内容都会被记录下来。如果你草率行事,那么用不了多久你就将被所有专家组排除在外。"[9]

在氯仿规则制定中,EPA对科学专业意见的决定广泛地依赖于专家组的主张,这模糊了利益相关者与技术专家的区别。如 1997 年 ILSI 专家组对 EPA 氯仿健康风险的评估,形成了该署设定非零 MCLG 决定的基础。1997 年 ILSI 专家组的成员们以偏爱毒物学和细胞毒物学的立场而闻名。一位 NIEHS 资深科学家注意到,"根据你的专家组里有哪些人,在他们给出数据之前,我能告诉你结论。这个专家组有一定数量的细胞毒物学的忠实信徒。"[10] 此外,筹划指导委员会的几个成员与化学工业及 CIIT 有密切关系。NRDC 批评 ILSI 专家组在氯仿规则制定中的影响,将 ILSI 描述成"一个由工业资助的庞大组织,其专家组严重偏于支持其观点和背景可被工业接受的科学家"(Olson et al. 1998)。除此之外,一些化学工业团体,包括氯化学委员会(Chlorine Chemistry Council)和氯学会(Chlorine Institute),还是专家组的共同主办人(ILSI 1997)。NRDC 对 EPA 依赖于不可思议的专家组表示出顾虑:"像 ILSI 指定的那样的专家组,通常是无法相称的。他们所做的工作没有公众的揭露和监督,因此也不遵从《联邦顾问委员会法案》(FACA)。在法律上,EPA 不能依靠他们获得建议,但是该署在此的显然做法是,严重依赖 ILSI 的评估来得出其有关氯仿的结论。"(Kyle et al. 1998)

因为 EPA 认识到研究者的隶属关系和资助影响了科学共同体的可靠性,EPA 经常特意谋取工业赞助的团体参与生产并且对研究进行评估。但是,当利益相关者被包括进这样的"专家"评审时,他们实际上是以专家的身份被准许的,从而有效地将科学评议程序从一个结果中立的过程转变成为一个迎合利益相关者的商谈过程。最终,氯仿规则制定的主要参与者的确影响了 EPA 对科学证据的处置,并且从长期来看可能更重要的是影响公众对该署决议的信心。因此,EPA 审慎地评估私营资助的科学研究的能力对确保其科学合法性和保持该署的科学可信性都至关重要(Franklin 2002)。

5.4 结　　论

正如氯仿 MCLG 的形成所示,EPA 的规制性语境极大地影响着该署如何积极地塑造"健全的科学"。第一,该署受到规制程序的约束:由国会法定的指令与限制性的规则制定的步骤相结合,来决定规制性时间表,这一时间表与科学研究的时间表完全无关——并且不同步。第二,确保开放度与透明度的要求,通过要求及时地回应所有的公共评论而侵占了 EPA 的资源。EPA 同样受制于公众和媒体监督,不只是规制性决策,也包括对这些决策的科学输入。第三,司法部门的活跃角色强调它对 EPA 规则制定的有效否决权,增强该署作出防卫性规制决策的倾向,以防将来发生诉讼(Jasanoff 1995;Landy et al. 1994)。作为法院突出作用的一种结果,EPA 的资源从科学议题中抽离而去,并直接对法律的挑战进行回应。

氯仿案例的研究说明,在规制性体制中 EPA 对健全的科学的操作性定义包含三个不同的方面。为确保好的科学,EPA 依靠同行评议去获得客观、中立(或至少是平衡的)、独立的科学,使得其基于科学的决策合法化。为增强其好的科学的要旨,EPA 的决策者和科学家们再三地将科学与政策决定区分开来,宣称他们依靠于纯粹的科学。

在规制性语境下,EPA 要求的不只是好的科学,而且也是可用的科学。由于国会、政治家和法院施加的多重限制,恰如其分是至关重要的。正如《氯化学委员会案件》所阐明的,法律上的可辩护性也是应被考虑的关键事项。因此,EPA 的决策更青睐于定量的,而不是定性的信息,这些信息能对不确定性作出具体的评估。在氯仿 MCLG 的形成中,EPA 发现,科学研究的某些类型(毒物学)比另外一些(流行病学)更可用。

最后,EPA 考虑了科学专家的来源。私有部门的研究者作为规制性决策的基础,为科学领域作出了重要的贡献。然而,由于规制机构在不牺牲其在科学上的完全性的同时,努力满足其政治原则的要求,因此它们在规制性竞技场的角色造成了认识论上的和政治上的问题。

注释

1. 1971 年 9 月 13 日,在美国化学学会的演讲。正如 Smith 所引用的(1992,80)。

2. 《美国雪佛龙公司投诉自然资源保护委员会案件》(1984)。见 467 US 837,104 S. Ct. 2778。

3. 《多伯特投诉麦雷尔·道药业公司案件》(1993)。113 S. Ct. 2794。

4. 私人会谈,2001 年 3 月 7 日,加州伯克利。

5. 全称为《氯化学委员会和化学制造厂家投诉 EPA 案件》(2000)。US Ct. 上诉 DC Cir. 98—1627。

6. 私人会谈,2001 年 3 月 21 日,哥伦比亚华盛顿。

7. 私人会谈,2001 年 8 月 4 日,滨水市。

8. 同上。

9. 私人会谈,2001 年 3 月 21 日,哥伦比亚华盛顿。

10. 电话会谈,2001 年 3 月 15 日。

参考文献

Bazelon, D. L. 1997. Coping with Technology Through the Legal Process. *Cornell Law Reoieio* 62: 817.

Butterworth, B. E., G. L. Kedderis, and R. Conolly. 1998. The Chloroform Cancer Risk Assessment: A Mirror of Scientific Understanding. *CIIT Activities* 18(4): 1—9. April.

Chubin, D. E., and E. J. Hackett. 1990. *Peerless Science: Peer Review and U. S. Science Policy*. Albany: State Univ. of New York Press.

Coglianese, C. 1996. Litigating within Relationships: Disputes and Disturbance in the Regulatory Process. *Law & Society Review* 30(4): 735—765.

Cotruvo, J. A., and C. D. Vogt. 1985. Regulatory Aspects of Disinfection. *Water Chlorination: Environmental Impact and Health Effects*. R. L. Jolley et al., eds. Ann Arbor, MI: Lewis Publishers, 91—96.

Dunnick, J. K., and R. L. Melnick. 1993. Assessment of the Carcinogenic Potential of Chlorinated Water: Experimental Studies of Chlorine, Chloramine, and Trihalomethanes. *Journal of the National Cancer Institute* 85: 817—822.

Evans, A. S. 1976. Causation and Disease: The Henle-Koch postulates revisited. *Yale Journal of Biology & Medicine* 49: 175—195.

Foster, K. R., D. E. Bernstein, and P. W. Huber, ed. 1999. *Phantom Risk: Scientific Inference and the Law*. Cambridge, MA: MIT Press.

Franklin, P. M. 2002. Is All Research Created Equal? Institutional credibility and technical expertise in environmental policymaking. PhD diss., Univ. of California, Berkeley, Energy and Resources Group.

Gieryn, T. F. 1983. Boundary-Work and the Demarcation of Science from Non-science: Strains and Interests in Professional Interests of Scientists. *American Sociological Review* 48: 781—795.

——. 1995. Boundaries of Science. *Handbook of Science and Technology Studies*, ed. S. Jasanoff et al. Thousand Oaks, CA: Sage, 393—443.

——. 1999. *Cultural Boundaries of Science: Credibility on the Line*, Chicago: Univ. of Chicago Press.

Guston, D. H. 1999. Stabilizing the Boundary between U. S. Politics and Science: The Role of the Office of Technology Transfer as a Boundary Organization. *Social Studies of Science* 29 (1): 87—111.

Guston, D. H., and K. Keniston. 1994. Introduction: The Social Contract for Science. *The Fragile Contract: University Science and the Federal Government*. D. H. Guston and K. Keniston, eds. Cambridge, MA: MIT Press, 1—41.

Herrick, C., and D. Jamieson. 1995. The Social Construction of Acid Rain. *Global Environmental Change* 5(2): 105—112.

ILSL 1997. *An Evaluation of EPA's Proposed Guidelines for Carcinogen Risk Assessment Using Chloroform and Dichloroacetate as Case Studies: Report of an Expert Panel*. Washington, DC: International Life Sciences Institute, Health and Environmental Sciences Institute.

——. 1998. *The Toxicity and Risk Assessment of Complex Mixtures in Drinking Water*. Washington, DC: ILSI Risk Science Institute.

——. Risk Science Institute and Environmental Protection Agency. 1993. *Report of the Panel on Reproductive Effects of Disinfection Byproducts in Drinking Water*. Washington, DC: U. S. EPA Health Effects Research Laboratory, ILSI Risk Science Institute.

Jasanoff, S. 1990. *The Fifth Branch: Science Advisors as Policymakers*. Cambridge, MA: Harvard Univ, Press.

——. 1992. Science, Politics, and the Renegotiation of Expertise at EPA. *OSIRIS*: 195—217.

——. 1995. *Science at the Bar: Law, Science, and Technology in America*. Cambridge, MA: Harvard Univ. Press.

Kagan, R. A. 2001. *Adversarial Legalism.: the American Way of Law*. Cambridge, MA: Harvard Univ. Press.

Keller, A. C. 2001. Good Science, Green Policy: The Role of Scientists in Environmental Policy in the United States. PhD diss. Univ. of California, Berkeley, Department of Political Science.

Kerwin, C. M. 1994. *Rulemaking: How Government Agencies Write Law and Make Policy*. Washington, DC: Congressional Quarterly Press.

Kerwin, C. M., and S. R. Furlong. 1992. Time and Rulemaking: An Empirical Test of Theory. *Journal of Public Administration Research and Theory* 2(2): 113—138.

Kyle, A. D., D. Wallinga, and E. D. Olson. 1998. *Comments of the Natural Resources De-*

fense Council on the U. S. Environmental Protection Agency Notice of Data Availability & Request for Comments: *National Primary Drinking Water Regulations*: *Disinfectants and Disinfection Byproducts Notice of Data Availability*. Natural Resources Defense Council. OW-Docket #MC-4101. Washington, DC. June 9, 1998.

Landy, M. K., M. J. Roberts, and S. R. Thomas. 1994. *The Environmental Protection Agency*: *Asking the Wrong Questions from Nixon to Clinton*. New York: Oxford Univ. Press.

Latour, B. 1986. *Science in Action*. London: Open Univ. Press.

Leventhal, H. 1974. Environmental Decisionmaking and the Role of the Courts. *University of Pennsylvania Law Review* 122: 509—555.

McSpadden, L. 1997. Environmental Policy in the Courts. *Environmental Policy in the 1990s*. N. J. Vig and M. E. Kraft, eds. Washington, DC: CQ Press, 168—185.

Melnick, R., National Institute for Environmental Health Sciences. 1998. Letter to EPA Office of Water Docket Commenting on March 1998 NODA. 27 April.

Melnick, R., M. Kohn, J. K. Dunnick, and J. R. Leininger. 1998. Regenerative Hyperplasia Is Not Required for Liver Tumor Induction in Female B6C3F1 Mice Exposed to Trihalomethanes. *Toxicology and Applied Pharmacology* 148: 137—147.

Merton, R. K., 1942. Science and Technology in a Democratic Order. *Journal of Legal and Political Sociology* 1: 115—126.

Morris, R. D., A.-M. Audet, I. F. Angelillo, T. C. Chalmers, and F. Mosteller. 1992. Chlorination, Chlorination By-Products, and Cancer: A Metaanalysis. *American Journal of Public Health* 82(7):955—963.

National Institutes of Health. 1998. *Report on Carcinogens*, 11th Edition. Chloroform CAS No. 67-66-3. Available at ntp. niehs. nih. gov/ntp/roc/eleventh/profiles/so38chlo. pdf.

Nelkin, D. 1994. The Public Face of Science: What can we learn from disputes? *The Fragile Contract*: *University Science and the Federal Government*. D. H. Guston and K. Keniston, eds. Cambridge, MA: MIT Press, 101—117.

O'Leary, R. 1993. *Environmental Change*: *Federal Courts and the EPA*. Philadelphia: Temple Univ, Press.

Olson, E. D., D. Wallinga, and G. Solomon. 1998. Comments of the Natural Resources Defense Council on the EPA "Notice of Data Availability" for the "National Primary Drinking Water Regulations: Disinfectants and Disinfection Byproducts." OW Docket MC-4101. 30 April 1998.

Ozawa, C. P. 1996. Science in Environmental Conflicts. *Sociological Perspectives* 29(2): 219—230.

Ozonoff, D. 1998. The Uses and Misuses of Skepticism: Epidemiology and Its Critics. *Public Health Reports* 113: 321—323. July-August 1998.

Powell, M. R. 1999. *Science at EPA: Information in the Regulatory Process.* Washington, DC: Resources for the Future.

Sarewitz, D. 1996. *Frontiers of Illusion: Science, Technology, and the Politics of Progress.* Philadelphia: Temple Univ. Press.

Science Advisory Board. 1999. *An SAB Report: Review of the Peer Review Program of the Environmental Protection Agency.* Research Strategies Advisory Committee of the Science Advisory Board. EPA-SAB-RSAC-00-002. Washington, DC. November.

———. 1999. *Review of the Draft Chloroform Risk Assessment and Related Issues in the Proposed Cancer Risk Assessment Guidelines.* EPA-SAB-EC-LTR-00-001. Washington DC. 15 December.

———. 2000. *Review of the EPA's Draft Chloroform Risk Assessment.* EPA-SAB-EC-00-009. Washington, D.C. April.

Smith, B. L. R. 1992. *The Advisers: Scientist in the Policy Process.* Washington, DC: The Brookings Institution.

U. S. Environmental Protection Agency. 1986. Guidelines for Carcinogen Risk Assessment. *Federal Register* 51(185): 33992—34003.

———. 1994. National Primary Drinking Water Regulations: Disinfectants and Disinfection Byproducts Proposed Rule. *Federal Register* 59(145): 38668—38829. 29 July.

———. 1994. *Workshop Report and Recommendations for Conducting Epidemiologic Research on Cancer and Exposure to Chlorinated Drinking Water.* Washington, DC. 19—21 July 1994.

———. 1996. Proposed Guidelines for Carcinogen Risk Assessment. *Federal Register* 61(79): 17960—18011.

———. 1997. National Primary Drinking Water Regulations: Disinfectants and Disinfection Byproducts Notice of Data Availability. *Federal Register* 62(212):59387—59484. 3 November.

———. 1997. *Research Plan for Microbial Pathogens and Disinfection By-Products in Drinking Water.* US EPA, Office of Research and Development. EPA 600-R-97-122. Washington, DC. December.

——. 1998. National Primary Drinking Water Regulations: Disinfectants and Disinfection Byproducts Final Rule. *Federal Register* 63(241): 69390—69475. 16 December.

——. 1998. National Primary Drinking Water Regulations: Disinfectants and Disinfection Byproducts Notice of Data Availability. *Federal Register* 63(61):15674—15692. 31 March.

——. 1998. *Health Risk Assessment/Characterization of the Drinking Water Disinfection Byproduct Chloroform*. Office of Science and Technology, Office of Water. PB99-111346. Washington, DC. 4 November.

Woolf, P. 1994. Integrity and Accountability in Research. *The Fragile Contract: University Science and the Federal Government*. D. H. Guston and K. Keniston, eds. Cambridge, MA: MIT Press, 59—81.

6
化学毒物兴奋效应的案例
——科学的反常如何塑造环境科学与政策

Kevin Elliott

6.1 引　言

有毒和致癌化学制品的低剂量生物效应是热烈争论的问题。一方面,研究者,如 Theo Colborn 认为,许多化学制品的极低剂量可以仿效荷尔蒙,比如雌激素,并且也是造成动物种群急剧减少的原因。一些人认为,这些"造成内分泌紊乱"的化学制品也与人类的生殖癌、免疫系统失调以及男性精子数的减少有关(Colborn et al. 1996；Krimsky 2000)。Nicholas Ashford 补充道,大约5%的美国人口对有毒化学品极度敏感。这一现象,经常被称做"多重化学敏感"(multiple chemical sensitivity, MCS),可能与"海湾战争综合征"、"病态大楼症候群"和其他环境敏感症有关(Ashford and Miller 1998)。

另一方面,有影响力的毒物学家 Edward Calabrese 建议,低剂量的许多毒素可能实际上具有有益作用。[1]他认为,这些被他称为"化学毒物兴奋效应"(chemical hormesis)的有益作用广泛地遍及不同物种、生物学端点和毒素中,并且他注意到这种现象"与美国规制机构作出的癌症风险评估相反……该评估假定,癌症风险在低剂量区域是线性的"(Calabrese and Baldwin 1998,VIII-1;也可参见 Calabrese and Baldwin 1997；2001；2003)。

这些关于低剂量化学制品效应的争论的重要性不仅因为其对于政策显而易见的分歧,而且因为它们提供了研究科学的反常是如何塑造科学与政策的一个契机。

泛泛地说，反常是与科学理论、模型和范式的主张与研究者实际获得的经验发现之间形成的冲突（如，Kuhn 1970；Laudan 1977；Darden 1991；Elliott 2004b）。由低剂量有毒化学品产生的有益作用是科学反常的一个例子。为了预测毒素和致癌物质的效应，毒物学家当前使用模型（预测所有剂量水平的有害作用），以及预测阈值（低于该值时化学制品完全没有生物效应）（NRC 1994；Calabrese and Baldwin 2003）。尽管研究者和政策制定者认识到这些模型只能提供实际化学效应的粗略近似值，模型仍然是毒物学框架中的一部分，在这一框架下有毒化学品才有望在低剂量时产生有害效应（如果它们确实发生效应）。因此，化学毒物兴奋效应的发生相对于现有的毒物学来说是意料之外的，或反常的。许多与内分泌紊乱相关的现象和 MCS 也同样是反常的（见 Elliott 2004b）。

　　反常已经在科学与政策的研究中起到了重要的作用。与很多哲学家一样，哲学家 Thomas Kuhn（1970）也提出，反常对于科学的发展至关重要，因为反常激发了对新的模型、理论和范式的探索（也见 Hanson 1961；Wimsatt 1987；Darden 1991；Elliott 2004a）。此外，科学政策文献表明，反常在有政策分歧的科学领域中是尤其普遍的问题。例如，当大量的科学证据支持一个特定的政策，而该政策与政治家自有的议程背道而驰，他（或她）可能寻求并强调反常的科学证据，以作为反对支持政策的证据的一种方式（Herrick and Sarewitz 2000；Sarewitz 2000；Fagin 1999；Wargo 1996）。此外，在科学高度理论化的区域，随着时间的推移，反常可能"慢慢地"变得相对不再引人注意，使研究者增强对它们的理解（Kuhn 1970）。决策的程序似乎在科学家对反常的特征还知之甚少的时候，将其直接投入政策前沿的熔炉（Collins and Evans 2002）。

　　通过特别集中于研究者和决策者对反常现象形成多元概念的潜在可能，以及通过选择性地强调一些概念而忽略另外一些概念来塑造随后的科学与政策，本章力图延伸此前对科学与政策中对反常的研究。科学的社会研究的近期成果已经强调，科学的概念和修辞有助于在科学与政策的结合面搭建问题框架（Jasanoff and Wynne 1998；Kwa 1987）。因为反常在他们已检测过的许多科学政策问题上发挥了核心作用，这些研究至少在略微相干的意义上已经提出了反常的塑造力量。不过，为了更明确地关注反常概念自身政策塑造的重要性，我希望提供一个特别的视角去审视这些问题。此外，我将主张毒物兴奋效应表现了一种特别类型的反常——即那类可能与科学领域内的基本假定和范式相冲突的反常——因此它为某些反常可能展示的变化多端的重要概念化提供了一个很好的例证。

本章提出了三个核心主张：(1) 研究者形成了多元的、有待确定的概念来描述反常现象；(2) 当个人和机构都强调这些概念而不是另一些概念时，他们有助于塑造随后的科学与政策；以及(3) 对有代表性的、相关的研究的培育可能有助于对此情形的事件作出回应。第一节检验了近期关于化学毒物兴奋效应的研究并且阐明了同期科学家用于描述该事件的至少六个概念。第二节考虑反常概念塑造正在进行中的有关毒物兴奋效应的研究与政策的讨论，对此提出了几种一般性的分类。第三节认为，协商过程中一种有代表性系列的利益相关方和受影响一方发展、选择和评估反常概念，有助于影响这些概念塑造随后的科学与政策的途径。[2] 最后，我针对反常对政策制定的重要性得出一些普遍性的结论，简要地分析 MCS 中和内分泌紊乱中的反常以进一步阐明我的主张。

尽管本章主要关注反常概念对随后的科学与政策的"单向"影响，但是在一开始就认识到这一点是重要的，即这些概念自身也是由许多因素塑造的，包括它们所形成的官僚主义、经济和公民文化(Jasanoff and Wynne 1998)。因此，即使这些分析重点关注的是个体科学家或政治家对特定概念的使用，但是这些更广泛的社会因素也起了至关重要的作用，即不仅决策这些个体使用了哪些概念，而且还要决策在规制性语境下哪些概念变得"稳定"。本章提出的反常概念的协商式评估的好处之一是，它似乎促进了关于这些因素的至关重要的反思，即那些不总是被充分认识为对科学实践具有重要影响的因素。

6.2 化学毒物兴奋效应的多元概念

酒精可以说明毒物兴奋效应的特性效应的类型。高剂量时，酒精增加人类的死亡率，但是在较低剂量时，在控制的水平以下它实际上能降低死亡率(Gordon and Doyle 1987)。这一类型的毒物兴奋效应的结果可在 U 形的剂量—反应曲线中显示(见图 6.1)，除死亡率之外，还可以用曲线表示如繁殖率、肿瘤发生率、发育、体重，或者酶活性与酒精剂量的关系。

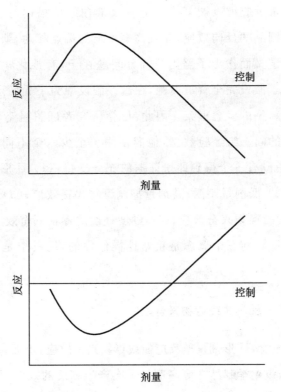

图 6.1 关于毒物兴奋效应的剂量—反应关系的一般形式的案例

下方的曲线描绘出酒精和人类死亡率之间的关系,上方的曲线描绘了植物生长中生长抑制剂的毒物兴奋效应。

尽管毒物兴奋效应在 20 世纪早期曾被广泛报道(见 Calabrese and Baldwin 2000),随后就在主流文献中消失,直到 A. R. D. Stebbing(1982),Calabrese 等 (1987),以及 Davis 和 Svendsgaard(1990)的论文的出现才引起新的注意。20 世纪 90 年代,为了发掘在早期毒物学研究中有关化学毒物兴奋效应的证据,Calabrese 进行了两项大范围的文献研究(见 Calabrese and Baldwin 1997;2001)。尽管这些研究存在着方法上的缺点(见 Jonas 2001;Crump 2001;Menzie 2001;Elliott 2000a,2000b),它们还是至少为一些其他的科学家提供了充分的证据来得出"毒物兴奋效应的真实性毋庸置疑"这一结论(Gerber,Williams,and Gray 1999,278)。Calabrese 和 Baldwin 最近在《自然》(*Nature*)杂志(2003)上发表的有关毒物兴奋效应假设的讨论,和《科学》(*Science*)杂志上对他们研究所作的评论(Kaiser 2003),可能会促进未来对此现象的讨论并使其合法化。

虽然毒物兴奋效应可以被 U 形剂量—反应曲线所描述，在这条曲线上可以观察到同一化学制品的反向效应，并且高端点与低端点相对，研究者为详细说明这一现象的特别定义而作出了努力。部分问题在于，有毒化学品产生的有益效应与当前的毒物学假设完全背道而驰，在这一假设中为了弄懂这一现象，研究者发展了一套显著新颖的概念框架。因此，尽管研究者试图粗略地描述导致 U 形剂量—反应曲线的同一组经验数据，他们使用了至少六个不同的毒物兴奋效应概念，这些概念中没有一个得到即得证据的充分支持：(1) U 形剂量—反应曲线毒物兴奋效应；(2) 低剂量刺激/高剂量抑制毒物兴奋效应；(3) 有益毒物兴奋效应；(4) 同种疗法的毒物兴奋效应；(5) 过度补偿的毒物兴奋效应；和(6) 多重效应的毒物兴奋效应。前三个概念是粗略地操作性的，后三个是广泛地机械性的(Elliott 2000b)。

6.2.1 U 形剂量—反应曲线毒物兴奋效应

第一个主要概念，U 形剂量—反应曲线毒物兴奋效应，定义为化学制品的所有非假的生物效应，该化学制品在更高剂量下会产生相反的效应。这一分类通过一个 U 形剂量—反应曲线来反映效应的表现，横轴表示剂量，纵轴表示生物端点的效应(见图6.1)。铅对人类大脑活性的影响解释了这个概念。铅暴露一般会导致在听觉或视觉刺激出现和神经系统显示出电生理学反应之间时间间隔的延长，但是儿童接触非常少剂量的铅呈现出相对于控制的潜伏期降低(Davis and Svendsgaard 1990, 74)。过去十年化学毒物兴奋效应的研究一直在探寻有毒化学品的 U 形剂量—反应曲线上打转，Calabrese 和 Baldwin 在他们的毒物兴奋效应的精子研究中所使用的标准，被设计用来展示 U 形剂量—反应曲线(Calabrese and Baldwin 1997；1998，Ⅲ-4)。

6.2.2 低剂量刺激/高剂量抑制毒物兴奋效应

第二个概念，低剂量刺激/高剂量抑制毒物兴奋效应，被限定为低剂量端点的刺激和更高剂量同一端点的抑制。例如，在非常低的剂量下细胞毒素媒介剂亚德里亚霉素(Adriamycin Doxorubicin)抑制细胞生长，但是剂量再降低 1—2 个数量级它则刺激细胞生长(Vichi and Tritton 1989, 2679)。这一概念排除了涉及低剂量抑制和高剂量刺激的 U 形剂量—反应曲线（如，肿瘤形成物的低剂量抑制）。这一区别可能看起来并不重要，但是这第二个概念尤其具有影响力，作为化学毒物兴奋效应，于 1943 年被初次定义为"毒物次级抑制水平下的生物过程的刺激"（Calabrese and Baldwin 1998b，1，italics added；见 Southam and Ehrlich 1943）。

6.2.3 有益毒物兴奋效应

第三个操作性概念，有益毒物兴奋效应，可能被定义为由高剂量下产生有害效应的一种化学物质引起的有益的低剂量效应。一个例子就是上文提及的酒精效应。很多作者既明确又含糊地使用了这一化学毒物兴奋效应概念，是指由低剂量毒物引起的有益效应时的兴奋效应（如，Teeguarden et al. 1998；Paperiello 1998；Calabrese，Baldwin，and Holland 1999；Gerber，Williams，and Gray 1999）。

上述三个概念排除了很多研究者作为化学毒物效应实例的一些效应，同时包括了一些通常被认为不是毒物兴奋效应的效应。一方面，Calabrese 和 Baldwin 注意到，如果特定端点的背景水平特别低或者特别高，那么不太可能观察到发生在低剂量下端点的抑制或刺激。所以，举例来说，如果在一个特定人群中肿瘤事件相对稀少，减少肿瘤事件的毒物兴奋效应可能导致一个带有阈值（低于此值则观察不到任何效应）的曲线，而不是一个 U 形剂量—反应曲线。Calabrese 和 Baldwin 认为这类效应该被考虑为是毒物兴奋效应的，但是前述所有三个化学毒物兴奋效应概念可能排除了这种现象。另一方面，必需营养素，特别是金属，产生包括低剂量刺激和高剂量抑制的 U 形剂量—反应曲线。这种现象包括在这三种概念的范围之内，但是大多数研究者不把它们考虑为化学毒物兴奋效应的实例，可能是因为他们假设毒物兴奋效应的化学品通过某种机制产生其效应，而不是充当生理过程中的必需营养素而起作用（Davis and Svendsgaard 1990）。因为操作性地定义化学毒物兴奋效应存在这些困难，化学毒物兴奋效应更广泛的机械性概念对未来的研究者来说可能更有帮助。

6.2.4 同种疗法的毒物兴奋效应

第四个概念，同种疗法的毒物兴奋效应，就目前来看无关紧要，但 20 世纪初期在毒物兴奋效应研究期间却发挥过巨大影响。现在的研究者频繁回顾 Hugo Schulz 于 19 世纪 80 年代的研究，将其看做当代毒物兴奋效应概念的起源。当 Hugo Schulz 把酵母暴露于低剂量的某种有毒物质时，他观察到了酵母发酵的刺激效应，该种有毒物质在较高剂量下会抑制发酵。他和内科医生 Rudolph Arndt 因提出抑制毒素通常在低剂量时产生刺激而出名，这就是熟知的阿尔恩特-舒尔茨（Arndt-Schulz）定律。Arndt 是一个使用同种疗法的内科医生，他运用 Arndt-Schulz 定律来为同种疗法的医学运用提供依据，这一疗法尝试让病人暴露于极其少量的会产生该病症的物质，来治疗这种疾病。因为在 20 世纪早期毒物兴奋效应被广泛地看做是一种同种疗法现象，也因为同种疗法并不被主流医学所重视，所以对毒物兴奋效应的科学兴趣被自我抑制了（Calabrese and Baldwin 2000）。

6.2.5 过度补偿的毒物兴奋效应

第五个概念，过度补偿的毒物兴奋效应，在过去的二十年间颇有影响。这一概念被定义为一种生物反应，在这一过程中被有毒化学品转变后试图修复其有机内稳态，但因受刺激而高于正常水平。例如，生长阻滞氯化磷在任何剂量下都抑制桉树的生长，但是在治疗 2—5 周之后将桉树暴露于低剂量的磷，会出现对这一抑制的过度补偿，即比对照个体生长得更快（Calabrese 1999）。A. R. D. Stebbing(1982)解释到，这一概念的看似合理性基于多元生物端点（包括发育）受反馈过程监控和约束这一事实。这似乎是反馈过程中产生的演化优势，即因回归内稳态时的临时"过头"而对生物性紧张刺激进行反应的反馈过程。换句话说，这一概念意味着，一种毒素施用后，一个线性或者阈值模型似乎可以俘获毒素剂量与其效应之间的关系。一段时期后，反馈过程会"加入"并且过度补偿紧张刺激（低剂量下），因此在一段时间内逐渐地由线性或者阈值曲线变为 U 形曲线。最后，过度补偿反应随时间的延长将逐渐减弱，因而从 U 形曲线回到线性或者阈值曲线（见图 6.2）。

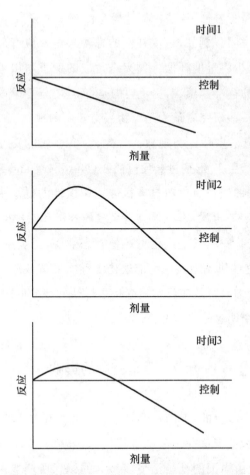

图 6.2 "过度补偿的毒物兴奋效应"的剂量—反应关系特征的临时依赖实例

时间1代表所有剂量水平下抑制的初始时期;时间2说明了有机体对低剂量下毒素的过度补偿;在时间3中,过度补偿效应开始衰减。

6.2.6 多重效应的毒物兴奋效应

第六个概念是多重效应的毒物兴奋效应,被定义为一种低剂量效应,与高剂量时发生的情况正相反。若某种化学制品产生多重生物现象,则该种化学制品在不同剂量水平下对同一端点会产生多重效应的毒物兴奋效应。酒精消耗的 U 形剂量—反应曲线可以看做是一个多重效应毒物兴奋反应的例子。酒精在低剂量下刺激 HDL 胆固醇水平,因此降低心脏病引发的致死性风险。这种关于死亡的积极效应在高剂量下抵消,因为酒精也产生包括损害肝脏的其他生物效应。

与三个操作性概念一样,这些机械性概念没有一个完全令人满意。第一,机械性概念没有精确的说明。例如,过度补偿的毒物兴奋效应背后的因果过程并未被完全理解。因此,缺少将过度补偿毒物兴奋效应的例子与由单一化学物质形成的多重效应进行区别的标准。第二,更重要的是,问题在于三个机械性概念之中的任何一个似乎都排除一些研究者认为是毒物兴奋效应的现象。Davis 和 Svendsgaard(1990,77—78)报道了多种此类现象。首先,一些金属的交互效应会抑制致癌作用并在某些端点上产生 U 形剂量—反应曲线(Nordberg and Andersen 1981)。其次,U 形剂量—反应曲线也可以源自有机体适应慢性的低水平地暴露于特定毒素的潜能(Smyth 1967)。再次,有机体具有众多的补偿和保护机制,使得人体免受紧张性刺激,潜在地在某些端点上产生上述超常态效应,至少是暂时地产生(Ishikawa et al. 1986)。这些机制不能成为前述化学毒物兴奋效应的三个概念的代表性实例。因此,有关毒物兴奋效应反常概念呈多样性的部分原因,可能是因为当前使用的概念并没有一个明显地令人满意。

6.3 反常概念的影响

有关反常现象的多重的、不确定的概念的出现具有重要意义,这是因为考虑这一现象的科学研究和关于这一现象的政策协商,都由研究人员和政治家选择强调的概念来塑造,以及由周围的社会语境"稳定"的概念所塑造。在毒物兴奋效应的案例中,反常概念对科研和政策的潜在影响至少有以下四方面:(1)影响研究兴趣;(2)影响研究方针;(3)影响政策重点;(4)影响公众注意力。下面关于这些影响的一些案例已经发生;另一些看似真实,但还未发生过。

影响研究兴趣的观点认为,许多因素会影响科学研究的轨迹(如 Jasanoff and Wynne 1998;Kitcher 2001),特殊的反常概念也可能有力地促进或者抑制研究活动。影响研究兴趣的一个例子就是同种疗法毒物兴奋效应的概念,因为它将毒物兴奋效应与同种疗法的有害实践联系起来,鼓励科学家去怀疑贯穿 20 世纪大部分时间的毒物兴奋效应的研究结果。尤其是 Calabrese,抱怨对大约从 20 世纪 30 年代到 80 年代的毒物兴奋效应缺乏关注,他认为关键因素是毒物兴奋效应和同种疗法之间概念的连接(Calabrese and Baldwin 2000)。过度补偿的毒物兴奋效应概念,相反,表明这个现象是一个公正统一的生物过程的结果,对未来研究来说是一个很有前景的议题。强调过度补偿毒物兴奋效应概念,而不是同种疗法毒物兴奋效应概念,可能有理由被期待促进未来对此现象的研究兴趣(Elliott 2000b)。

反常概念对研究方针的影响在于帮助科学家对一种反常的未来研究方向作出选择。事实上,人们可以将概念当做非常普遍的关于一个反常现象的本质的假定。这些假定表明研究的一般方向,这一研究最终会支持或破坏被提议的概念的有用性。例如,Calabrese(1999)认为(至少有一段时间认为),过度补偿毒物兴奋效应也许是使毒物兴奋效应现象概念化的最合理的方法,因此鼓励他去研究毒物兴奋效应的化学制品的短暂效应。Calabrese 发现,至少某些效应是取决于时间的,但是另一些则不是。因此,过度补偿毒物兴奋效应指导着研究问题的选择,但是最终揭示出其自身在描述所有毒物兴奋效应实例时具有概念上的不充分性(如 Calabrese and Baldwin 2002)。

通过主张这些概念可被局限于"发现的语境",并且排除任何与科学观念的发现有关的偏见的"辩护的语境",人们可能批判前两个概念对反常概念的影响在认识上的重要性。然而,如 Kathleen Okruhlik(1994)所说,辩护的语境首先由竞争性的一组假设中选择一个假设来组成。这样,如果特定的反常概念使研究者倾向于发展唯一特定类型的假设,那么研究者可能会选择那类假设作为对这一现象青睐的解释,只要该解释与可获得的证据合理地相符。

反常概念的第三个影响可能潜在地增加或降低决策者对某一反常现象特定的政策相关特征的关注。例如,决策者不太可能认为"多重效应毒物兴奋效应"对风险评估有直接影响,因为该效应表明从整个有机体的角度来看,毒物兴奋效应或许不是一律有益的。然而,有益的毒物兴奋效应概念会鼓励毒物兴奋效应对整个有机体确实有益的观念,也因此会挑战当前的风险评估模式。现有的研究并未指出"有益的毒物兴奋效应"或"多重效应的毒物兴奋效应"是否为一个更适合于该现象的概念,但是通过强调某个概念而不是另外一个概念,研究者和政治家有可能去影响该现象的初期的政策讨论。

当考虑反常的第四个影响,公众关注的影响时,忽视反常概念的初期影响似乎更加不明智。公众关注构成了塑造公众舆论的概念力量,无论是通过激发公众对此现象的兴趣,还是通过造成公众对此现象的深刻印象,都是风险或者收益的重要源泉。人们应该不会假定这一影响的初期效应总会在未来研究中被排除在外,因为正如众多的作者在他们对 Alar(丁酰肼)论争的反思中所强调的那样,一旦舆论被调动起来就会很难缓和(如 Jasanoff 1990；Whelan 1993)。"有益的毒物兴奋效应"概念提供了一个影响公众关注的可能的例子，这一概念的展开更可能需要重新集结公众对转变当前风险评估的实践。这对主张有毒化学品在低剂量下可能产生有益效应有着相当明显的修辞优势，胜于更复杂的主张，即它们会产生由多种生物现象产物导致的刺激效应。当公众似乎相当怀疑任何调节有毒化学品的尝试(Renn 1998；Foran 1998)时，有益毒物兴奋效应的概念似乎是最可能结出丰硕果实的选择，如果利益集团的确希望在这一方向上来引导舆论的话。

6.4 对反常概念的塑造力量的回应

6.4.1 协商方式的益处

我认为，首先，科学家们和政治家们起初可能使用多元的、未确定的概念去回应反常。其次，这些概念可以塑造未来的研究与政策，这有赖于这些参与者使用了哪些概念，以及哪些概念在社会背景中被稳定下来。从这些条件来考虑，本节主张具代表性的、相关性的协商的发展对回应反常概念对科学与政策的影响来说似乎是明智之举。我用与国家研究委员会(National Research Council, 1996, 4)相同的方式粗略地定义"协商"一词，将其作为"用于交流和收集议题考虑的正式的或非正式的过程……[在此过程中参与者]讨论、思考、交换观测资料与观点，就相互感兴趣的事反馈信息与判断，试图彼此说服"。此外，协商是"典型的"和"相关的"完美结合，既是调查中任一现象的重要专业性分析的全部，也是可能受到此现象深远影响的利益相关者视角的全方位透视。依据与政策相关的反常的潜在重要性，协商在科学发展全部过程的至少三个阶段中可以被保证，这三个阶段都有可能被反常概念所影响：关于反常的研究的提出与设计，对研究作出解释，对研究的政策分歧的判定。

研究者和政治人物强调反常现象的某些概念而不是另一些，这是不可避免的。这种选择往往很大程度上不能由现有的科学证据来确定，但是这一选择仍然能塑造未来的研究与政策协商的过程，这对公众福利似乎具有直接或者最终的影响。公众因此对影响他们福利的反常概念的选择，有权提出知情同意的某种形式(如 Shrader-Frechette 1991；Beauchamp and Childress 1994)。虽然协商可能不是推进公众同意的唯一途径，但是，在当前科学—政策文献的背景下，它似乎是讨论的最有前景的途径之一。因此,存在伦理个案的初步证据来支持这种协商。

考虑反常概念选择的相关协商也似乎在实质上促进了更好的政策决策——在这种情况下,一般都对特别广泛的反常概念进行了深思熟虑。一些科学哲学家有说服力地主张,包含多种多样的视角对科学的客观性来说至关重要(如 Shrader-Frechette 1991;Solomon 2001;Longino 2002)。他们强调个体的科学家带着各种偏见与假设千篇一律地处理他们的话题。相应地,对许多不同视角的个体的涵盖是评估假设、消除偏见的一种有价值的方式,因而改善了科学决策的制定。例如,在选择反常概念的语境中,协商可能会降低具有前景的反常概念被忽视的程度,并且增加特定反常概念的细微政治与社会影响至被察觉的程度(Shrader-Frechette 1991;Kitcher 2001;Longino 2002)。尽管考虑到了反常概念的广泛多样性及其政治影响,也不能保证成功的科学或政策的形成,但从长远来看,反常概念的确可能促进科学与政策的发展。

最后,具有代表性的是,相关的协商将可能提升政策决策,这一点具有工具性价值。大量作者都指出,如果利益相关者不认为他们的观点在协商过程中得到了充分表征,他们可能会抵制知识的主张或决定(如 Fiorino 1990;Shrader-Frechette 1991;NRC 1996;Botcheva 1998;Farrell et al. 2001)。公众早就对特殊利益在很多科学与环境政策议题中起到的强有力的作用抱有疑虑(Wargo 1996;Fagin et al. 1999)。因此,明智之举是去促进协商进程,以此作为一种说服公众的手段,即与政策相关的反常是以一种公正的方式处理的。

6.4.2 协商机制

在代表性的前提下,相关的协商是对政策相关的反常的可取的回应,本小节简要地提出了一些达成协商的具体机制和策略。本章的首要目标不是提出新奇的协商策略,而是更加审慎地使用已有的协商议程来仔细检查反常的重要性。Farrell,VanDeveer 和 Jager(2001)认为,对评估程序的参与是几个未得到充分认识的环境评估要素之一。本章赞同他们的主张,即认为对协商和参与的考虑对政策的制定至关重要,并强调这些议题对回应反常尤为重要。然而,还需要提出几个能够补充目前回应反常的协商方式的额外机制。

最初的策略是要履行可供选择的评估,以显示当选择一个而不是另外一个反常的概念化时科学与政策的后果。Shrader-Frechette(1991)认为,当风险评估者面对方法上的价值判断时,使用不同的方法上的选择来履行两种或更多的风险评估,对于他们而言或许是有帮助的(也见 O'Brien 1999)。例如,如果某人不确定应该使用哪一种模型来推断有毒化学品的效应,他可以实施几种风险评估,每一种都使用不同的模型。通过比较这些可供选择的评估结果,他能探测出方法上的选择对其结果的影响的范围。

相似地,通过实施使用不同反常概念的政策分歧的替代评估,人们也可能来推断特定反常概念的意义。这一评估涉及一些案例分析的正式方法,但是也涉及使用一种概念而非另一种概念时对可能的科学与政策结果进行的非正式比较。通过鼓励科学顾问委员会或特殊利益团体或 NGO 的成员,基于不同的重要反常的概念化来形成正式或非正式评估,可以将替代评估纳入当前的体制机制。这种替代评估策略似乎是对反常以一种方式而不是另一种方式概念化的后果开始协商的合理方式。如果,使用替代评估策略之后,政策制定者决定从两个或者更多合理的概念进行选择可以对公众福利产生重大成果,那么发起更加广泛的协商机制可能是值得的。

如果政策制定者确定对强调反常的特定概念的选择是十分有意义的,那么推进协商的合理的第二步应该是形成"工作组"来分析反常。政策分析家已经提出了这些工作组可能采取的各种具体形式,比如共识会议(Sclove 2000)或公民顾问委员会(Lynn and Kartez 1995)。这些团体可以设计为包括多重利益相关者的代表(或者至少包括有关反常的广泛的、具有系列代表性视角的个人;也见本书第 1 章)。他们也能建立起处理反常的默认法则,决定哪一个反常的概念应该在初期就被强调,并且由于科学家们采集更深层次的信息,要建立起政策来反复调整默认法则。[3]这一路径可能提供一种有效的方法去促进协商,为了支出一定程度的与每一个反常的意义相适应的时间与金钱,可以对样式进行精确调整。

最后,在涉及利益相关者之间特别重要的利害关系或重大分歧的情况下,使用一种对抗式程序的路径去推进协商或许是有帮助的。1976 年出现了可能是美国对抗式程序最著名的提议,总统顾问团(Presidential Advisory Group)的科学与技术预测性进步特别工作组建议组建"科学法庭"。法庭应由一个不偏不倚的专家组科学地"裁定"由谁"支配"争执不下的科学和技术问题。[4]"裁定"将听取科学家对争议问题中不同立场的支持性证词,因此法庭将采纳多方利益相关者的意见。Shrader-Frechette 主张一种对抗式程序的相似形式,被称为"技术裁判所(technology tribunal)"(1985，293ff；也见 1991，216)。裁判所将与科学法庭相似，但是它要处理的科学政策问题包括推定的事实性与估计的成分。此外，她建议"裁定"包括开明的非科学家以及科学家。对不同类型对抗式程序的长处与短处的评估在本章讨论的范围之外(见 Kantrowitz 1977；Michalos 1980；Shrader-Frechette 1985，294ff；Schneider 2000)，但至少在回应关于反常概念特别顽固的争论时，某些形式可能会有效地推进协商。

另外一些实际的方式可能有利于推进协商，尽管是以一种不太全面的方式。一种方式就是保留有效的路径使利益相关者意识到反常的科学信息可能与他们相关。保留这些沟通路径在反常的案例中会尤为重要，因为在它成为主流媒体的流行话题之前，它对收集利益相关者对反常投入的关注非常重要。政府机构，包括美国环境保护署(EPA)，近来一直在考虑各种可能的机制，包括建立一个相关个人与团体的邮编数据库，发布在线评论，开发在线电子公告牌，并建立在线记事表(EPA Public Participation Policy Review Workgroup 2000)。对没有广泛资源的利益相关者提供财政支援也能增强协商。这个想法对于其他途径的有效实施或许是必要的，否则资源有限的利益相关者会发现参与协商程序非常困难(Shrader-Frechette 1991；NRC 1996；Farrell et al. 2001)。

这些建议诚然有些粗糙。为了将其付诸实践，人们需要解决一些实际问题。一个重要的问题是，一个反常到底重要到什么程度才值得付出额外的努力。另一个问题是，如何识别所要纳入的特殊利益相关者。第三个问题是，在何种问题上那些相对于科学家的普通人，应该参与其中。对这个问题的回答可能会发生变化，这取决于手头的案例以及人们最想实现的特定目标。例如，人们可能通过一个只包括科学家的过程完成实质上相当充分的协商(只要他们有与反常相关的足够多样的观点和经验)。然而，不太清楚的是，科学家单独地参与所能产生的决议，是否拥有公众的知情同意，并且在实践中作为手段获得成功。最后一个问题是，是否来构建协商机制使其将相关团体"捆绑"起来；否则即使参与了协商程序，他们也可能会使用法律手段去推动自己的利益(Keating and Farrell 1999；Kleinman 2000)。

6.5 结　　论

本章仅仔细考察了科学与政策互动中的反常的一个案例，这一基于反常的方法可能对其他环境问题争论有相当大的解释力。在导言部分提及的其他两种反常（也就是 MCS 和内分泌紊乱）的粗略考察，说明了反常概念的塑造力量在其他反常案例中也很容易辨别。例如，Ashford 和 Miller（1998，284）描述了一组政策制定者与科学家在 1996 年柏林的一个会议上提出了一个新的并有很大争议的 MCS 概念，被称为"自发环境不耐受性"（idiopathic environmental intolerance，IEI）。IEI 的概念很重要，因为它比较符合作为一种对自身引起的或心理导致的疾病的症状的描述，而 MCS 这一概念认为真正引起问题的是有毒化学品（在一定范围内这一概念指"化学敏感性"）。因此，MCS 案例中概念的选择对研究重点、研究指导、政策重点及公众注意力似乎具有与在毒物兴奋效应案例中观察到的相似的影响。以相同的风格，专家组在一起准备了国家科学院对内分泌紊乱的报告，争取对他们被指派去研究的现象形成一个适当的概念和术语。他们最终用"荷尔蒙活性物"（hormonally active agent，HAA）取代了"内分泌干扰物"（endocrine disruptor）这一术语，因为"内分泌干扰物这一术语充满了感情色彩，并等价于一种对潜在结果的偏见"（NRC 1999，21）。换句话说，概念的选择对公众注意力和政策重点有强烈的影响。

此外，反常概念能够左右科学与政策选择的可能性为挑选出这些概念的广泛协商程序提供支持。这类程序能帮助发现资金资源偏好科学研究的微妙方式（如 Fagin et al. 1999；Krimsky 1999），同时也鼓励"外行专家"的加入，他们参与协商的价值已经被大量文献证明（见 Wynne 1989；Yearley 1999；Turner 2001；Collins and Evans 2002）。虽然可能大多数与政策有关的反常将接受需要协商考虑的事项——鉴于对科学政策中公众参与的日益强调——这些协商程序的效力可受组织者和参与者对协商的原因以及对处理的关键议题的理解的程度所影响（Farrell et al. 2001）。毒物兴奋效应的描述有助于澄清协商对回应反常重要性的原因，也表明了如果一开始不分析如何以及为什么各种利益相关者选择和追随特定的反常概念，关于一个反常的全部争论可能会被不适当地勾画出来。

最后，还有一个问题是，如何将有益于协商分析的、合法的反常，与敌对者、骗子、空想家，或简单的"疯子"所辩护的不合法的反常区分开来。对区分反常的问题不存在容易的答案，这些反常最终从那些随后被当做侥幸结果撤销的反常中脱颖而出。[5] 然而，例如通过使用上文提及的替代评估策略，评估反常的政策意义作为出发点是有道理的。一方面，政策制定者可以考虑发起协商活动的花费；另一方面可以来权衡反常的可信性和潜在意义。这一衡量过程需要被一种意识告知，反常概念对科学与政策施加了有效的塑造影响，而且这些影响自身能被代表、相关专家与利益相关者之间的协商所塑造。

注释

我想感谢 Kristin Shrader-Frechette 以及威斯康辛大学出版社的一位评阅人对本章提出的有益意见。

1. Calabrese，马萨诸塞大学阿默斯特学院的一位研究员，是低水平接触生物学效应顾问委员会主席，此委员会组织科学家以形成对低剂量化学和物理媒介的生物反应的更好了解。他是《低水平接触生物学效应》(Biological Effects of Low Level Exposures)杂志的编辑，曾组织过一些与毒物兴奋效应假设有关的会议，并在最近于《自然》(Nature)杂志上发表了一篇关于毒物兴奋效应假设的摘要(Calabrese and Baldwin 2003)。

2. 许多早先的研究(如 NRC 1996；Kleinman 2000；Renn，Webler and Wiedemann 1995；Funtowicz and Ravetz 1993)推荐协商以在一般意义上回应与政策相关的科学(或具体的科学，像风险评估)。然而，这些还没有特别关注回应多元反常概念的协商的重要性，特别是那些很难被概念化的反常现象。

3. 为对默认规则的一个十分宽泛的讨论，以及它们在关于环境风险的公共政策中的角色，见 NRC(1994)。

4. 科学法庭的一个最初提案(Task Force 1976)假定法庭将解决单纯的事实议题，并将评价问题留给其他组织。Michalos(1980)和 Shrader-Frechette(1985；1991)，以及其他人，对以这种方式区分事实与评价议题的可能性提出质疑。

5. 一个启发性案例是，邦弗尼斯特事件(Benveniste affair)，在该事件中《自然》(Nature)杂志一度纠结于是否发表及如何评价似乎支持水的分子"记忆"(memory)的反常发现(见 Davenas et al. 1988；Benveniste 1988)。

参考文献

Ashford, N. and C. Miller. 1998. *Chemical Exposures: Low Levels and High Stakes*. 2nd ed. New York: Van Nostrand Reinhold.

Bcauchamp, T., and J. Childress. 1994. *Principles of Biomedical Ethics*. New York: Oxford Univ. Press.

Benveniste, J. 1988. Dr. Jacques Benveniste Replies. *Nature* 334: 291.

Botcheva, L. 1998. *Doing is Believing: Use and Participation in Economic Assessments in* the *Approximation of EU Environmental Legislation in Eastern Europe*. Global Environmental Assessment Project. Cambridge, MA: Kennedy School of Government.

Calabrese, E. 1999. Evidence that hormesis represents an "overcompensation" response to a disruption in homeostasis. *Ecotoxicology and Environmental Safety* 42: 135—137.

——. 2001. Overcompensation stimulation: A mechanism for hormetic effects. *Critical Reviews in Toxicology* 31: 425—470.

Calabrese, E., and L. Baldwin. 1997. The dose determines the stimulation (and poison): development of a chemical hormesis database. *International Journal of Toxicology* 16: 545—559.

——. 1998. *Chemical Hormesis: Scientific Foundations*. College Station: Texas Institute for the Advancement of Chemical Technology.

——. 2000. Tales of two similar hypotheses: The rise and fall of chemical and radiation Hormesis. *Human and Experimental Toxicology* 19: 85—97.

——. 2001. The frequency of U-shaped dose responses in the toxicological literature. *Toxicological Sciences* 62: 330—338.

——. 2002. Defining hormesis. *Human and Experimental Toxicology* 21: 91—97.

——. 2003. Toxicology rethinks its central belief. *Nature* 42: 691—692.

Calabrese, E., L. Baldwin, and C. Holland. 1999. Hormesis: A highly generalizable and reproducible phenomenon with important implications for risk assessment. *Risk Analysis* 19: 261—281.

Calabrese, E., M. McCarthy, and E. Kenyon. 1987. The occurrence of chemically induced hormesis. *Health Physics* 52: 531—541.

Colborn, T., D. Dumanoski, and J. P. Myers. 1996. *Our Stolen Future*. New York: Dutton.

Collins, H., and R. Evans. 2002. The third wave of science studies: Studies of expertise and experience. *Social Studies of Science* 32: 235—296.

Crump, K. 2001. Evaluating the evidence for hormesis: A statistical perspective. *Critical Reviews in Toxicology* 31: 669—679.

Darden, L. 1991. *Theory Change in Science*. New York: Oxford Univ. Press.

Davenas, E., F. Beauvais, J. Amara, M. Oberbaum, P. Robinson, A. Miadonna, A. Tedeschi, et al. 1988. Human basophil degranulation triggered by very dilute antiserum against IgE. *Nature* 333: 816—818.

Davis, J. M., and W. Farland. 1998. Biological effects of low-level exposures: A perspective from U. S. EPA scientists. *Environmental Health Perspectives* 106: 380—381.

Davis, J. M., and D. Svendsgaard. 1990. U-shaped dose-response curves: Their occurrence and implications for risk assessment. *Journal of Toxicology and Environmental Health* 30: 71—83.

Elliott, K. 2000a. A case for caution: An evaluation of Calabrese and Baldwin's studies of chemical hormesis. *Risk: Health, Safety, and Environment* 11: 177—196.

——. 2000b. Conceptual clarification and policy-related science: The case of chemical hormesis. *Perspectives on Science* 8: 346—366.

Elliott, K. 2004a. Error as means to discovery. *Philosophy of Science* 71: 174—197.

——. 2004b. Scientific Anomaly and Biological Effects of Low-Dose Chemicals: Elucidating Normative Ethics and Scientific Discovery. PhD diss., Univ. of Notre Dame.

EPA Public Participation Policy Review Workgroup. 2000. *Engaging the American People*. Washington, DC: Environmental Protection Agency.

Fagin, D., M. Lavelle, and the Center for Public Integrity. 1999. *Toxic Deception*. 2nd ed. Monroe, ME: Common Courage Press.

Farrell, A., S. VanDeveer, and J. Jager. 2001. Environmental assessments: Four underappreciated elements of design. *Global Environmental Change* 11: 311—333.

Fiorino, D. 1990. Citizen participation and environmental risk: A survey of institutional mechanisms. *Science, Technology, and Human Values* 15: 226—243.

Foran, J. 1998. Regulatory implications of hormesis. *Human and Experimental Toxicology* 17: 441—443.

Funtowicz, S. and J. Ravetz. 1993. Science in the post-normal age. *Futures* 25: 739—755.

Gerber, L., G. Williams, and S. Gray. 1999. The nutrient-toxin dosage continuum in human evolution and modern health. *Quarterly Review of Biology* 74: 273—289.

Gordon. T., and J. Doyle. 1987. Drinking and mortality: The Albany study. *American Journal of Epidemiology* 125: 263—270.

Hanson, N. 1961. Is there a logic of scientific discovery? In *Current Issues in the Philosophy of Science*, ed. H. Feigl and G. Maxwell. New York: Holt, Rinehart and Winston.

Herrick, C., and D. Sarewitz. 2000. Expost evaluation: A more effective role for scientific assessments in environmental policy. *Science, Technology, and Human Values* 25: 309—331.

Ishikawa, T., T. Akerboom, and H. Sies. 1986. Role of key defense systems in target organ toxicity. In *Toxic Organ Toxicity*, vol. 1, ed. G. Cohen. Boca Raton, FL: CRC Press.

Jasanoff, S. 1990. *The Fifth Branch: Science Advisors as Policymakers*. Cambridge, MA: Harvard Univ. Press.

Jasanoff, S. , and B. Wynne. 1998. Science and decisionmaking. In *Human Choice and Climate Change*, vol. 1, ed. S. Rayner and E. Malone. Columbus, OH: Battelle Press.

Jonas, W. 2001. A critique of "The scientific foundations of hormesis." *Critical Reviews in Toxicology* 31: 625—629.

Juni, R. , and J McElveen, Jr. 2000. Environmental law applications of hormesis concepts: Risk assessment and cost-benefit implications. *Journal of Applied Toxicology* 20: 149—155.

Kaiser, J. 2003. Sipping from a poisoned chalice. *Science* 302(17 October): 376—379.

Kantrowitz, A. 1977. The science court experiment: Criticisms and responses. *Bulletin of the Atomic Scientists* 133(4): 44—47.

Keating, T. , and A. Farrell. 1999. Transboundary environmental assessment: Lessons from the ozone transport assessment group. Knoxville, Tenn: National Center for Environmental Decision-Making Research.

Kitcher, P. 1993. *The Advancement of Science: Science Without Legend, Objectivity Without Illusions*. Oxford: Oxford Univ. Press.

——. 2001. *Science, Truth, and Democracy*. Oxford: Oxford Univ. Press.

Kleinman, D. 2000. *Science, Technology, and Democracy*. Albany: State Univ. of New York Press.

Krimsky, S. 1999. The profit of scientific discovery and its normative implications. *Chicago-Kent Law Review* 75(1): 15—39.

——. 2000. *Hormonal Chaos: The Scientific and Social Origins of the Environmental Endocrine Hypothesis*. Baltimore: Johns Hopkins Univ. Press.

Kuhn, T. 1970. *The Structure of Scientific Revolutions*. 2nd ed. Chicago: Univ. of Chicago Press.

Kwa, C. 1987. Representations of nature mediating between ecology and science policy: The case of the International Biological Program. *Social Studies of Science* 17: 413—442.

Laudan, L. 1977. *Progress and Its Problems*. Berkeley: Univ. of California Press.

Lave, L. 2000. Hormesis: Policy implications. *Journal of Applied Toxicology* 20: 141—145.

Longino, H. 2002. *The Fate of Knowledge*. Princeton: Princeton Uinv. Press.

Lynn, F., and J. Kartez. 1995. The redemption of citizen advisory committees: A perspective from critical theory. In *Fairness and Competence in Citizen Participation*, ed. O. Renn, T. Webler, and P. Weidemann. Dordrecht: Kluwer.

Menzie, C. 2001. Hormesis in ecological risk assessment: A useful concept, a confusing term, and/or a distraction? *Human and Experimental Toxicology* 20: 521—523.

Michalos, A. 1980. A reconsideration of the idea of a science court. In *Research in Philosophy and Technology*, vol. 3, ed. P. Durbin. Greenwich, CT: JAI Press.

Nordberg, G., and O. Andersen. 1981. Metal interactions in carcinogenesis: Enhancement, inhibition. *Environmental Health Perspectives* 40: 65—81.

National Research Council(NRC). 1994. *Science and Judgment in Risk Assessment*. Washington, DC: National Academy Press.

——. 1996. *Understanding Risk: Informing Decisions in a Democratic Society*. Washington, DC: National Academy Press.

——. 1999 *Hormonally Active Agents in the Environment*. Washington, DC: National Academy Press.

O'Brien, M. 1999. Alternatives assessment: Part of operationalizing and institutionalizing the precautionary principle. In *Protecting Public Health and the Environment: Implementing the Precautionary Principle*, ed. C. Raffensperger and J. Tickner. Washington, DC: Island Press.

Okruhlik, K. 1994. Gender and the biological sciences. *Biology and Society*, *Canadian Journal of Philosophy*, supp. vol. 20: 21—42.

Paperiello, C. 1998. Risk assessment and risk management implications of hormesis. *Human and Experimental Toxicology* 17: 460—462.

Renn, O. 1998. Implications of the hormesis hypothesis for risk perception and communication. *Belle Newsletter* 7: 2—9.

Renn, O., T. Webler, and P. Wiedemann, eds. 1995. *Fairness and Competence in Citizen Participation*. Dordrecht: Kluwer.

Sarewitz, D. 2000, Science and environmental policy: An excess of objectivity. In *Earth Matters: The Earth Sciences, Philosophy, and the Claims of Community*, ed. R. Frodeman. Upper Saddle River, NJ: Prentice Hall.

Schneider, S. 2000. Is the "citizen-scientist" an oxymoron? In *Science, Technology, and Democracy*, ed. D. Kleinman. Albany: State Univ. of New York Press.

Sclove, R. 2000. Town meetings on technology: Consensus conferences as democratic participation. In *Science, Technology, and Democracy*, ed. D. Kleinman. Albany: State Univ. of New York Press.

Shrader-Frechette, K. 1985. *Science Policy, Ethics, and Economic Methodology*. Dordrecht: Reidel.

——. 1991. *Risk and Rationality: Philosophical Foundations for Populist Reforms*. Berkeley: Univ. of California Press.

Smyth, H. 1967. Sufficient challenge. *Food and Cosmetics Toxicology* 5: 51—58.

Solomon, M. 2001. *Social Empiricism*. Cambridge, MA: MIT Press.

Southam, C., and J. Ehrlich. 1943. Effects of extracts of western red-cedar heartwood on certain wood-decaying fungi in culture. *Phytopathology* 33: 517—524.

Stebbing, A. 1982. Hormesis: The stimulation of growth by low levels of inhibitors. *Science of the Total Environment* 22: 213.

Task Force of the Presidential Advisory Group on Anticipated Advances in Science and Technology. 1976. The science court experiment: An interim report. *Science* 193: 653—656.

Teeguarden, J., Y. Dragan, and H. Pitot. 1998. Implications of hormesis on the bioassay and hazard assessment of chemical carcinogens. *Human and Experimental Toxicology* 17: 454—459.

Turner, S. 2001. What is the problem with experts? *Social Studies of Science* 31: 123—149.

Vichi, P., and T. Tritton. 1989. Stimulation of growth in human and murine cells by adriamycin. *Cancer Research* 49: 2679—2682.

Wargo, J. 1996. *Our Children's Toxic Legacy*. New Haven: Yale Univ. Press.

Whelan, E. 1993. *Toxic Terror: The Truth Behind the Cancer Scares*. 2nd ed. Buffalo, NY: Prometheus Books.

Wimsatt, W. 1987. False models as means to truer theories. In *Neutral Models in Biology*, ed. M. Nitecki and A. Hoffman. New York: Oxford Univ. Press.

Wynne, B. 1989. Sheep Farming After Chernobyl: A Case Study in Communicatin Scientific Information. *Environment* 31: 10—39.

Yearley, S. 1999. Computer models and the public's understanding of science. *Social Studies of Science* 29: 845—866.

专款与激励竞争性研究的试验性计划(EPSCoR)
——塑造大学研究的分配、质量与数量

A. Abigail Payne

7.1 引　言

自第二次世界大战以来,美国联邦政府在资助大学研究方面扮演了重要的角色。联邦资金表明,平均来说,全部研究资金中超过60%由大学使用。国会和联邦机构通过它们支持的研究项目与资助水平在塑造学术研究方面发挥了关键的作用。为了减少政治在形成资金分配时发挥的作用,并增进对最佳项目的资助,在向大学分配研究资金时,大多数机构都采用了同行评议的程序(见 Chubin and Hackett 1990)。同行评议试图从进行相似探究的研究者那里获得关于寻求资金资助的项目质量的信息。

尽管政府的兴趣是通过研究与开发(R&D)加强经济发展,但是在第二次世界大战到20世纪80年代早期,联邦政府极少围绕哪所大学应该获得联邦资金这样的议题进行讨论。结果,到20世纪70年代末,大多数联邦R&D资金分配给少数几个州的少数几所大学。例如,1978年,联邦R&D资金的半数分配给位于6个州的大学,R&D资金的80%集中于18个州。[1]

这种R&D资金的高度集中引发了众多的批评,批评者谴责同行评议程序培育出了一个"老朋友"网络,在该网络中历史上曾经接受过研究资金的大学,不论其申请的质量如何,将会继续接受资助(见 Lambright 2000)。另外,一些对于资金高

度集中的批评则认为,没有充分的 R&D 资金,州或地区经济发展受到了限制。鉴于这些考虑,政治家和大学已经致力于如何在有限资源的情况下减少资金的集中,同时继续推进高质量的研究。

本章考察了 R&D 资金在大学之间的分配,以及发起于 20 世纪 80 年代早期的两种类型的资助方案如何塑造了联邦资金的分配和大学的研究活动。第一种类型,不是真正意义上的正式计划,以专款为人所知。专款,包括在必须由国会和总统同意的联邦预算书中,往往指定特定的数量分配给特定的大学。大学将专款资金用于与各种与研究相关(和非研究)的目的。第二个计划定位于在历史上接受较低水平资金的州一级的大学。由国家科学基金会(NSF)设立的、激励竞争性研究的试验性计划(Experimental Program to Stimulate Competitive Research, EPSCoR),保留了竞争性的资助,目的是为了帮助这些大学建立必需的基础设施,以在一般性资助计划中进行有效的竞争。由于 EPSCoR 显而易见的成功,大多数负责分配联邦研究资金的机构都采用了相似的计划。

本章致力于解决三个问题。第一,是否有更多的大学接受了研究资助?鉴于研究型大学的历史发展,很难改进它们在研究资金和研究活动方面的竞争水平。专款和预留计划是影响研究资金在大学间分配的一种方式。第二,鉴于对研究申请质量的充分评估需要相当的技术知识,专款和预留计划可能不会资助高质量的研究。这些计划导致了受资助大学较低水平的研究活动吗?第三,鉴于预留计划试图创造一种使提议的研究更加充分地接受评估的环境,并且鼓励各州促进那些它们已经展示一定实力的研究领域,在促进研究质量方面预留计划比专款更具成效吗?

利用 1978—1998 年间的数据(专款方面的数据是从 1980 年到 1998 年),本章探讨了专款资金和预留计划如何塑造了资金在大学的分配及其那里的研究活动。在这一时期,联邦政府向每所大学平均拨款 360 万美元(所有美元为实际美元换算,以 1996 年为基准年)用于 R&D 相关的资助。联邦研究资金向有资格获得 EPSCoR 的州立大学的投入为平均每所 1600 万美元,向有资格获得预留计划的非州立大学平均投入资金 3900 万美元。

结果表明,研究资金在研究型大学和有博士点的大学之间的分配已经有了适度的变化,尤其自 1990 年以来。一般而言,在未被划为 I 类研究机构的大学,每所大学平均获得的资金有略微加速的增长。有资格参加 EPSCoR 计划的机构在联邦研究资金方面也经历了相当大的增长。然而,研究资金的大多数仍然由一小部分大学获得。

有很多途径来研究政治对研究资金在大学间分配的影响。本章通过对学术出版物——研究活动的一种传统成果——的测度来研究专款和 EPSCoR 对整个研究资金和研究活动的影响。因此,在此提出的问题是,当用关于研究活动的更为传统的测度来划分大学时,这两种资助类型是否塑造了大学内的研究活动。结果进一步表明,用每篇发表物的引用来测度,专款资助增加了学术发表物的数量,但是降低了这些发表物的质量。然而,有资格获得预留计划的那些大学,增加了它们发表物的质量,同时却减少了发表物的数量。

本章的第一节评述了专款和预留计划,并探究这些计划如何塑造了联邦 R&D 资金的分配。第二节使用概要的统计数据和图表分析了研究资金的变化。第三节展示了一种经济学分析的结果,是对两个计划下学术研究活动资金的变化效果的分析。分析的一些细节可以在 Payne(2002;2003)的工作中发现。第四节的总结,讨论了专款和预留计划能够塑造学术研究的分配、质量和数量的潜在意义。

7.2 专款、预留计划和联邦研究资金的分配

7.2.1 国会专款

除了通过从通常的预算编制以获得资金来支持他们的计划外(如 Drew 1984,Geiger 1993,Kleinman 1995),国会成员可能会指定资金被拨用于具体的目的。这种专款设立在专项账目内或其相应的报告中,指定资金用于一所或多所大学。这些资金成为特定机构预算的一部分,这些机构预期也将资金投入相应的地方。[2]

大学将专款用于各种各样的 R&D 活动,从大的资金密集型项目到小的分散的研究项目。[3]一些大学接受多重的年度专款用于同样类型的项目。支持者声称,专款让那些传统上没有接受联邦 R&D 资金的大学去建设必要的基础设施,以竞争经过同行评议的资助。批评者相信专款是政治拨款,不能像经过同行评议的经费那样被富有成效地使用。[4]

大学,而不是特定的研究者,谋求专款。一个大学首先与一系列寻求专款经费的潜在活动有关。这类活动包括成立一个新的学术计划或学院,建立一个研究实验室,翻新宿舍,或资助一个特别的项目。设定了这一系列活动,大学则将游说国会议员用专款来支持它们。拨款的过程很少使用大学资源,并引发了为什么一个特定的项目由专款而不是其他类型的收入来源资助的问题。如果大学将专款看做

资金的"最后的手段",就会产生这样的问题,即相对于如果政府用其他方式分配资金,这些资金将会以其他方式的使用而言,大学是否将专款用于较少产出的活动。

专款可以用几种方式测度。Savage(1999)检讨了专款立法和附带报告以识别接受机构和分配给它们的数额。《高等教育年鉴》(Chronicle of Higher Education)(以下简称《年鉴》)通常询问负责分配专款资金的机构来识别专款,机构则提供分配的数额信息、接受的大学以及拨款的原因。由于 Savage 数据识别的是国会打算分配的专款,《年鉴》数据识别的是已经分配的专款,因此这两种测度方式在范围上有所不同。尽管国会希望机构来分配拨出的专款资金,在有些情况下机构要求研究机构呈交申请专款研究的提案,并且在某些条件下机构也可以驳回提案。相似地,机构可以从专款中争收部分"税款",用于支付管理成本。[5]

图 7.1 描绘了分配给研究型大学和有博士点大学的研究样本的真实联邦研究资金的总体水平,以及使用 Savage 数据集得出的对同一样本群体设计的专款资金的百分比。[6]直到 20 世纪 80 年代,联邦研究资金曲线依然相当平坦。自从 1985

图 7.1 在研究型大学和有博士点大学中联邦研究资金总额和专款所占的份额

注:以研究资金美元代表分配给级别为研究型大学和有博士点大学这类机构的联邦研究资金总额,数据由 NSF WebCASPAR 提供。专款资金代表国会预算书中分配给研究型大学和有博士点大学的拨款。百分比代表一年分配的专款除以那一年的联邦研究资金总额,这是对联邦研究资金与用于专款计划二者之比例的粗略估算。

年,总的资金逐渐增加。专款显示为不足于总体联邦研究资金的 10％用于大学。20 世纪 80 年代早期,每所大学接受的专款资助的平均水平十分低。20 世纪 80 年代中期这一情况有所改变,专款资金在此出现一种明显的提升。20 世纪 90 年代早期,专款的资金走向下降,但自从 1996 年再次升高(没有在图上显示)。

由 Brainard 和 Southwich(2001),以及美国科学进步协会(AAAS 2001)作出的分析发现,由美国农业和商业部(Departments of Agriculture and Commerce)和美国国家航空航天局(NASA)来分配大多数专款。没有专款是通过美国国家科学基金会(NSF)分配的,美国国家卫生研究院(NIH)如果有的话,所占的份额也很少。尽管大多数专款覆盖的活动是关于大学的 R&D 活动,但是它们也覆盖这样一些活动,如远程教育项目、大学交通系统、宿舍翻新以及社区外展项目(community outreach projects)。相对于《年鉴》数据集而言,使用 Savage 数据集来识别这些类型的专款更加困难。

7.2.2 预留计划

1980 年 NSF 创立了 EPSCoR。政治作为部分原因推动了这一计划的创立。1977 年,众议院科学、研究和技术委员会(House Committee on Science, Research, and Technology)成员表达了对研究资金只在几个州高比例分布的顾虑(见 Lambright 2000)。作为回应,NSF 形成一项计划,目的是在大学刺激更具竞争性的研究,这些大学是指在历史上接受较低水平资金的州一级的大学。

这一计划的实质如下。在接受 EPSCoR 的身份上,州看做是一位"EPSCoR 承包人"。这位承包人来自州政府、工业或者一所大学,负责与各部门的伙伴合作来形成提高州内研究基础设施的计划。此外,承包人必须从州政府和(或)私营企业集资以便与 EPSCoR 资金相配。

在 NSF 的 EPSCoR 计划中,一个州一次只可以呈交一份申请。这一计划因此鼓励州内大学之间的合作。州内的大学可以选择不参与由承包人开发的计划。一旦 NSF 接受了申请,就要经历竞争性的同行评议程序,在这一程序中由所有有资格参与 EPSCoR 计划的州呈交的申请要在基于其优点的基础上被评价。实际上,与处于非 EPSCoR 计划的申请相比,呈交给 EPSCoR 计划的申请成功的机会急剧增大。尽管其他机构已经采纳相似的计划,它们在处理适合它们的州与大学方面有所不同。[7]

最初，NSF 设计阿肯色州、缅因州、蒙大拿州、南卡罗来纳州和西弗吉尼亚州为 EPSCoR 的资助州。1985 年，NSF 又增加了阿拉巴马州、肯塔基州、内华达州、北达科他州、俄克拉荷马州、怀俄明州和佛蒙特州。1987 年，NSF 又增加了爱达荷州、路易斯安那州、密西西比州和南达科他州。1992 年 NSF 再增加了堪萨斯州和内布拉斯加州。尽管在本章没作研究，NSF 最近又将阿拉斯加州、夏威夷州和新墨西哥州列入 EPSCoR 资助州的清单之中，一共有 21 个州。

图 7.2—7.5 描绘了卡内基州研究资金的平均水平和资助类型的比例变化（1994），划分为如下五个阶段：1975—1979，1980—1984，1985—1989，1990—1994 和 1995—1998。图 7.2 描绘了针对研究型 I 类和研究型 II 类机构的平均联邦研究资金。横贯所有机构，在 21 年的时间段内，平均联邦研究资金增高了。对于所有研究型 I 类机构，资金的平均水平仍然是最高的。对于适合 EPSCoR 身份期间的州立研究型 I 类机构而言，联邦研究资金增长了；然而，在取样时间段内，这些机构资金的平均水平与对所有研究型 I 类机构资金的平均水平之间的差距增大了。在卡内基（1994）研究型 II 类机构中，所有机构和 EPSCoR 资助州的机构之间的研究资金似乎没有什么不同。

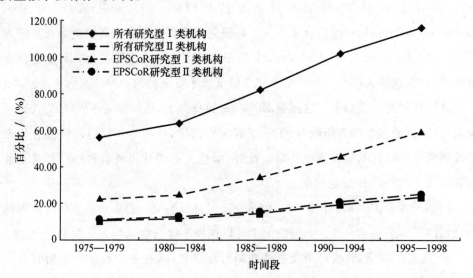

图 7.2　基于卡内基分类和 EPSCoR 身份每所机构联邦研究资金的平均值

注：这一图表鉴别了分类的每一阶段每一种类型的每一所机构资金的平均水平（基于卡内基分类和 EPSCoR 身份）。图表中，EPSCoR 身份基于，这所大学是否位于在全部取样的时间段内的某一时刻获得了 EPSCoR 身份的州中。

图 7.3 描绘了每一个时间段内资金的百分比变化,使用 1975—1979 时间段为基数。给定第一个阶段中机构资金的基数,符合 EPSCoR 资格的那些州的研究型 I 类机构在取样时间段内资金经历了最为快速的增长。其他类型的机构的资金增长也有相似趋势。

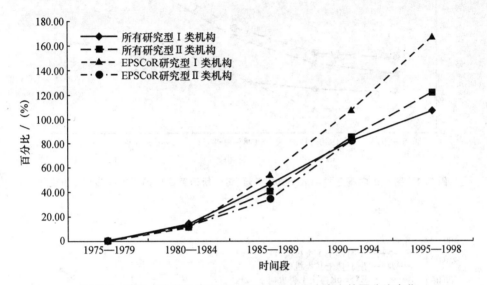

图 7.3　基于卡内基分类和 EPSCoR 身份的研究资金的百分比变化

注:百分比变化使用 1975—1979 年间每所大学联邦研究资金的平均水平为基数年。对于每一个接下来的时间段而言,从 1975—1979 时间段内的平均值减去这一时期的平均资金,除以 1975—1979 时间段内的平均值,然后乘以 100。

图 7.4 描绘了所有研究机构和被卡内基系统划分为博士 I 类和博士 II 类的有资格参与 EPSCoR 计划的州的研究机构的研究资金。尽管处在较低的级别,在取样时间段内,博士 II 类机构的资金平均水平高于博士 I 类机构的资金平均水平。相对于所有机构而言,适合 EPSCoR 身份的州立机构接受了稍微多一些的联邦资金。

图 7.5 描绘了相对于第一阶段 1975—1979 年,研究资金的百分比变化。适合 EPSCoR 身份的州立博士 I 类机构经历了最大的增长量。然而,博士机构在取样的阶段内经历了整体的相当大的增长。

数据表明,尽管大部分资金依然分布于几个州的几所研究机构,但是所有类型的研究机构都经历了资金的增长。拥有 EPSCoR 身份的州立研究机构经历了相当显著的资金增长。

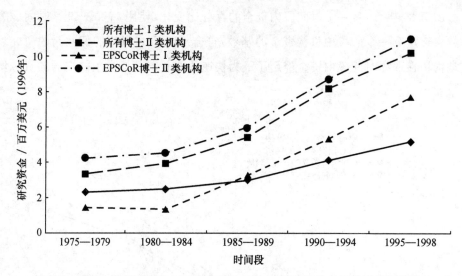

图 7.4　基于卡内基分类和 EPSCoR 身份，每一所研究机构的平均联邦研究资金

注：见图 7.2 注。

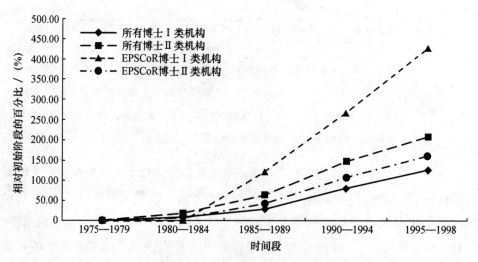

图 7.5　基于卡内基分类和 EPSCoR 身份，研究资金的百分比变化

注：见图 7.3 注。

7.2.3　汇总统计

表 7.1 描绘了基于卡内基分类（1994）和 EPSCoR 身份的任何给定年份，至少接受一项专款的大学分布。除了博士Ⅰ类大学之外，每一种类别内至少有 75％ 的大学接受了至少一年的专款资助。超过 50％ 的研究型Ⅰ类和Ⅱ类大学接受了五

年以上的专款资助。在接受五年及以上拨款的大学中,80%的研究型Ⅰ类大学,90%的研究型Ⅱ类大学,60%的博士Ⅰ类大学,以及83%的博士Ⅱ类大学为公立大学。因此,似乎大部分的专款授予了公立大学。

表7.1 基于卡内基分类和 EPSCoR 身份的专款分布

卡内基分类	大学专款(1)	公立大学比例/(%)(2)	至少一项专款的比例/(%)(3)	至少五项专款的比例/(%)(4)	EPSCoR身份的专款(5)	至少一项专款的比例/(%)(6)	至少五项专款的比例/(%)(7)
研究型Ⅰ类	86	67.4	84.9	57.0	7	100	85.7
研究型Ⅱ类	36	75.0	77.8	55.6	13	100	92.3
博士Ⅰ类	43	65.1	44.2	11.6	3	100	66.7
博士Ⅱ类	52	65.4	75.0	23.1	13	100	46.2
总计	217	67.7	73.3	39.6	36	100	72.2

注:这些大学是基于卡内基(1994)分类系统划分的。EPSCoR 身份是基于国家科学基金会或者其他联邦机构指定的,那种在历史上获得研究资金水平偏低的州。至少一项专款意味着至少有一年的专款性质的资金,可以包括多于一项项目的专款。相似地,至少五年专款意味着至少有五年的专款性质的资金。

第五列到第七列报告了1998年有资格参与 EPSCoR 和其他预留计划的州立大学的分布。有趣的是,在36所大学中有20所被划分为研究型Ⅰ类或者Ⅱ类大学。所有的州立大学都变得有资格获得 EPSCoR 身份,至少接受一年的专款,而且其中的大多数接受了五年及以上的专款。

表7.2描述了平均联邦 R&D 的支出、专款、发表的文章,以及在贯穿四组大学之间每一篇发表物的引用情况。在 A 组,我报告了所有大学的汇总统计。毫不奇怪,研究型Ⅰ类大学接受了大多数联邦 R&D 的支出。平均来说,在取样阶段内,这些大学接受了8300万美元或者每位大学教师接受了99 000 美元。这些大学接受了平均440万美元的以研究定向的专款,而这一数目仅代表联邦研究资金总数的5%或6%。[8]

表 7.2　汇总统计:研究资金

卡内基分类	联邦研究资金 (百万美元)	每位大学教师 (千美元)	研究导向的 专款资金 (百万美元)
A 组:所有大学			
研究型Ⅰ类	82.91	98.94	4.41
(标准偏差)	(59.68)	(103.50)	(7.58)
研究型Ⅱ类	15.95	26.69	2.47
(标准偏差)	(8.83)	(17.50)	(3.52)
博士Ⅰ类	3.38	8.05	2.92
(标准偏差)	(3.75)	(9.98)	(3.97)
博士Ⅱ类	6.15	19.49	3.11
(标准偏差)	(8.18)	(40.16)	(3.42)
总计	39.32	51.79	3.63
(标准偏差)	(53.69)	(80.73)	(6.05)
B 组:EPSCoR 身份大学			
研究型Ⅰ类	36.75	43.60	6.50
(标准偏差)	(23.81)	(36.65)	(8.97)
研究型Ⅱ类	17.24	25.02	2.31
(标准偏差)	(8.63)	(13.05)	(3.32)
博士Ⅰ类	3.68	6.25	3.27
(标准偏差)	(3.58)	(4.81)	(4.67)
博士Ⅱ类	6.76	17.51	2.97
(标准偏差)	(6.46)	(19.02)	(3.02)
总计	16.42	24.58	3.34
(标准偏差)	(16.89)	(23.98)	(5.11)

注:所有的美元与作为基数年的 1996 年保持一致。联邦研究资金代表在取样时间段 (1980—1998)每一种分类的每一所大学的平均支出。研究专款性质的资金代表在《年鉴》数据库中被识别为与研究项目、实验室或者机构相关的专款。

研究型Ⅱ类大学平均来说接受 1600 万美元的联邦研究资金,或者每一位大学教学人员约为 26 700 美元。在这些大学中,专款大约占去了 15% 的联邦支出。专款似乎对于博士Ⅰ类大学有最为重大的影响,这些大学接受了最低水平的联邦支出,为 340 万美元或者每一位大学教师为 8000 美元。专款一栏表明大约占联邦支出的 86%。博士Ⅱ类大学接受了平均来说 620 万美元的联邦支出,专款大约占联邦支出的 51%。

表 7.2 中 B 组报告了有资格参与预留计划的州立大学群体的汇总统计。除了

研究型Ⅰ类机构之外,联邦支出的平均水平近似于所有大学的平均水平(已在 A 组报告)。与获得参与预留计划的非州立研究机构相比,在这些研究机构中拨款似乎占联邦支出的更大百分比。

表 7.1 和表 7.2 表明,大多数机构依赖于专款资金,但不属于研究型Ⅰ类的大学对专款的依赖性最强。这些表格也说明,从接受研究资金的角度而言,最糟糕的大学是坐落于拥有 EPSCoR 资格州的研究型Ⅰ类大学。

7.3 对研究活动的影响

7.3.1 研究活动的测度

为了测度专款和预留计划对研究活动的效应,我关注学术发表物,一种非常传统的测度研究活动的方式。使用它作为测度方式的优点是,我们既可识别生产的发表物的数量,又可识别发表物被引用的次数。这样,我们既有一个对数量的测度,也有关于研究活动质量的合理的替代指标(引用影响)。然而一个不足之处是,大学也涉及产出产物而不是学术发表物的研究,并且测度这些产物是更加困难的。本章只关注学术发表物,该计划对其他活动的影响留待将来研究。

发表物数据从美国科学信息研究所(ISI)获得。ISI 提供每一年的文章数量资料以及 1981—1998 年由卡内基分类系统中划分的大部分研究型和博士点机构在给定年份发表的文章的引用数目。引用数是从发表年份截止到 2000 年引用的一种累积和。因此,平均来说,发表于早期年份的文章,与发表于晚期年份的文章相比,拥有更高的引用数。

表 7.3 报告了基于卡内基分类和 EPSCoR 类型的公共测度的汇总统计。栏目一报告了发表的文章的平均值,栏目二报告了每位大学教师发表的文章的平均值,栏目三报告了每一篇文章引用数的平均值。A 组报告了所有大学的统计数,B 组报告了有资格参与 EPSCoR 计划的州立大学的统计数。

表 7.3 汇总统计:发表物

卡内基分类	发表物	每位大学教师	每篇发表物被引用次数
A 组:所有大学			
研究型Ⅰ类	1838.73	2.08	18.93
（标准偏差）	(1089.06)	(1.95)	(9.96)
研究型Ⅱ类	504.18	0.79	12.60
（标准偏差）	(197.26)	(0.37)	(6.73)
博士Ⅰ类	244.79	0.51	9.95
（标准偏差）	(344.14)	(1.05)	(6.56)
博士Ⅱ类	201.47	0.56	10.04
（标准偏差）	(257.83)	(0.73)	(7.03)
总计	915.46	1.20	14.01
（标准偏差）	(1046.22)	(1.55)	(9.18)
B 组:EPSCoR 身份大学			
研究型Ⅰ类	1046.48	1.05	12.51
（标准偏差）	(414.85)	(0.29)	(5.00)
研究型Ⅱ类	530.33	0.73	10.45
（标准偏差）	(201.80)	(0.26)	(5.25)
博士Ⅰ类	160.08	0.29	8.56
（标准偏差）	(119.83)	(0.13)	(4.15)
博士Ⅱ类	169.34	0.42	9.19
（标准偏差）	(123.48)	(0.32)	(5.23)
总计	455.81	0.64	10.19
（标准偏差）	(389.49)	(0.37)	(5.26)

注:发表物的数据来自美国科学信息研究所(Institute for Scientific Information, ISI),覆盖时期为 1981—1998 年。发表物数量基于发表的年份计算得出。每篇文章的引用数是从发表物当年到收集数据的那一年(2000 年)引用计数的累计总数。

发表物活动与卡内基分类之间具有增强关系。然而,有资格参与 EPSCoR 计划的州立大学的平均值,一直低于所有大学的平均值。例如,贯穿所有研究型Ⅰ类大学,平均来说,每位大学教师发表的文章为 2.1 篇,并且每一篇文章的引用数为 18.9。贯穿研究型Ⅰ类的 EPSCoR 大学,每位大学教师发表的文章仅为 1.1 篇,并且每一篇文章的引用数为 12.5。因此,在取样时间段内,相对于所有大学而言,EPSCoR 机构似乎拥有更少的发表物和这些发表物的更低影响度,因此,按理说具有更低的质量。

7.3.2 国会的专款

在决定如何将专款对发表物的效应模型化时，重要的是要考虑研究的预期效应。鉴于大多数专款是用于基础设施，我们应该期望一种长期效应，直到资金通过让大学能够雇佣更好的研究者、拥有更好的设备以及诸如此类使大学研究得到改善。因此，我曾经从每一数据集合的第一年开始对所有专款进行了合计，形成了累积资助的总量。对于 Savage 数据而言，平均资助的总量为 2100 万美元；对于《年鉴》数据集而言，则为 1300 万美元。

为了分析专款资金总量对发表物活动的影响，我使用了一种工具变量回归分析(instrumental variables regression analysis)(更多细节见 Payne 2003)。回归分析既使用发表物的数量或者每一篇发表物的引用数作为因变量，也使用了累计专款资金数，滞后一年，作为主要的回归自变量。[9] 为了控制不随时间变化的因素来作为专款如何影响发表物的部分原因(例如，声誉，大学的类型，地理位置)，回归分析包括一套虚变量以识别处于研究之中的大学。回归分析也使用一套虚变量来控制年效应。例如，如果在各年大学之间拨款的水平提升了，那么年效应将控制这一点。最后，回归分析使用州级水平的政治的、经济的和人口统计学的方法来控制大学运行于其中的社会经济和政治环境中的变化。

表 7.4 报告了从工具变量回归分析得出的结果。专款资金测度系数反映了与专款资金相关的潜在替代物和补充效应，以及资助发表物的其他类型的测度。栏目一报告了当发表物数量是因变量时的结果。追加 100 万美元的专款资金可产生额外的 22 篇发表物。鉴于平均专款资金是 350 万美元，这就表明一所大学每年将产生多于 77 篇的文章，平均来说，增长率为 7%。

栏目二报告了当每篇发表物的引用数作为因变量时的结果。追加 100 万美元的专款资金，可导致每篇文章的引用数减少 0.74。鉴于专款资金的平均水平，这表明每一篇文章引用数下降 2.59，平均来说降低 31%。

表 7.4 的结果表明，通过每一篇文章的引用数量为测度，专款资金提高了发表的文章数量，而降低了这些文章的影响或者质量。因此，通过传统的研究活动产物为测度，这些结果表明，政治目的性的资金缺少同行评议的机制或者缺少对提议的研究活动的全面评估，这种资金不支持保质研究。作为选择，同样通过传统的发表物为测度，这些结果表明，国会议员支持专款性质的资金的动机可能不会关注于提

升基础研究。

表 7.4 拨款资金储备对发表物的影响

因变量	发表物	每篇发表物被引用次数
二级最小二乘方法		
专款资金	**22.32**	**−0.74**
（累计专款资金数,滞后一年）	(3.30)	(0.11)
工具的 F 统计	11.75	11.75
第一阶段工具 p 值	(0.000)	(0.000)
过度识别检测 p 值	(0.620)	(0.094)
Hausman 检测 p 值	(0.000)	(0.000)
观察值	1683	1683

注:使用了二级最小二乘方法(two-stage least squares)来估算。用于专款性质资金的工具基于一套反映研究活动平均水平的测度,这些研究活动是在与卡内基分类相同的大学实施的,但是这些大学的地理位置位于处于研究的大学所坐落的区域之外。回归分析也包括如下州级水平的政治的、经济的和人口统计学方式:州的人口数量、该州 18 岁以下人口的百分比、失业率、虚变量等价于如果管理者隶属于民主党这样的因素,以及对州内部高于或低于立法机构的政治性竞争水平的测度。取样时间段覆盖 1990—1998 年,并且使用从《年鉴》获得的数据对其结果进行报告。如果使用 Savage 数据集进行分析,得出的结果与上述结果相似。见解释过度识别检测和 Hausman(1978)检测的正文部分。除非另作陈述,标准误差在括号内标出。黑体标出的相关系数为 $p<0.05$。

7.3.3 预留计划

为了研究预留计划对研究活动的效应,我们打算对两件事情进行比较。首先,我们打算比较,在一所给定的大学内部,作为有资格获得预留资金的州,在其变为有资格获得预留资金之前和之后是如何影响研究活动的。其次,我们打算识别两种系列的大学,第一个系列是那些位于有资格参与预留资金计划的州中的大学,第二个系列是那些未处于有资格参与预留资金计划的州的外部大学。我们用一种回归分析来构建这两个系列,这种分析包括对符合预留计划的大学的多重观察("试验组"),以及不符合预留计划的大学的多重观察("对照组")。

在构建没有资格参与预留计划的大学系列时,产生了一个议题,即这些大学能否足以反映那些变得有资格参与预留计划的大学的特点。Payne(2003)更加详细地讨论了这一议题的复杂性,根本上来说,沿从 Heckman 等人(1998)的路径,我试图来使有资格参与预留计划的大学,与那些没有资格参与该资助计划的大学相匹配,只是从研究活动的角度来看拥有相同的性质。因为参与预留计划的资格是一种表征,即该州在历史上具有接受联邦资金的偏低水平,有许多大学具有历史上接受资金偏低水平的性质,但是它们没有位于拥有资格参与预留计划的州。[10]

在回归分析中用了 100 所大学:66 所大学属于对照组,其中有 42 所公立大学和 24 所私立大学;34 所大学属于试验组,其中有 32 所公立大学和 2 所私立大学。

表 7.5 报告了来自回归分析的结果,这种分析中使用发表物测度为因变量,并使用两个虚变量来识别预留计划的效应。第一个虚变量的赋值等于一旦一个州变成有资格参与预留计划。以该州成为接受 EPSCoR 资金的时间来解释的话,这一变量落后了三年。第二个虚变量等于,如果该大学位于在 1992 年之后有资格参与预留计划的州。这个第二种测度反映了在 20 世纪 90 年代早期与预留计划扩展相关的效应。

表 7.5 预留计划对发表物的影响

因变量	文章数 (1)	每篇文章引用数 (2)	工程类文章 (3)	生命科学类文章 (4)	每篇工程类文章引用数 (5)	每篇生命科学类文章引用数 (6)
二级最小二乘方法						
EPSCoR 参与的虚变量	**−37.80**	−0.23	−2.20	**−24.73**	**1.69**	0.03
(落后三年)	(13.40)	(0.50)	(2.62)	(9.12)	(0.59)	(0.58)
1992 年后 EPSCoR 参与的虚变量	−9.05	**1.08**	2.34	**−19.94**	**1.45**	**1.85**
	(14.07)	(0.33)	(2.81)	(8.97)	(0.64)	(0.57)
联邦研究资金	**21.00**	−0.15	8.93	15.35	−0.24	−0.24
(落后三年)	(1.42)	(0.04)	(1.39)	(1.49)	(0.34)	(0.10)
第一阶段工具 F 统计	36.07	30.23	13.57		11.84	
初始工具 p 值	(0.00)	(0.00)	(0.00)		(0.00)	
过度识别检测 p 值	(0.61)	(0.64)				
Hausman 检测 p 值	(0.00)	(0.03)				
观察值	1497	1290	1302	1302	1266	1266

注:使用了二级最小二乘方法来估算。用于拨款性质资金的工具基于一套反映研究活动平均水平的测度,这些研究活动是由与卡内基分类相同的大学实施的,但是这些大学的地理位置位于处于研究的大学所坐落的区域之外。回归分析也包括如下州级水平的政治、经济和人口统计学方式:州的人口数量、该州 18 岁以下人口的百分比、失业率、虚变量等价于如果管理者隶属于民主党这样的因素,以及对州内部高于或低于立法机构的政治性竞争水平的测度。回归分析还包括,与处于研究的州坐落于相同区域的州的平均州内生产总值,研究该州的如下行业:农业、卫生、化工以及电子设备行业。取样时间段覆盖 1981—1998 年。见解释过度识别检测和 Hausman(1978) 检测的正文部分。除非另作陈述,标准误差在括号内标出。黑体标出的相关系数为 $p<0.05$。

回归分析也将联邦研究资金(落后三年)、州级水平的经济、政治和人口统计学测度,以及学校和年之类的虚变量包括在内。回归分析使用了一种工具变量技术,由此对联邦研究资金的测度,使用的是与上述分析专款资金报告中相似的测度工具。具体细节可参见 Payne(2003)。

表 7.5 的栏目一报告了当发表物数量为因变量时的结果。EPSCoR 大学所生产的发表物少于非 EPSCoR 大学。平均来说,有资格参与预留计划的大学的结果是减少 31 篇文章,或者 5%。1992 年之后的效应是不精确的测度。

结果表明,该计划扩展之后,发表物的质量提升了。当使用每一篇文章的引用数作为因变量时,在栏目二,预留计划的整体效应可以忽略不计。1992 年之后,每一篇文章的引用数增加了 1.1,平均来说表现为高于 10% 的增长。

表 7.5 的结果表明,预留计划对大学的研究活动具有一种加强效应。平均来说,发表物的数量下降了,但是它们的引用产生了影响,因此,有理由认为,作为一个州加入预留计划的后果,它们的质量提升了。相对于低影响或低质量的发表物而言,如果要求更多的努力来生产高影响或高质量的发表物,那么这一结果表明,EPSCoR 计划有助于提升历史上处于研究资金偏低水平的州的研究活动的效率和价值。因此,这些结果表明,预留计划为帮助历史上资金处于偏低水平的大学提高其研究活动的质量提供了一种可行的手段。某种程度上,有更高研究质量的大学将可以吸引更好的研究人员和更多的资金,它们或许可以以另外的方式从预留计划中受益。

这些结果在学科间一致吗?考虑到联邦机构负责向不同类型的研究提供资助,我们可能预想结果会因学术专业的不同而变化。在表 7.5 第三到第六栏中,我报告了检验 EPSCoR 计划对工程学和生命科学的学科影响所得出的结果。[11]

贯穿这两个学科,联邦研究资金和发表物之间的关系有重大的不同。平均来说,追加 100 万美元的联邦资金产出的附加发表物的数量在工程领域为 8.9,而在生命科学领域为 15.4。这些数据部分地反映出,一位特定的研究者在任何特定的年份预期生产发表物数量的不同。

预留计划影响着 EPSCoR 大学在两个学科领域的发表物活动。对这一结果不应感到奇怪,因为工程学是由 NSF 资助的重点学科之一(尽管其他机构也资助工程项目)。在取样的时间段,生命科学经历了研究资金投向大学的最为急剧的提升。鉴于资金的这种迅速增长,包括那些有资格参与预留资金的大学,可能都受益匪浅。

平均而言,对于上述两个学科,预留计划与每一篇发表物增加的引用数互相关联。然而,对发表物数量的影响,在两个学科之间有所不同。对于工程学而言,两种 EPSCoR 测度的系数都是不精确的测度。因此,预留计划对发表物数量的影响是不清楚的。对于生命科学的结果表明,它们驱动了预留计划对发表物数量影响的整体结果。平均而言,州变成有资格加入计划的效应是负面的,表现为平均下降 25 篇发表物(8%)。1992 年之后的效应是糟糕的,表现为平均下降 45 篇发表物(14%)。

对于工程学和生命科学两个学科,作为一个州有资格参与预留计划的结果,每一篇文章的引用数有所增加。在工程学方面,对 EPSCoR 两个因数都存在着积极和显著的效应。处于有资格参与预留计划的州内的大学增加了每篇文章的引用数,平均增加了 1.7(26%)。1992 年之后的总体效应是每一篇文章引用数增加了 3.2(50%)。鉴于工程学资助和 NSF 之间的关系,这些结果表明 NSF 计划对发表物质量的急剧提升。就生命科学来说,只有代表了 1992 年之后预留计划的附加效应的因数具有统计学意义。这些结果表明,生命科学在 1992 年之后每一篇文章的引用数增加了 1.9,或者 14%。

7.4 结 论

国会通过专款程序对研究型和博士点大学的研究活动进行直接资助,在过去十年有所提高。相似地,机构水平的计划意在推进历史上接受研究资金偏低的大学的研究性基础设施,这种计划也有所扩展。前面的研究关注政治对资金分配发挥的作用,以及关注大学对预留计划作出的反应。本章研究了这两种不同类型的资金如何塑造了大学中的研究活动。

通过使用一组数据集,包括对联邦研究资金的测度、专款以及学术发表物,本章检查了这些经费来源对发表物数量与质量(以引用影响来测度)的影响。从专款的角度来看,结果表明随着发表物数量的增多,其质量有所下降。相反,这些结果表明,预留计划有助于提升位于有资格参与预留计划的州一级大学的研究质量,却减少了它们的数量。

这些结果表明，尽管政治最初驱动了专款和预留计划对研究活动的影响，然而这两种资金来源对研究活动的效应有所不同。对于这种不同的一种解释是，对于专款资助而言，大学通过游说政客来为一种具体的项目获得资金。游说和决定的作出涉及拨款的过程，而这一过程可能不允许政客获得全面评估研究资助的质量所需要的所有信息。此外，政客授予专款的潜在动机，可能与负责评估和授予预留计划资助和其他研究资助计划的官员的动机是不同的。

相反，预留计划是为了促进有资格竞争预留计划资金的州内部的研究参与者之间的合作。因此，这些大学必须形成高质量的提案，才能与寻求相同资金资助的其他大学进行竞争。这种附加的竞争和更加严格的评审研究提案，可能有助于解释为什么预留计划在提升研究质量方面比专款显得更加成功。另一个因素在提升引用数量而降低发表物数量方面可能起了作用，这个因素是要求机构在预留计划下寻求资助时要努力展开合作。附加的合作要求可能会提升研究者和他的工作的形象，但也会挤占从事研究的时间。

本章对许多附加的问题仍然没有回答。这类问题之一是，在学术发表物之外，这些不同的资助机制还如何塑造了研究活动。（一个相关的问题是，不同的资助机制是否倾向于支持不同类型的研究，例如，更少或更多"应用"，或者更少或更多"高风险"。）另一个问题是，预留计划如何影响历史上研究资金处于低水平的州的经济增长。最后一个问题是，预留计划的资金是如何使大学在寻求其他类型的联邦研究资金时变得更具竞争性。

注释

1. 排名前六的州是：加利福尼亚，纽约，马萨诸塞，宾夕法尼亚，得克萨斯和伊利诺伊。

2. 在罕见的例子中，专款用于复苏性研究计划，这种计划是前几年由代理机构发起的研究项目，但是代理机构没有延续这种计划。在这些实例中，代理机构在同行评议程序下可以授予资金。通常这种实例发生于农业领域，在这里使用惯例分配一些资助。

3. 一些专款设计的目标是非研究性活动。例如，用于翻新宿舍以及发展校园交通系统。

4. 见 Teich(2000)和 Feller(2000)对这些议题的讨论。

5. 对于挖掘专款的政治意义，Savage 数据集更具优势，因为它能识别负责提议专款的拨款小组委员会。对专款政治意义更加完整的描述见 Savage(1991；1999)。

6. 联邦研究资金是从 NSF 的数据库中获得的，该数据库以 WebCASPAR 为人所知，并且可以在 webcaspar.nsf.gov 上找到。联邦研究资金测度反映了从 1972 年到 1998 年按年度基准大学支出的联邦经费。资料覆盖 218 所研究型和博士点大学，代表了美国超过 90% 的研究型和博士点大学。本章没有分析阿拉斯加和夏威夷的数据。从联邦研究资金和专款的数据来看，注意这一点很重要，即它们没有以相同的方式被精确测度。前者反映了年度支出，并且包括大学的经常开支和其他收益。此外，联邦 R&D 向大学的支出包括大学接受的用于与研究相关的专款资金。相反，专款可以用几年的时间来花费（而不是每一年），并且可能会或者可能不会包括任何机构管理费，或者其他数额的在大学接受它之前可能改变专款规模的支出。因此，使用简单的统计学我们可以对专款和总联邦支出的水平进行比较，但是将这两种测度方式结合用于更加复杂的分析不太合适。

7. 有关各种预留计划的更多详细信息，见 www.epscorfoundation.org。

8. 只考虑公立大学，专款占据着约为 8% 的研究型 I 类大学的资金，26% 的研究型 II 类大学的资金，41% 的博士点 I 类大学的资金，以及 72% 的博士点 II 类大学的资金。

9. 专款资金的测度是工具化的，在估算时控制几个潜在的可测度议题。首先，由于专款资金不是大学可以获得的唯一的资金类型，你可以控制这一事实，即专款资金与其他类型的研究资金相互关联。Payne(2003)讨论了使用工具变量规格的其他原因。在一种工具变量规格下，工具测度专款资金是预计使用一套与专款性质的资金直接相关的方法，但是与发表物测度间接相关。在这种情况下，我使用四种测度来反映大学的研究活动，这些大学坐落于被研究型大学所在区域之外，并使用卡内基(1994)研究的相同类型或者博士点机构。这些测度有助于取代联邦研究资金的竞争水平以及被研究大学相对于其他大学的生产率水平。这四种测度反映的是如下学科：社会科学、工程学、生命科学和农业科学。

10. 为了构建大学的一种对照组，我使用了 1978 年联邦研究资金水平来鉴别大学。这一年早于 EPSCoR 以及相似计划的发起。我把大学归类于三个部分：首先，我把那些联邦研究资金归因于生命科学的份额超过 60% 的大学的总联邦研究资金归为一类；其次，我把那些联邦研究资金归因于工程学的份额超过 25% 的大学的总联邦研究资金归为一类；再次，我把剩余大学的总联邦研究资金归为一类。因此，在构建对照组时，我控制不同学科的不同研究需要。鉴于拥有最大数量研究资金的两个学科是生命科学和工程学，创建一个对照组使用的方法，与这些大学基于是否强调了它们在生命科学、工程学或者其他学科的研究相匹配。

11. 我使用一种三级最小二乘方法(three-stage least squares technique)，允许贯穿两个学科的误差项具有相互对照性。F 统计报告了针对第一阶段的回归工具，反映了在第一阶段回归的两个方程式中对工具的联合测试。

参考文献

American Association for the Advancement of Science. 2001. House and Senate Earmark R&D Funds in USDA, NASA, and DOE Budgets, mimeo, www.aaas.org.

Brainard, J., and R. Southwick. 2001. A record year at the federal trough: Colleges feast on $1.67-billion in earmarks: Budget surplus feeds Congress's pork-barrel spending, intensifying criticism. *Chronicle of Higher Education* 47(48).

Carnegie Foundation. 1994. *Classification of the Higher Educational Institutions*. Carnegie Foundation.

Chubin, D., and E. Hackett. 1990. *Peerless Science: Peer Review and U.S. Science Policy*. Albany: State Univ. of New York Press.

Drew, D. E. 1985. *Strengthening Academic Science*. New York: Praeger.

Feller, I. 2000. Strategic options to enhance the research competitiveness of EPSCoR universities. In *Strategies for Competitiveness in Academic Research*, ed. J. S. Hauger and C. McEnaney. Washington, DC: American Association for the Advancement of Science.

Geiger, R. L. 1993. *Research and Relevant Knowledge: American Research Universities Since World War II*. Oxford: Oxford Univ. Press.

Hausman, J. A. 1978. Specification tests in econometrics. *Econometrica* 46: 1251—1271.

Heckman, J. H., Ichimura, J. Smith, and P. Todd. 1998. Characterizing selection bias using experimental data. *Econometrica* 66: 1017—1098.

Kleinman, D. L. 1995. *Politics on the Endless Frontier: Postwar Research Policy in the United States*. Durham, NC: Duke Univ. Press.

Lambright, W. H. 2000. Building state science: The EPSCoR experience. In *Strategies for Competitiveness in Academic Research*, ed. J. S. Hauger and C. McEnaney. Washington, DC: American Association for the Advancement of Science.

Payne, A. A. 2002. Do congressional earmarks increase research productivity at universities? *Science and Public Policy* 29(5): 313—400.

———. 2002. The role of politically motivated subsidies on university research activities. *Educational Policy* 17(1): 12—37.

Savage, J. D. 1999. *Funding Science in America: Congress, Universities, and the Politics of the Academic Pork Barrel*. Cambridge: Cambridge Univ. Press.

——. 1991. Saints and cardinals in appropriations committees and the fight against distributive politics. *Legislative Studies Quarterly* 16(3): 329—347.

Teich, A., ed. 2000. *Competitiveness in Academic Research*. Washington, DC: American Association for the Advancement of Science.

8

美国计算机设备产业的创新
——国外R&D和国际贸易如何塑造国内的创新

Sheryl Winston Smith

8.1 引　言

当创新源分布越来越广,越来越多样化时,理解全球化和创新之间的关系是十分重要的。文献发现国外研究与开发(R&D)和国内创新之间的关系,这种关系表明,一个国家的R&D通过溢出会有助于另一个国家的创新。然而,全球舞台上的高科技产业的不同命运表明,故事有着更加细微的差别。实际上,国外R&D可能有益,也可能有害,而国际贸易是这个故事中一个重要的部分。本章精确地描述并详细地阐明,在美国计算机设备产业的国外R&D和国际贸易是如何塑造国内创新的。

计算机设备产业在美国是由R&D驱动的,从其开创就反映了科学和工程之间的强烈联系。计算机设备已经成为一种强势的国内产业,平均占24.4%的出口份额,与1973—1996年这段时间所有制造业平均占11.5%的出口份额形成对比。[1] 对R&D的持续投资作为创新的驱动器,以及作为长久全球竞技力的贡献者,其重要性在这个行业十分明显。国际贸易已经成为通过国外R&D疏通竞争压力和知识流的渠道。

重要的是,国外R&D反映了一组相关的特性:受过教育的技术工人、成熟的技术市场、潜在的知识资源,并且还是复杂竞争的根源。本章的一个独特贡献在于,量化了在计算机设备产业中外R&D对国内创新的影响(SIC 357;参见表8.1),并考察了这些相关属性的意义。[2]

第二节概括了通过国外 R&D 和国际贸易将创新与知识扩散关联起来的概念框架,描述了经验模型并对之进行了评估。在第三节中讨论的经验结果表明,通过几种机制,国外 R&D 对国内创新具有一种可测度的影响。一方面,向国外成熟的技术市场的出口会促进国内创新;另一方面,当国外技术成熟度增加时,进口竞争开始阻碍国内创新。第四节通过考虑技术进步、国际关联和国际竞争的本质,讨论了经验结果更广泛的意义和背景。

8.2 概念框架

8.2.1 创新、国外 R&D,以及国际贸易

创新依赖于发展和发现知识,并将知识具体外化到新的、更好的产品及工艺之中。从狭义上说,创新可被理解为将知识转化为能够提供额外的、通常是经济利益的东西。[3] 一个公司的知识来源不仅只是自己的研究,而且还牵涉到与其他知识资源的联系,包括大学研究以及从供应商、承包商、客户甚至竞争对手那里获得的知识(Branscomb and Florida 1998)。当技术创新在国际上日益快速地分配,一个公司的知识资源也会随之快速更新。

一个公司的 R&D 对于创造知识并吸收知识来说是根本性的。在经济理论上,知识是一种公共商品:是非竞争性的——可以被多于一个使用者使用而不损伤他人对其使用的能力;同时又至少部分地是非排他性的——很难防止他人对知识的使用。这些特性,尤其是非竞争性特性,会导致"溢出",即一个不创造知识的公司也能使用知识。[4] 吸收能力是 R&D 溢出的一个重要部分,当接受者先进到足以发现新知识,并认识到它的重要性,而且在其他方面已经准备好有效地纳入这些知识时,知识的吸收就更容易发生(Cohen and Levinthal 1989)。

国外 R&D 可以通过几种机制影响国内创新。第一,国外 R&D 丰富了全球知识库,至少其中一些知识是国内产业界很容易得到的。经验研究表明,其他国家的 R&D 就是通过这种方式有助于国内创新的(Coe and Helpman 1995; Keller 2001; 2002; Connolly 1998; Bernstein and Mohnen 1998; Nadiri and Kim 1996)。第二,国外 R&D 提升了其实施地的吸收能力。第三,国外 R&D 有助于在国外开辟先进技术产品的市场,同时也推动了技术尖端竞争的产生。

创新和出口之间的理论关系是不明确的。一方面,理论为一种积极的关系提

供了支持：进入较大的市场允许规模经济和生产力的潜在收益。出口通过与国外 R&D 接触也可能促进知识溢出。然而，知识溢出似乎也具有双向作用，也就是说，知识既可能流出，也可能流入，因此证明了在技术上高度发展的市场中有害性的存在。[5] 在出口与创新的关系上，经验证据是混杂的（如 Amato and Amato 2001；Bernard and Jensen 1999）。

进口和创新的关系也不是那么简单易理解。体现于进口的制成品和中间产品中的知识会以多种途径促进创新：通过逆向工程、概念验证或者间断勘探。同样地，通过与国外科学家与工程师、供应商和顾客的接触，知识扩散也可能发生。在这样的情况下，进口与创新的关系应当是积极的。另外，进口竞争有望通过影响市场结构而影响国内创新。然而，市场支配力和创新之间的关系是模棱两可的（如 Scherer 1984；1992；Barzel 1968；Geroski 1990）。经验证据表明，进口竞争性可以阻碍或者刺激国内创新（如 MacDonald 1994；Scherer and Huh 1992；Lawrence 2000；Lawrence and Weinstein 1999）。

8.2.2 经验框架

这种讨论提出一些关于国内创新、R&D 及国际贸易三者关系的可检验的假设：

（1）国内 R&D 能促进国内创新。

（2）国外 R&D 可能促进或阻碍国内创新。[6] 国外 R&D 的大量储备将增加美国公司有待进一步挖掘的知识存量。如果 R&D 在别处可以得到而且较容易吸收，那么我们期待看到对国内创新的一种促进关系。另一方面，当国外产业变得日益技术先进化，并且国外吸收能力也与日俱增时，那么国外 R&D 可能阻碍国内创新。

（3）进口可能促进或削弱国内创新。进口和国内创新间的积极关系也许可以通过呈现于进口商品和接洽中的知识得以解释。进口可能也会允许国内公司在其他领域有效地发挥它们的相对优势，在生产线的非关键领域依靠低成本进口保持高生产率。同样，进口竞争可能刺激国内创新。另一方面，如果国内产品在价格和质量方面不具竞争力，那么进口竞争可能会损害薄弱的国内产业。

（4）出口可能提升或削弱国内创新。通过增大市场空间的规模效应，提升干中学的机会，以及通过与国外用户和供应商的接触，出口可以积极地推进国内创新。但另一方面,通过知识流向竞争对手,出口也会创造出技术上更先进的竞争。同样,在国外高度发达的市场中取得成功也是困难的。

为了检验这些假说,我使用了一个模型,这个模型将国内创新和国内外 R&D 储备以及国际贸易关联在一起。这个模型基于由 Grossman 和 Helpman(1991a;1991b;1994)开发出的理论框架。[7]创新从生产力的角度来测度,这是一种广泛使用的测度技术变化的方法。全要素生产率(total factor productivity,TFP)的增加,或者在考虑了所有生产要素之后的产出,意味着同样的输出是由更少的输入产生的,并因此与成功创新的有益的经济产出相关联(如 Griliches 1994;1998;Jaffe 1996)。[8]接受评估的具体规则可表达如下:

$$\ln tfp3 = \beta_0 + \beta_1 \ln rdst + \beta_2 \ln frdst + \beta_3 expsal\_1 + \beta_4 impsal\_1$$
$$+ \beta_5 (expsal\_1)(\ln frdst) + \beta_6 (impsal\_1)(\ln frdst)$$
$$+ \beta_7 time + \varepsilon$$

这个规则可以让我们区分国内 R&D、国外 R&D、国际贸易的效应,并且最重要的是这些要素的相互作用。[9]

为了量化计算机设备产业中国外 R&D 和国际贸易对国内创新的影响,我使用在 3D 产业(three-digit industry)层面收集的数据集(覆盖时间为 1973—1996 年)来评估这个方程式。汇总统计和变量的描述在表 8.1 给出。简单地说,因变量 $\ln tfp3$,是全要素生产率(TFP)的对数。TFP 数据由国家经济研究局制造业生产率(NBER Manufacturing Productivity)数据库计算得出(Bartelsman and Gray 1996)。自变量是:$\ln rdst$,国内 R&D 储备的对数;$\ln frdst$,国外 R&D 储备的对数;$expsal\_1$,美国规范化出口的净销售额,滞后一年;$impsal\_1$,美国规范化进口的净销售额,滞后一年。国内和国外知识储备由累计的国内 R&D 投资(NSF,各年)以及在欧共体及日本累计的 R&D 投资来测度(OECD 1996)。国际贸易变量是前些年美国对欧共体和日本的出口和进口贸易(Feenstra 1996;1997;2002)。互动变量允许进出口效应依赖于国外 R&D 水平。纳入时间变量是为了将时间坐标下总趋势效应减少到最低限度。

表 8.1 汇总统计

变量	描述	观测值	平均值	标准偏差	最小值	最大值
$\ln tfp3$	$\ln(\text{TFP})$	24	−0.2752	0.4351	−0.9745	0.5135
$\ln rdst$	$\ln($国内 R&D 储备$)$	24	10.1094	0.7900	8.8452	11.0937
$\ln frdst$	$\ln($国外 R&D 储备$)$	24	9.2906	1.0286	7.7016	10.7483
$*expsal\_1$	(出口销售)$_{t-1}$	24	0.1588	0.0686	0.0811	0.3042
$impsal\_1$	(进口销售)$_{t-1}$	24	0.1201	0.1033	0.0344	0.3687
$(expsal\_1)(\ln frdst)$	(出口销售)$_{t-1}$ $\ln($国外 R&D 储备$)$	24	1.5077	0.7515	0.6505	3.2700
$(impsal\_1)(\ln frdst)$	(进口销售)$_{t-1}$ $\ln($国外 R&D 储备$)$	24	1.2025	1.1364	0.2652	3.9427

注：作者的计算基于各种来源的数据。变量 $\ln tfp3$ 是由 NBER 制造业生产率数据库计算得出的（Bartelsman and Gray 1996）。作者集合了 NBER 数据以达到三位数字水平（three-digit level）。变量 $\ln rdst$ 由 NSF 的 R&D 的工业系列计算得出。在计算中使用了如 Griliches(1998) 著作中所描述的永续盘存法（perpetual inventory method）。变量 $\ln frdst$ 由 OECD 计算得出。变量 $expsal\_1$ 和 $impsal\_1$ 来自 4 位编号的进口（Feenstra 1996）和出口（Feenstra 1997）数据集创建。作者将来自 1972 年的 SIC 编码资料转译为四位数字水平的 1987 年的 SIC 编码，然后集合为三位数字水平。

8.2.3 经验分析

这段时期以来美国计算机设备产业中国际贸易和国外 R&D 对创新的影响是什么呢？图 8.1 说明了在这段时期内 TFP 和进出口之间正相关。图 8.2 说明了 TFP 和国内外 R&D 储备之间的正相关。然而，这些简单的关系可能是误导性的。独立考虑贸易和国外 R&D 不可能告诉我们全部事实。贸易和国外 R&D 是如何交织作用以影响创新的？我使用具有强标准误差的普通最小二乘分析法评估上面

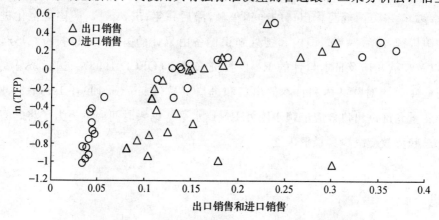

图 8.1　1972—1996 年全要素生产率与国际贸易

描述的模型以研究这个问题。回归分析将形成对这段时期计算机设备产业中国外 R&D 和国际贸易对创新的作用的洞见。

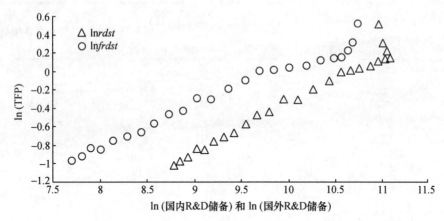

图 8.2　1972—1996 年全要素生产率和 R&D 储备

普通最小二乘回归分析的结果表示于表 8.2 中。[10] 分析结果支持这种假说,即在计算机设备产业,正如 TFP 的测度,国内 R&D 促进国内创新。第四栏的结果表明,从国内 R&D 的角度来看,TFP 的弹性是 1.07。这表明,国内 R&D 储备每增加 1%,国内 TFP 就会增加 1.07%。这个效应要大于由 Coe 和 Helpman(1995) 针对美国经济,以及 Griliches 和 Mairesse(1998) 针对高科技公司的子公司所引用的数据,假如这个评估单独基于计算机设备产业,那么这些结果似乎是合理的。国外 R&D 储备对国内 TFP 的效应是负面的,国外的 R&D 储备增加 1%,国内的 TFP 会出现 1.66% 的下降。[11] 这些结果在 10% 的显著性水平上具有重大意义。

在第四栏,当我们考虑国际贸易和国外 R&D 储备的交互作用时,一个更清晰的图像出现了。当我们把出口和国外 R&D 储备的交互作用包括在内时,出口系数($expsal\_1$)是负的,而出口和国外 R&D 储备的交互作用系数($expsal\_1$)($\ln frdst$)是正的。这个关系说明,当国外 R&D 储备增加时,出口可以帮助国内创新,并且因此国外市场的技术复杂度也相应增加。一个解释就是,技术成熟的市场将需求更复杂精致的计算机设备,这样可以鼓励进一步的国内创新,尤其是如果这个产业特别精于开发。另一方面,对欠发达市场的出口可能涉及更加商品化的计算机设备。在这种情况下,分配渠道及其他地方性因素应该很重要。如果我们以国外 R&D 储备的均值估测,我们可以计算出口与国内 TFP 之间的净关系。在这个计算中我们发现,出口销售每增加 1%,对于这一水平的国外 R&D 储备,就会涉及国内 TFP 2.27%的增幅。

表 8.2 回归分析结果

因变量： ln$tfp3$	国内 R&D 储备 (1)	国内外 R&D 储备 (2)	R&D 储备和 贸易项 (3)	R&D 储备、贸易项， 以及相互作用项 (4)
ln$rdst$	0.0957	0.4745	1.031	1.0691
	(0.69)	(2.48)*	(4.59)*	(1.99)**
ln$frdst$		−0.7532	−1.5486	−1.6580
		(−2.60)*	(−4.12)*	(−2.85)*
$expsal\_1$			0.7136	−7.4761
			(2.96)*	(−2.61)*
$impsal\_1$			0.0319	16.0341
			(0.10)	(2.04)**
($expsal\_1$)(ln$frdst$)				1.0495
				(2.84)*
($impsal\_1$)(ln$frdst$)				1.6249
				(−2.06)**
$time$	0.0505	0.1181	0.1684	0.1667
	(3.08)*	(3.86)*	(4.315)*	(4.87)*
$no.\ obs.$	24	24	24	24
R_2	0.9838	0.9876	0.9910	0.9934

注：因变量是全要素生产率(TFP)的对数。自变量在表 8.1 圆括号内的 t 统计学中给出定义。方程式使用带有强标准误差的普通最小二乘(OLS)进行估算。
* 在 5% 水平上的显著性。
** 在 10% 水平上的显著性。估算使用的方程式是

$$\ln tfp3 = \beta_0 + \beta_1 \ln rdst + \beta_2 \ln frdst + \beta_3 expsal\_1 + \beta_4 impsal\_1$$
$$+ \beta_5 (expsal\_1)(\ln frdst) + \beta_6 (impsal\_1)(\ln frdst)$$
$$+ \beta_7 time + \varepsilon$$

当我们要解释进口和国外 R&D 储备间的交互作用时，进口和国内 TFP 之间的关系是更加不明确的。在第四栏中，进口系数($impsal\_1$)仍然是正的，但进口和国外 R&D 储备的交互作用系数($impsa\_1$)(ln$frdst$)是负的。如果我们以国外 R&D 储备的均值估测，我们可以计算出口的净效应：进口销售每增加 1%，国内 TFP 增加 1.15%。然而，如果我们以国外 R&D 储备的最大值估测，进口的净效应是负的：进口销售每增加 1%，国内 TFP 降低 1.26%。

这些结果说明，由于进口在技术上愈加成熟，对国内创新存在一种负面影响。这或许反映了对产品更少商品化和生产率提高困难的高端市场的竞争更加激烈。技术上欠发达的进口产品会以不同的方式影响国内创新。在更加商品化的产业部门的进

口竞争会刺激国内制造商寻求更有效的生产方式。一个可能性就是更加商品化的进口产品包括许多外围设备,这使得国内制造商在关注其他计算机配件时,可以通过使用这些早已准备好的配件和外围设备以达到更高的 TFP 性能。以商品化为目的的进口竞争也会刺激国内制造商引进新的和更好的产品。

在所有这些回归分析中,国外 R&D 储备系数是负的且是显著的。当我们解释国外 R&D 和国际贸易的交互作用时,这个关系仍然保留。以进出口的平均值评估,我们可以计算出,国外 R&D 储备每增加 1%,国内 TFP 减少 1.75%。[12] 这些结果合在一起表明,在计算机设备产业,国外 R&D 对国内 TFP 表现的净效应是负的。这些回归分析的结果和我们基于更大的产业背景的预期是一致的,也是被下一部分展示的产业具体情况所进一步证明的。[13]

8.3 计算机设备产业的特点

上面描述的结果提出了重要的问题,即美国计算机设备产业中国外 R&D 和国际贸易的作用。我们从经验分析中看到,在这个产业,国外 R&D 似乎对国内创新有负面影响,这说明国外更尖端的技术竞争形成的挑战胜过知识储备的增加产生的预期正效应。前一节的结论表明,成熟度不断增加的国外市场会通过出口给国内创新以援助,但同时,较高技术成熟度的进口可能会损害国内创新。我们将在这段时期的计算机设备产业经验的背景下来考虑这些发现。

表 8.3 计算机设备产业的构成要素(选定的年份)

年 份	计算机 3571	存储装置 3572	终端设备 3575	外围设备 3577	计算机 3578	在其他地方未分类的办公机器 3579*
1972	0.451	0.086	0.041	0.187	0.078	0.158
1987	0.555	0.105	0.030	0.231	0.025	0.054
1994	0.610	0.138	0.018	0.172	0.017	0.045

* 一种 SIC 3579 办公机器"并非在别处的分类(not elsewhere classified, n. e. c.)"包括打字机;在旧的 SIC 分类系统,打字机是一种独立的 SIC 编码。这一部门相对大的一次变化部分地反映了这一时期打字机产量的下降。

来源:计算机设备由 1987 年 SIC 编码 357 来定义。用 NBER 数据进行计算(Bartelsman and Gray 1996)。份额以 SIC 357 负载价值的分数计算。

8.3.1 技术进步和产业结构

自计算机产业开始时起,市场结构就与技术进步相伴进化(Bresnahan 1999; Bresnahan and Malerba 1999)。这是一个以进出周期为特征的动力机制。这种变更性主要是由技术进步创建新的市场部门而驱动的,比如,微型计算机让位于个人电脑(PCs)。产业遵从一种周期模式,即先是高通量期,接下来会是合并成为数不多的几家公司,在产业史上这是重复多少次的一种动态模式。与 1978 年有 70 多家个人电脑制造商并且没有明显的强势企业相比,1998 年五家最大的电脑制造商控制了 54% 的美国市场(Crothers 1999)。

计算机设备产业创新的特征是:迅速、以 R&D 驱动的技术进步、由大范围 R&D 投资和生产率的惊人增长速度所驱动(NSB 2000)。计算机设备产业在整个这段时期内展示了一个相对高的 R&D 强度,比所有的制造业平均高出将近 4 倍(NSB 2000)。

计算机产业内的竞争根植于技术的进步,技术的进步然后又侵蚀有利于原有产品的既有市场。随着更强劲、更便宜和更小的计算机的引进,对旧机型甚至是计算机类型的技术更替不断发生。比如,大型计算机直到 20 世纪 80 年代一直在计算机设备中占主导地位,但是到 1995 年只占少于三分之一的市场,因为微型计算机的出现,并且最终个人电脑的出现占据了更大的市场份额(Warnke 1996)。

技术进步也扩展了现有的市场并创造了新的市场,足以保持需求的价格弹性比原来的市场更大。因此,即便当特定水平的计算性能的计算机价格下跌时,也只是表明了市场需要更大容量的计算能力。雄厚的科学家和工程师基础、小企业,并且也许从更小的程度上来说,家庭用户这一广大的潜在市场对美国计算机产业的快速扩张起了重要的作用(Bresnahan 1999),既刺激着财政支持也激发了持续的创新投资。强有力的、竞争性的软件产业也拉动了需求,创造了更大范围的应用,并且实际上在一定程度上使操作系统结构标准化,也为这些应用提供了一种公共平台。

自 IBM 360 和后来的机型开始被广泛采用之后,标准化已经塑造了计算机产业的技术演化和市场结构。随着 IBM 获得了市场份额并设定了产业标准,IBM 对个人电脑使用公开的计算机结构而不是专利技术的决定塑造了该产业的方向(Bresnahan and Malerba 1999;NRC 1990)。

8.3.2 国际链接和竞争

一个政府、学术机构和私人部门资源的结合导致了美国计算机产业发展的一种强大优势,而早些年它的商业化生存几乎完全是一个美国故事。初始阶段美国政府在承担高风险下购进高速运行的电脑对第一代计算机的发展作出了重大贡献,并且这种计算机持续使用了几十年(Flamm 1988;MIT Commission,1989)。然而,在许多方面,计算机产业从一开始就有着国际化的走向。从一开始霍勒内斯公司(Hollerith,IBM 的先行公司)和 Powers 公司[最终的雷明顿兰德(Remington Rand)以及它的继承公司]的平面机,国际分布就是必要的组成要素,它建立了广阔的全球性渠道,随着计算机产业的发展这些渠道仍然十分重要。甚至在国外研究设施建立之前,这些国际渠道已经形成了在全球范围内对产品进行渐进改良的基础(Connolly 1967;Flamm 1988)。

重要的发展发生在欧洲,尤其是在德国和英国。虽然发明的来源是全球性的,美国企业在早期的商业化是最成功的。IBM 利用英国和德国设备研究"360 系统"的重要方面(Flamm 1988)。美国计算机产业这个在商业化早期的优势一直延续到 20 世纪 80 年代,即便在稍后出现了分化。

经过一段时间的一致努力,美国研制出强大的计算机,而在欧洲或日本则没有可以相提并论的产业发展出来。在欧洲,只有少量一些研究,比如在英国,尤其是在剑桥,但这些研究并没有得以完整的建立或拓展(Connolly 1967;Flamm 1988)。Olivetti,一家意大利的打字机公司,可能是欧洲最早期的公司,1972 年在加利福尼亚建立了它的先进技术中心,并与美国电报电话公司(AT&T)于 1983 年结成联盟,以生产与个人电脑兼容的计算机(Olivetti Group 2002)。尽管经历了早期的成功阶段,但是长远来看 Olivetti 不能与计算机产业中创新的动态性质相适应。

日本政府贯彻了这样一种战略:保护其初生的国内工业不受国外竞争的影响,同时又获有通过许可协议扩大获得国外技术的渠道。日本的贸易管制严格限制国外企业进入国内。IBM 20 世纪 30 年代进入日本,在日本早已"注册",仍被日本政府压迫,要求获得使用最先进技术的许可。1972 年阿姆达尔(Amdahl)公司、富士通(Fujitsu)公司和日立(Hitachi)公司的研究联盟造成 IBM 主机技术在日本于 20 世纪 70 年代中期的逆向工程。最终,随着东芝(Toshiba)和夏普(Sharp)这样的公司的出现,到 20 世纪 80 年代,保护贸易制度和对最先进技术的获得,对于日本计算机产业形成其全球竞争力而言被证明是成功的(Bresnahan 1999;Chandler 1997;Flamm 1988)。

美国计算机产业 1991 年首次开始显示贸易赤字,其后几年规模不断扩大。然而,赤字在某种程度上反映了这个产业前沿的变动本性。几个部门仍在国内处于把持地位,而其他部门则在进口方面有所增长。外围设备作为一个部分突显出来,通过进口变得日益占据主导地位,而这样的增长既反映了产品的转换,特别是低成本、国外供应配件来源的转变,也反映了附加于软件上的价值来源的变化,因为硬件逐渐变成一种日用品。

8.3.3 竞争性回应

国外竞争在美国计算机产业创新中起了什么作用呢?从 20 世纪 70 年代以来,《美国工业前瞻》(*U. S. Industrial Outlook*)的修订版认为,国外竞争带来的不断增加的压力,一般来自日本,是产业快速的技术更新背后的力量源泉。

当国外市场对美国制造商是一个重要的需求资源,以及出口在 20 世纪 70 年代持续保持相当大幅度的增长时,进口(尤其是外围设备)也在快速增长(U. S. DOC 1976;1983;1995)。然而,在欧洲和日本,存在着销蚀美国这种主导地位的一致努力(U. S. DOC 1973;1976;1977)。由于欧洲努力的目标是夺取更大的市场份额,因此为小型计算机市场的成长创造了更多的机会。同时,日本则努力把目标锁定在主机和外围设备上(U. S. DOC 1977)。许多欧洲竞争者与 IBM 竞争者联合起来使用专利系统,而日本则努力聚焦在制作与 IBM 设备一样强大并与之兼容的机器。

在 20 世纪 70 年代早期,国外竞争的实质主要是追求侵蚀美国海外市场,特别是在欧洲市场的份额,尤其是在计算机方面。美国计算机制造商已经几乎完全控制了美国的计算机市场,美国公司在计算机市场的所有部门都有最大的全球性业务:主机、小型计算机以及初期微型计算机部门。于是就美国产业而言,令人担忧的主要是国外竞争者在技术上的更加先进而导致的国外市场的损失。

到 20 世纪 70 年代晚期,也存在美国国内市场竞争的日益激烈,尤其是来自日本公司的竞争(U. S. DOC 1977)。外围设备更多的是靠更低成本的产品而不是靠技术进步的速度得以控制,这使得日本公司可以在 20 世纪 70 年代以后大规模生产与 IBM 兼容的外围设备。在打印机方面,日本的市场份额从 1979 年的零上升为三年后的 70％;美国制造商则部分地以退出低端市场作为回应(U. S. DOC 1983)。甚至在个人电脑市场的初期,意义重大的国外竞争的前景令人担忧(U.S. DOC 1980；1982)。日本对个人电脑市场的竞争一开始就瞄准低价格区。但是,在 20 世纪 80 年代早期,日本公司在进入美国市场后,对美国在高端巨型计算机市场方面的霸主地位形成挑战(U. S. DOC 1982；1984)。从 20 世纪 90 年代开始,就存在着对美国计算机产业以前享有的竞争优势现在已经受到可以感觉到的侵蚀,以及这对未来竞争格局的影响的担忧(Dertouzos et al. 1989；McKinsey Global Institude 1993；NRC 1990)。

然而,十年后,无论技术竞争是来自产业内部的新部门还是来自外国公司,这些担忧的许多方面被视为促进了美国产业的相对实力,而不是因担忧而走向下坡路(Mowery 1999)。此外,就国外竞争而言,美国公司竞争优势的形成是通过它们的技术能力,也就是说外国公司通常只是尽力来追赶。尽管如此,竞争是复杂的,从而迫使美国公司来持续创新(Dertouzos et al. 1989)。这种在新领域生产新产品的反应能力,得到了鼓励流动性的美国国家创新系统多方面的协助:包括新公司相对容易地进出,企业家离开已经建立的公司而又开启新领域的成功,以及提供训练有素的科学家和工程师(Bresnahan 1999)。

8.4 结 论

总的来看,经济计量学结果和对产业经验的考察表明,成熟的国外竞争对美国计算机设备产业的国内创新兼有刺激性效应和有害的影响。将量化结果与产业经验教训整合,可以得到以下推论:

(1) 计算机设备产业已经以快速的技术发展为其特征,这些特征有时蚕食了现存的市场,而在其他情况下又刺激了新的生产领域的产生。在计算机设备产业,R&D 上的投资是创新的一个重要驱动力。这种影响,正如我们在经验结果中所看到的,由国内 R&D 储备对 TFP 表现的冲击强度而得到凸显。

(2) 计算机设备产业已经是国际化了。重要的进步在全球发生,但是商业化的计算机市场最早是在美国发展起来的,这使得国内产业处于前沿地位。当计算机产业在欧洲和日本发展更加全面时,经验结果显示的国外 R&D 对国内 TFP 的负效应意味着,当国外计算机设备产业逐渐趋于成熟,国外竞争对美国产业形成了更大的挑战。

(3) 美国产业在计算机设备的高端市场相对来说是成功的。美国出口得益于技术上高度发展的国外市场,而这些市场也需求更加先进成熟的设备。不断增加的国外 R&D 反映出美国产业通过出口而获得了更多的知识储备;另一方面,美国在更加商品化的计算机设备产业部门的出口已经不是那么强了。这些关系在经验结果中得到强调,其中我们看到国外 R&D 水平的增高对国内 TFP 的加强效应。

(4) 美国计算机设备产业传统上主导了该产业中的大多数先进技术部门。计算机设备高端市场的更强烈的竞争,比如在巨型计算机领域,已经对国内产业形成了挑战。部分原因是,可能在计算机设备市场商品化程度较低的部门很难获得生产收益。这也许是一种自满因素在作怪,由于美国制造商可能不期望在最先进的领域进行竞争,因此没有以更大力度的创新作出回应。经验结果说明了这一点,当进口反映了更高水平的国外 R&D 时,国内 TFP 反而下降了。

计算机设备产业的动态性意味着市场成功在很大程度上依靠持续的创新。随着相当数量的国际贸易以及美国、欧洲和日本的计算机设备产业中广泛地致力于创新,如果不把国内创新与国外创新的联系考虑在内,尤其是通过国际贸易,国内创新就不可能被完全地理解。从长远来看,一个产业的健康发展不仅取决于观念的流通,而且还取决于利用和获取各种来源的知识的能力。国际贸易的积极和消极后果对国内创新起了关键作用。在最终的分析中,一个有效的创新政策将继续依靠对必需的国内科学和技术基础设施的投资,这是迎合竞争挑战的必要条件。

对全球舞台上的创新的一种阐释,是国外 R&D 既充实了知识库也推进了竞争成熟度的一个范例。如果国内和国外 R&D 都增强了,就有一种相互学习的可能性——最起码在双方都处于或接近技术前沿,从这种意义上来说存在着一种合作的因素。但同时也存在着竞争的因素。全球背景下的国内创新将继续包括这两种力量之间的平衡。

注释

1. 本章是一项更大研究的一部分,这项研究涉及四项高科技产业,包含了在全球背景下关于国内创新广泛范围的产业特征和结果。除了在本文中讨论的计算机设备产业(SIC 357)外,其他三个产业是家庭影音设备产业(SIC 366)、通讯设备产业(SIC 365)以及科学仪器产业(SIC 381

+382)。见 Smith(2004)。

2. SIC 357 包括：电脑(3571)、存储装置(3572)、终端设备(3573)、外围设备(3574)、计算机(3578)，及在其他地方未分类的办公机器(3579)。这种分类没有包括软件，软件包括在编码为 SIC 737、计算机程序和数据处理的商业服务中。

3. "知识"包含许多方面，除了科学和技术信息之外，还包括管理和组织技能。

4. 见 Griliches(1979;1992)和 Jaffe(1996)对知识溢出的扩展讨论。

5. 与出口经由没有当地机构出席的国外经销者和代理机构相比，如果出口经由国外子公司——特别是如果子公司参与 R&D，那么这将更具可能性。

6. 在许多情况下，对国内创新的正效应和负效应都会发生。因此，净结果或许反映了这两个相反机制的平衡。这种考虑也可以应用于假设 3 和假设 4。

7. 在 Grossman 和 Helpman 的模型中，创新发生于对 R&D 的投资，其结果就是生产最终产品的半成品的数量或者质量的增加。国际贸易容许超越国界利用积累性的知识储备，因此积累性知识储备随着国际贸易的积累而增加。见 Grossman 和 Helpman(1991a；1991b；1994)。如若需要这个模型的完整图示和计量经济分析，参见 Simth(2004)。

8. 这个概念框架根植于一个发展完善的理论模型，该模型通过一个生产函数使 R&D 和生产率建立起联系：$Q=AK^{\alpha}L^{\beta}$，这里 $Q=$产出，$K=$资本，$L=$人力，α、β 分别是资本和人力所占的份额。全要素生产率是 $A=Q/K^{\alpha}L^{\beta}$。TFP 是测度特定创新类型的很好方法，比如成本降低性创新；它不太适用测度其他类型的创新，比如质量改善和导向新颖产品的创新。见 Griliches(1979)对在 R&D 密集型产业中测度产出的内在问题及相关议题的详细讨论。见 Griliches(1998)。

9. 详见 Simth(2004)。

10. 这里的讨论结果概括了由 Simth(2004)提出的更多细节性的讨论和分析。

11. 关于美国整个经济水平内的国外 R&D 储备，Engelbrecht(1997)发现了 TFP 的一个更小的负弹性，−0.10。与国外 R&D 储备相关的国内 TFP 弹性的其他典型赋值范围从 0.04(该值是在美国整个经济水平上的)(Coe and Helpman 1995)到 0.5(该值是关于 8 个欧洲国家和加拿大的工业储备平均值，而不是来自美国的数值)(Keller 2002)。

12. 无论是进出口销售额的最大值还是最小值，国外 R&D 储备的净效应保持为负值。

13. 用普通最小二乘法来评估回归方程会造成几个计量经济学问题，这些问题会导致偏见，并且由自变量和误差项之间的关联而造成不一致的评估。对这些问题，Simth(2004)作了详细的讨论。不过，用普通最小二乘法对这个方程进行评估，产生了关于计算机设备产业中创新、国外 R&D 和国际贸易之间相互关系的重要启示。

参考文献

Amato, L. H., and C. H. Amato. 2001. The effects of global competition on total factor productivity in U. S. manufacturing. *Review of Industrial Organization* 19: 407—423.

Bartelsman, E. J., and W. Gray. 1996. *The NBER Manufacturing Productivity Database*. NBER Technical Working Paper T0205. Cambridge, MA: National Bureau of Economic Research.

Barzel, Y. 1968. Optimal timing of innovations. *Review of Economics and Statistics* 50(3): 348—355.

Bernard, A. B., and J. B. Jensen. 1999. Exceptional exporter performance: Cause, effect or both? *Journal of International Economics* 47: 1—25.

Bernstein, J. I., and P. Mohnen. 1998. International R&D spillovers between U. S. and Japanese R&D intensive sectors. *Journal of International Economics* 44(2): 315—338.

Branscomb, L. M., and R. Florida. 1998. Challenges to technology policy in a changing world economy. In *Investing in Innovation: Creating a Research and Innovation Policy That Works*, ed. L. M. Branscomb and J. H. Keller. Cambridge, MA: MIT Press.

Bresnahan, T. 1999. Computing. In *U. S. Industry in 2000: Studies in Competitive Performance*, ed. D. C. Mowery. Washington, DC: National Academy Press.

Bresnahan, T., and F. Malerba, eds. 1999. *Industrial Dynamics and the Evolution of Firms' and Nations' Competitive Capabilities in the World Computer Industry*. Cambridge: Cambridge Univ. Press.

Chandler, A. D., Jr. 1997. The computer industry: The first half-century. In *Competing in the Age of Digital Convergence*, ed. D. B. Yoffie. Boston: Harvard Business School Press.

Coe, D. T., and E. Helpman. 1995. International R&D spillovers. *European Economic Review* 39: 859—887.

Cohen, W. M., and D. A. Levinthal. 1989. Innovation and learning: The two faces of R&D. *Economic Journal* 99(397): 569—596.

Connolly, J. 1967. History of computing in Europe. IBM internal document.

Crothers, B. 1999. Study: PCs in half of U. S. homes. *CNET News. com* [online]. 9 February 1999 [cited 17 September 2004]. Available at http://news. com. com/2100-1040-221450. html.

Dertouzos, M. L., R. K. Lester, and R. M. Solow. 1989. *Made in America: Regaining the Productive Edge*. Cambridge, MA: MIT Press.

Feenstra, R. C. 1996. *U. S. Imports, 1972—1994: Data and Concordances*. NBER Working Paper W5515. Cambridge, MA: National Bureau of Economic Research.

———. 1997. *U. S. Exports, 1972—1994, with State Exports and Other U. S. Data*. NBER Working Paper W5990. Cambridge, MA: National Bureau of Economic Research.

Feenstra, R. C. , J. Romalis, and P. K. Schott. 2002. *U. S. Imports, Exports and Tariff Data, 1989—2001*. NBER Working Paper W9387. Cambridge, MA: National Bureau of Economic Research.

Flamm, K. 1988. *Creating the Computer: Government, Industry, and High Technology*. Washington, DC: The Brookings Institution.

Geroski, P. A. 1990. Innovation, technological opportunity, and market structure. *Oxford Economic Papers* 42: 586—602.

Griliches, Z. 1979. Issues in assessing the contribution of research and development to productivity growth. *Bell Journal of Economics* 10(1): 92—116.

———. 1992. The search for R&D spillovers. *Scandinavian Journal of Economics* 94 (supp.): 29—47.

———. 1994. Productivity, R&D, and the data constraint. *American Economic Review* 84 (1): 1—23.

———. 1998. *R&D and Productivity: The Econometric Evidence*. Chicago: Univ. of Chicago Press.

Grossman, G. M. , and E. Helpman, 1991a. *Innovation and Growth in the Global Economy*. Cambridge, MA: MIT Press.

———. 1991b. Trade, knowledge spillovers, and growth. *European Economic Review* 35(2/3): 517—526.

———. 1994. Endogenous innovation in the theory of growth. *Journal of Economic Perspectives* 8(1): 23—44.

Jaffe, A. 1996. *Economic Analysis of Research Spillovers: Implications for the Advanced Technology Program*. Washington, DC: National Institute of Standards and Technology.

Jaffe, A. B. , and M. Trajtenberg. 1998. *International Knowledge Flows: Evidence from Patent Citations*. NBER Working Paper W6507. Cambridge, MA: National Bureau of Economic Research.

Keller, W. 2001. *The Geography and Channels of Diffusion at the World's Technology Frontier*. NBER Working Paper 8150. Cambridge, MA: National Bureau of Economic Research.

———. 2002. Geographic localization of international technology diffusion. *American Economic Review* 92(1): 120—142.

Lawrence, R., and D. Weinstein. 1999. *The Role of Trade in East Asian Productivity Growth: The Case of Japan*. NBER Working Paper 7264. Cambridge, MA: National Bureau of Economic Research.

Lawrence, R. Z. 2000. Does a kick in the pants get you going or does it just hurt? The impact of international competition on technological change in U. S. manufacturing. In *The Impact of International Trade on Wages*, ed. R. Feenstra. Chicago: Univ. of Chicago Press.

M. I. T. Commission on Industrial Productivity. 1999. *The U. S. Semiconductor, Computer, and Copier Industries*. Cambridge, MA.

MacDonald, J. M. 1994. Does import competition force efficient production? *Review of Economics and Statistics* 76(4): 721—727.

McKinsey Global Institute. 1993. *Manufacturing Productivity*. Washington, DC.

Mowery, D. C., ed. 1999. *U. S. Industry in 2000: Studies in Competitive Performance*. Washington, DC: National Academy Press.

Nadiri, M. I., and S. Kim. 1996. *International R&D Spillovers, Trade and Productivity in Major OECD Countries*. NBER Working Paper 5801. Cambridge, MA: National Bureau of Economic Research.

National Research Council, Computer Science and Technology Board, Commission on Physical Sciences, Mathematics, and Resources. 1990. *Keeping the U. S. Computer Industry Competitive: Defining the Agenda*. Washington, DC: National Academy Press.

National Science Board. 2000. *Science and Engineering Indicators 2000*. Vol. NSB-00-1. Arlington, VA: National Science Foundation.

National Science Foundation, Division of Science Resources Studies. Various years. *Research and Development in Industry*. Arlington, VA: National Science Foundation.

Organisation for Economic Co-operation and Development(OECD). 1996. *Research and Development Expenditure in Industry(ANBERD)*. Paris: OECD.

Olivetti Group. 2002. Olivetti Tecnost—News [online]. 2002 [cited 17 September 2004]. Available at http://www.olivetti.com/group/.

Scherer, F. M. 1984. *Innovation and Growth: Schumpeterian Perspectives*. Cambridge, MA: MIT Press.

———. 1992. Schumpeter and plausible capitalism. *Journal of Economic Literature*, September: 1416—1433.

Scherer, F. M., and K. Huh. 1992. R&D reactions to high-technology import competition.

Review of Economics and Statistics 74(2): 202—212.

Smith, S. W. 2004. Innovation and Globalization in Four High-Tech Industries in the U. S.: One Size Does Not Fit All. PhD diss., Harvard University.

U. S. Department of Commerce. 1973. *U. S. Industrial Outlook 1973*. Washington, DC: U. S. Government Printing Office.

——. 1976. *U. S. Industrial Outlook 1976; with Projections to 1985*. Washington, DC: U. S. Government Printing Office.

——. 1977. *U. S. Industrial Outlook*. Washington, DC: U. S. Government Printing Office.

——. 1980. *U. S. Industrial Outlook*. Washington, DC: U. S. Government Printing Office.

——. 1982. *U. S. Industrial Outlook*. Washington, DC: U. S. Government Printing Office.

——. 1983. *U. S. Industrial Outlook*. Washington, DC: U. S. Government Printing Office.

——. 1984. *U. S. Industrial Outlook*. Washington, DC: U. S. Government Printing Office.

——. 1995. *U. S. Global Trade Outlook, 1995—2000*. Washington, DC: U. S. Government Printing Office.

Warnke, J. 1996. Computer manufacturing: Change and competition. *Monthly Labor Review* 119(8): 18—29.

第三部分 塑造技术

科学与技术政策包含多种不同的政策工具和行动域。技术的社会塑造不只是直接通过资金和其他物质、人力资源的投入而进行,而且还通过那些主要乃至次要的功能并非特别涉及科学和技术的政策得以实现。这种情况不仅存在于哥伦比亚特区华盛顿的国会和机构中,而且还存在于那些分散的、非正式的组织中,并且通过增添决议和非决议,以及通过设计和执行的妙举来实现。

这一部分的各章举例说明了这种工具和行动的多样性,即使它们并非仅在技术方面。作者中的三位涉及的是最新的通信技术,第四位涉及的是以前的传输技术,值得注意的是,其中关于通信的两章都通过历史分析的方法建立了他们的论证。这两章表明,即使对于新技术的塑造也不是一个孤立的事件或选择,而是在利益相关者(stakeholders)中进行的一种持续的、长期的协商过程,这些利益相关者们对于这类技术和他们生活于其中的社会都有不同的看法。

Patrick Feng 是科学与技术研究(S&TS)领域的一位学者,他考察了技术标准,即那些通常是模糊状态的协议、规则和代码。这些标准规定了一个给定的技术群应该如何运作(或协调运作),从而在塑造技术中扮演了重要角色。从制造业到农业再到计算机行业,标准几乎渗透到现代生活的方方面面。它们对于贸易和商业的重要性,意味着它们被纠结于包括全球化在内的大量政治经济的过程之中。简言之,技术标准为当代技术化的中间世界构成了一个基本的(尽管经常是无形的)框架。Feng 的那一章特别考察了令人遗憾的单一通道,即被提议的万维网(world wide web, WWW)标准,该标准是为了隐私而结合用户的优先选择进行设置的。尽管 Feng 令人沮丧地作出结论,认为由于知识、成本、地理位置和利益的壁垒,至少在标准化的设置方面,共享性的设计目标是不可行的,但他确实发现在标准设计的协商过程中,存在由传统参与者所要求的"用户表征"。因为对于我们技术的未来而言,标准是如此重要的方面,同时由于民主规范坚持受决策影响的人要参与到决策过程之中,Feng 因此得出结论:要帮助以适当的方式塑造技术标准,有必要进行多样化的参与性改革。

正如 S&TS 学者 Jason Patton 指出的那样,技术的分散和保密决策的制定面临的一个挑战是,要实现社会的最佳运营而不是技术的可行性和可获利性。没有哪个政策领域会像运输领域那样赤裸裸地面对这种挑战。使人类远离汽车对于美国的城市来说是解决交通拥挤、环境污染和社会不公的"圣杯"(holy grail)。尽管公交车通常是公共交通中最为经济有效的形式,但却是人们进行交通选择的典型的最后求助模式。然而这种"圣疤"(stigma)与其说与公交服务内在的局限性有关,不如说是缺乏技术创新的应用和恰当的基础设施设计。新技术的目标性发展以及城市街道的递增式重新设计,可以减少私家车和公交车之间在实用性和地位方面的差距。尽管 Patton 描述了如何为公交运输创造外在的动机,但他只是含蓄地指出抑制私人驾车——这一情景与对个人来说汽车变成最实用的交通方式的变化相似——可能会补偿这种在政治上称心的方法。对边际交通模式的设计和创新的操控,重塑了技术和基础设施,以促进与广为持有的环境价值和不同类型的城市人口的多样化需求相适应的生活方式。

标准和基础设施的分散化设计为通信学家 Christian Sandvig 讨论的主题,他所写的一章揭示出计算机科学和公共政策之间在下层社会(netherworld)的争论,这种争论正在转换为了创新而塑造互联网利益的政府角色。有人认为,互联网的禀赋(gift)是在一种称为"端对端原则"(end-to-end principle)的设计特色中发现的。这个原则提升了"笨拙的"网络,该网络中心缺乏智能性并且仅完成一些特定功能,同时还在网络边缘的节点(即末端点)建立了复杂的应用软件。配备有"灵活"的计算机和"沉默"的路由器的网络就展示了这种端对端的连接。由于末端的智能性,像万维网那样的实验可以未经许可就在其中进行配置。然而受商业利益的驱使,当前盛行在网络中的是内核配置智能性、提高超越别人的传送速度、阻塞网络、监听以及伪装成像他人那样的节点。对于端对端的设计来说,这些行为非常令人担忧,以致它的倡导者们曾要求美国政府实施干预以保持互联网的"自然"形式。但是 Sandvig 表示,这种端对端的理想类型只不过是建立在对于组织化的通信系统的历史性观测的基础之上,从最初出现时它们就表明,当用户的需求增多时网络总是要在它们的中心形成某种复杂性,并且 Sandvig 提纲式地概括了一种可替代方式。Sandvig 得出的结论是,塑造互联网创新方法之关键,不在于中间节点的逻辑程度,而在于那些得到信任的节点。

网络与创新之间的相互关系也是 Carolyn Gideon 的文章关注的中心内容。作为一位公共政策学者,其兴趣在于如何规制政策才能塑造网络通信工业中技术的发展。她从一个历史性调查开始,注意到电话发展的最近解释已经挑战了这样一个观点,即网络通信工业是一项自然的垄断事业而不是由认可并保护它的政策决议造成的结果。电话制造仅仅是政策如何决定产业结构以及随后的开发和配置技术的方式的一个实例。然而这些规制政策的技术后果并没有经常被考虑到。Gideon 探讨了规制政策是如何——特别是那些推进一种特定的产业结构的政策——塑造技术发展的。她发展了一种"网络定价游戏",一个为通信网络产业的专有特性设计的程式化竞争模型。作为确定什么样的市场特征会影响网络公司的退出决策的一种分析工具,这一模型有助于表明哪些动机影响着公司的技术投资。基于历史分析和网络定价游戏,Gideon 调查了租借式分类定价的网络元素规则是如何可能塑造技术的发展的。

总体来讲,上述几位作者探讨了现代技术的一些最为显著的困难,也就是它们的基础性和网络化特点。他们提出了一些具体希望,即像私有性、参与性、公平性、环境,甚至竞争和创新等社会价值——尽管它们深陷于这些网络之中——但却不必完全从属于它们。

9

塑造技术标准
——用户在哪里

Patrick Feng

9.1 引　言

2001年3月21日《华尔街日报》(*Wall Street Journal*)报道了微软正在全力推出一种新的标准,其目的是为了引起用户对在线隐私权方面的关注(Simpson 2001)。被称为"隐私参数工程平台"(Platform for Privacy Preferences Project, P3P)的标准将建立一种通用语法,各个网站可以利用这一平台将它们需要保密的政策进行加密。这些可机读的政策可以由网站的浏览者自动获取并且传送给用户,同时允许他们找出某个网站收集了哪些个人信息而不必通过远距离的合法保密政策来读取。P3P的支持者们认为,此项技术通过使互联网用户更加容易查明网站的保密政策,以便自己来决定哪些站点访问起来感觉舒服些,故此将有助于增强互联网用户的能力。批评者们却说,P3P只不过是一种使公司看起来不错的行业倡议,却延缓了"真正的"隐私立法在美国的通道。不管在这个争论中个人站在哪一边,很少有人怀疑P3P具有明显改变站点以及网络用户如何处理隐私问题的潜力。

尽管有其潜在的重要性,然而大多数计算机用户未曾听说过P3P,他们不清楚谁在设计这个标准,也不知道如何参与到该标准的设计过程中去,即使他们知道如何参与,他们也没有参与的时间和倾向。换言之,P3P恰恰在相当程度上构成了技术设计中用户参与的对立:极少的公众意识、少量的用户参与机会,以及即便在给予这种机会的情况下也很少有这样做的愿望。即使这项被提议的标准可以对网络用户的隐私产生重要影响,但是直到它最终完成也很少会有人知道它的存在。这就提出了一个问题:在塑造技术标准的过程中用户究竟与之有没有关系?

本章考察了在塑造技术标准的过程中用户所起的作用。我将首先回顾一下技术标准以及标准设置的领域。然后我会考察一下标准形成过程中向用户参与问题提出的一些挑战,进而指出技术标准的制定是一个用户很难直接参与(如果不是不可能)的领域。不仅仅是关注参与,我想我们需要真正了解用户,进行用户表征。尽管用户很少直接参与到标准的制定过程,然而他们是以民意测验、实用性研究、个人轶事、设计者的偏好等形式出现在设计表之中的。如何调动用户表征这一观念,以使标准制定过程相对于公众而言更具透明性和责任性,我在本章最后给出了对该问题的数条政策建议。

9.2 标准和标准制定

9.2.1 标准的定义

技术标准也就是那些能够规定一组给定的技术如何操作及互相操作的协议、规则和代码。例如,超文本标记语言(hypertext markup language,HTML)是一种标准化语言,它能规定网页如何被编码和阅读,而不管个人使用什么样的计算机。标准不仅存在于计算当中,而且几乎存在于现代生活的方方面面。标准服务于确保产品质量、建立统一性、保证技术间的兼容性、提供测量中的"客观性"、规范操作程序以及更多其他的内容(Egyedi 1996;Porter 1995)。

从传统意义上看,有两种形式的标准制定曾占主导地位:一种是法律上的;一种是事实上的。法理制标准是由法律指定的标准(比如由国家政府制定的食品安全标准);事实制标准起源于市场的垄断(比如随处可见的微软操作系统,它控制了大部分个人计算机市场)。20世纪上半叶,正式的标准化组织开始塑造、创建标准化的第三种方式:不同国家政府的代表之间谈判协作式国际化标准。该性质组织的一个实例就是国际标准化组织(International Organization for Standardization,ISO),它负责为从度量单位到电影胶片转动速度再到环境管理的实行等不同领域制定标准(Loya and Boli 1999)。最近,区域协会和工业公会不断发展壮大,创建了标准化的第四种模式,它既不同于以上提到的法理制、事实制,也不同于准司法模式(Heywood et al. 1997;Updegrove 1995)。本章我将聚焦于准司法和第四种模式,Egyedi(1996)称其为"灰色标准化"。

与其他技术一样,标准源自一种复杂的设计过程,在这个过程中,需要同时考虑社会和技术两个方面。标准包含技术性要求,但也受社会因素的影响。当国际标准化组织经常把它们的工作在性质上描述成"纯粹技术"的时候,这个设计过程中的参与者很快就发现,就技术性斗争领域而言,政治和经济的考虑从来就没有被排除在外(Egyedi 1996;Schmidt and Werle 1998)。

9.2.2 如何制定标准

目前存在的国际标准化组织数量惊人。20世纪80年代末,仅就通信领域而言,国际化和区域性标准组织至少有80个(Macpherson 1990),此后数量不断增加。甚至对于相当新的技术,比如万维网技术,在形成网络技术的基础工作中也涉及大量的标准化组织。其中相对比较重要的有:互联网域名与数字地址分配机构(Internet Corporation for Assigned Names and Numbers,ICANN),它负责维持域名系统以确保每一个站点都有一个独立的名字和IP地址;互联网工程任务组(Internet Engineering Task Force,IETF),负责安装基本的数据传送协议,比如TCP/IP和HTTP;万维网联盟(World Wide Web Consortium,W3C),负责处理文档结构和字体协议,比如HTML和CSS。这种公认的各个组织的"字母缩写"(alphabet soup)颁布的标准,意味着确保网络在世界范围内以相同的方式"工作",而不考虑区域性政治、经济、法律和文化的区别。用Loya和Boli的话讲(1999,176),今天的标准化发展组织的全球化网络"近乎不可思议地复杂"。

尽管这些组织截然不同,然而大多数标准制定组织(Standards Development Organizations,SDO)的程序之间存在很多相似性。通常情况下,标准是由技术专家组成的小群体制定的。尽管国际化组织比如ISO拥有上千名员工为其工作(直接或间接的),但是从事任何特定标准起草工作的人员数量通常很少(Loya and Boli 1999)。举例来说,负责设计P3P标准的工作组大约有30个成员,其中大约有一半人经常定期参加远程电话会议和现场会议。[1]

颁布标准的基本模式如下:(1)该组织的某一成员(某一国家、公司/组织或者个人,这取决于SDO)提出需要标准化的项目;(2)如果能够引起足够的注意,那么就召集一个工作组负责起草标准;(3)工作组定期将工作草案提交给SDO的其他成员以获得评论和反馈;(4)仅当工作组对它的工作表示满意的时候,它才会向SDO的成员发布一个最终的草案;(5)然后此项草案标准就会交付全体成员批阅,或是通过,或是被退回进一步修订,或是全部驳回。[2]不管SDO的规模有多大,起草标准的大部分工作是由一个相对小的群体完成的。[3]

以下是一个标准化的例子:隐私参数工程平台。本章在一开始对隐私参数工程平台(P3P)进行了介绍,为标准化进程中用户参与面对的很多挑战提供了一个说明性实例。

P3P的故事可以用很多方式讲述,其中一个版本如下:

> 1995年,一些技术开发公司和私人倡导者一起,产生了创建一种标准的数据转换机制的想法。他们的计划是创建一种标准的方法,以描述和控制通过网络的数据流;他们相信,这将使用户在上网时能够更好地控制他们的个人信息,反过来也将建立起一种信任并且有助于保护用户隐私。不久,一种新的"隐私行动"发起于万维网联盟(W3C)之中,W3C是一个工业导向的非盈利组织,其宗旨是开发网络标准。经历了许多迂回曲折,一种标准开始成型;到1999年11月,终于发布了一份"最终"草案。此项草案标准,也就是我们今天所知的P3P标准,从2000初到2001年底,开始获得主要技术公司的支持。最后,在2002年4月16日,此项目开始启动近5年之后,P3P终于获得了W3C的支持并且成为W3C的一个官方推荐标准。

这个故事中的用户在哪里?很大程度上是看不到的。当用户的需求(比如对于隐私权的关注)推测起来是启动(比如P3P)背后的推动力量时,用户自己显然缺席,反而由其他的参与者(技术公司、隐私权的倡导者和工业公会等)为用户代言(见表9.1)。这种情况是如何以及为何发生的,将在下面两节讨论。

表 9.1　隐私参数工程平台(P3P)中按从属关系分类的工作组

来自各方的成员数	P3P 规范工作组	P3P 政策及其领域工作组
学术界	4(10%)	3(7%)
政府/政府机构	2(5%)	4(10%)
工业	28(68%)	27(64%)
广告公司	9	5
财政服务	3	3
硬件公司	2	5
软件公司	6	4
电信公司	2	2
其他	6	8
非政府的/非盈利性的	3(7%)	6(14%)
W3C 全体成员	4(10%)	2(5%)
总计	41(100%)	42(100%)

资料来源:万维网联盟网站及参与人员的观察资料。以上数字来源于2002年1月份P3P工作组的组成数据。其他种类包括的组织有比如工业游说组织和小商机(市场机会不大)公司(比如建立的仅关注在线私人业务的公司)。

9.3　"用户参与"的挑战

技术标准的制定有几个特点,致使用户直接参与其设计过程是非常困难的。这些特点包括:标准讨论中的高技术属性、参加工作组会议的高成本性、受标准决议影响的潜在用户的巨大数量,以及与其说标准像产品不如说更像基础设施这一事实。

9.3.1　技术专家

毫不奇怪,大多数用户缺少经常参加标准委员会的专家们的水平。他们也不应该被期望成为专家。然而大多数 SDO 都有一个事实上的政策,即要求参与者拥有高水平的技术专长。比如在互联网公程任务组(IETF)的例子中,关于网络、IP地址、路由器、数据包和其他的技术细节的特殊专用术语都与互联网有关。当IETF 以其开放性(理论上讲,对特定工作组感兴趣的任何人都可以参加)而感到骄傲的时候,这种技术专长的前提条件为公众中外行人的参与提出了一个实实在在的障碍。正像其中一个成员所解释的那样,IETF 是"一个开放的组织……开放到每个人都可以参加,但是你是通过加入工作组而参加的……[并且]你必须讲专业术语才能参加"(personal observation, November 7, 1999)。

9.3.2 参加会议的高额成本

参与者不仅被要求具有高水平的技术知识,他们还被要求能够承担参加委员会会议的费用。仅差旅费一项就极易达到每年几千美元的数额,具体开支取决于参加的是哪一个工作组或委员会。举例来说,可以考察本章开头提到的 P3P 标准。2000 年的时候,P3P 工作组在多伦多、纽约和洛杉矶等地举行了几次面对面的会议。另外,P3P 工作组的很多成员参加了在阿姆斯特丹和波士顿举行的 W3C 例会。仅参加这五个会议的差旅费就超出大多数外行的预算。除此之外,还要考虑会议实际占用的时间。总而言之,这是一项昂贵的提议,对于大多数人来说这项开支太高了。[4]

那么,是什么人参加这些会议呢?答案是:他们大多是来自工业和政府部门的技术专家,他们的工作就是掌握本领域的最新进展。他们能够参加,是因为他们的老板们承担他们的费用(以及他们的薪水)。从学术上讲,这些人"自愿"将自己的时间用于参加有关国际标准的工作;当然,实际上仅当他们的老板们允许他们致力于标准制定的工作而不是其他工作时,他们才会是志愿者。[5]

除了会议花费之外,参加者们还必须跟得上会议之间进行的内容。比如,如果你曾是万维网联盟的 P3P 工作组中的一名成员,那么你每周至少要花两个小时在每周一次的远程电话会议上,除此之外,每周还要花上几个小时用以阅读和回复 P3P 工作组邮件列表下的邮件。2000 年,发往 P3P 特定工作组邮件列表中的信息有 1545 条——平均每个工作日 6.2 条信息,这对于工作组成员来说是一个非同寻常的时间上的投入。[6]正如我们所看到的那样,不管从时间上还是从经济上来说,参加技术工作组的代价实在太高了。

9.3.3 大量各类遍布全球的用户

当共同参与的设计活动启动时,其焦点在于具有明确可定义的设计者和用户组合的具体方案上。比如,UTOPIA(老年人都可以使用的技术:内容丰富并适当;Usable Technology for Older People: Inclusive and Appropriate)工程就包括针对某一特殊人群而建立一个计算机系统的设计人员。[7]在这种情况下,确定用户的范围变得简单,并且也可以将他们考虑进这个计算机系统的设计之中。(毕竟期望的用户——大部分是秘书——他们对于将被模仿的工作过程,具有比计算机系统的设计人员更深入、更本质的认识。)然而与 UTOPIA 工程不同,标准通常不会轻易地界定用户群。尽管关于技术标准的决议最后确实会影响到用户,然而通常就一种给定的标准而言,把一种特定人群指定为主要利益相关者是很困难的。在这一情况中,"用户"这个词代表了一个广泛的、不同类的人群分组。比如,P3P 的潜在用户可能包括在一家主要的美国零售商那里在线购物的一位美国消费者、在爱尔兰浏览教育网站的一群孩子、尝试获取自己健康信息的一位印度人,等等。他们都在使用互联网作为获取信息的媒介,除此之外这些不同的用户之间几乎没有共同点。

谈到全球的标准化,对于规模和多样性的挑战尤其突出。逐渐地,标准被设置于国家之上、国际化水平的位置。比如互联网,如果不管在什么地方对电子邮件和网页浏览的应用都以相同的方式操作,那么就需要在全球实现标准的统一化。或者考虑到食品安全标准,由于今天的食品生产和分配系统的全球化性质使其显得日益重要(并且容易引发争论)。全球化不仅建立了国际标准化组织的大体轮廓,也扩大了"用户"的定义以包含潜在的巨大人群,这远远超出了直接参与所能处理的范围。

9.3.4 作为基础结构的标准

与独立个体的技术不同,标准本身很少作为最终产品在市场上进行交易。然而,对于大部分公司的未来产品而言,它们注定被用做共同的构件。由于没有实际的产品可以存在,因此可能很难识别这些标准的用户。不是把标准考虑成产品,而是应该把它们考虑成一种基础结构:它们形成了一个基础,在其之上可以进行更加高端的技术创新。与规制性的产品不同,基础结构可以服务于多个目的,拥有多个用户并且适合于多种功能和目标。基础结构并非单单服务于某一组用户,而是服务于具有不同需求、价值、兴趣等不同种类的用户共同体。在这种情况下,确定相应的用户群就不仅仅是一种挑战了。

9.4 参与性设计和用户表征

技术标准工作的性质为设计过程中的用户参与提出了难以应付的挑战。这一节中我首先回顾提倡"参与性设计"背后的合理性,然后我将论证不应仅关注直接的参与性,而应该把我们的注意力转向用户表征。

这并不是说直接的参与性是用户可以影响技术设计的唯一方式。公众可以通过非直接的方式来影响技术,比如是否购买产品、参与市场调查和焦点群体、诉诸于立法机关或管理机构,以及向法院寻求补救等。这些行为试图通过市场机制以及当前的社会控制机构来影响技术的设计人员。然而公平地讲,对于外行普通大众来说,直接参与进技术的设计仅仅是个特例,而不是普遍情况。然而在民主社会中,那些将受决议影响的人,具有内在的权利来全力参与决策的制定,这一点已被认为是一个不言而喻的真理。如果不采用直接参与的形式,那么至少也应该采取一种政治上看起来合法的形式(比如当选官员的表述)。正如我们将要看到的,甚至这种次要的、比较弱的情况也很少在标准制定的圈子中遇到。[8]

9.4.1 参与性设计

参与性设计(participatory design,PD)——即那些最终将使用技术的人应该直接涉及设计过程之中的观点——原则上来说听起来不错,然而却在实际的技术方案中少有出现。为什么难以实现呢?在解决这个问题之前,让我们先简要回顾关于 PD 的一些突出观点。

作为一种社会运动,PD 的发源地可以追溯到斯堪的纳维亚(半岛),在这里 PD 由"计算机系统应该更加响应用户需求"这一愿望演变而成。正如 Schuler 和 Namioka(1993,xi)所解释的那样,PD 代表了"一种面向计算机系统设计的新方法,这种新方法注定使用系统的人在系统的设计中起关键作用"(最初所强调的)。PD 与传统设计相比在几个基本方式上存在着不同:它把用户看做"专家",把他们的需求看做是至关重要的;它假定用户的认可对于成功来说至少与任何一种"技术上"的考虑是同等重要的;它将技术系统的设计置于更加广阔的社会背景之中。简言之,PD 把技术系统的发展看做用户与设计者同样重要的一个过程,并且这个过程与最终的产品同样重要。

PD 设计的目标也是使技术的设计过程更加民主化。支持者认为,PD 会形成更好、更加负责的系统,并且从道德层面上讲,承认用户参与决策的权利,而这些决策将最终影响他们的生活。从民主理论和文化的角度来说,相关知识告诉我们,将受决策影响的人们有权参与到决策的过程之中,就此而言这种观念尤其具有吸引力。这样，PD是以民主信念作为基础的——它对用户提出了挑战，用户是设计过程中的积极因素而不是被动的消费者，应该塑造技术而不仅仅是被它所塑造。当PD运动仍处在萌芽状态时，它就持有一种以激进的、不同的方式进行设计的潜力，相关因素之一是在技术因素的考虑中投入了对社会和道德因素的考虑（Greenbaum and Kyng 1991）。

然而在斯堪的纳维亚（半岛）之外，PD的流行却非常缓慢，在像设定标准那样的领域，很难来展望PD如何起作用。不是主张放弃PD，我将建议，技术标准的案例挑战我们来重新考虑"参与"决策意味着什么。如果直接参与就必须给用户参与提供一些其他的形式，这可能会是些什么形式呢？

9.4.2　用户表征（或者"如果不参与，那怎么办？"）

不是关注参与，我们反而关注设计过程中用户是如何被表征的。因为尽管用户很少直接参与到技术标准的设计之中，然而他们是以用户的民意测验、实用性研究、个人轶事、设计者的偏爱以及老套的形式出现的。换言之，"用户"是被约制为遵守（或忽视）的状态而被那些设计者调动的。理解这些用户表征是如何被建构的，可以为将"真正的"用户需求融入技术的设计过程中提供一条通路。[9]

求助于统计："研究表明……"

在线隐私是一个热门话题：随着越来越多的人使用互联网，民意调查一致表明，广泛的公众关注对于隐私来讲是一种明显的侵犯（参见 Cranor et al. 1999）。但是，这些研究意味着什么？这是P3P工作组在它们的一次面对面会议中思考的议题。工作组的主席极力鼓动对标准中所建议的一种隐私特征的支持，并引用大量调查中的公众意见，这些调查表明了公众对隐私问题的高度关注。"研究表明，隐私是一个切实的受关注的问题。"但是工作组中的其他成员反驳了这个观点："［调查中］人们可能会这样说，但是在现实生活中，他们为了一点额外的里程奖便会乐意出卖他们的隐私。"

两方面都在建构用户的形象，并且用 Latour（1987）的话来讲，都在企图"吸纳"用户加入他们的目标之中。一方面，用户正在通过调查和民意测验而被表征：无论用户在调查中说什么都必须是真的；另一方面，用户正在通过他们的假定行为而不是通过语言得以表征的：无论人们会言及关于隐私偏爱的什么观点，但他们的行为是相反的，所以在现实中他们对于行为的关注比对于语言的关注要少得多。总有一方会取得最终的胜利,"用户"要么是作为具有隐私意识的个体,要么是实际上对这一问题根本就不关心的个体。这种表征,即使没有用户的直接参与,当然也会影响到 P3P 的设计。

诉诸个人:"我的母亲永远不会使用这种特征……"

(在一个 P3P 电话会议中)另一个场合讨论了一串可能的特征。一个电话会议的参与者突然讲话说:"你知道的,我的母亲永远都不会使用这种特征……我们为什么还要讨论它呢?"他的这番谈话很快引出其他评论,关于家庭成员是否想在他们的计算机中加入这种特征的评论。

在捕获"典型"用户需求的努力中,有时会诉诸个人——比如通过个人轶事或者故事而获得。[10] 这种修辞学立场与前面提到的"研究表明"的方法是有些对立的。然而让人感到吃惊的是,这些个人轶事的诉诸方式是多么成功。即使对于一组技术专家来讲,个人也经常是强有力的:关于某人的母亲或祖母的论述经常被视为有效的论证。

诉诸技术:"这将毁坏网络!"

然而在另一个面对面的会议中,改变 P3P 提议标准的片段的一个有争议的建议遭到了抵制。但是这次抵制不是来自某一个用户,而是来自一个没有生命的客体。一位参加会议的人员声称:"这(提议的改变)将毁坏网络!"通过这个声明,她的意思是说,如果继续的话,那么这个提议的改变将毁灭网络技术的一些基本功能,同时使恰当地浏览某些网站变得不再可能,而且还会威胁万维网的绝对稳定性。对于"这将毁坏网络"的不言而喻的推论当然是"用户将不会支持它"。这样,仅仅一个声明,足以导致整个用户共同体(以及整个网络共同体)被动员起来以抵制 P3P 规范中的这个提议的改变。[11]

当人们既无法通过统计数据又无法通过个人轶事加以说服时,通常可以尝试调用技术制品来进行说服。诉诸技术——这个标准没什么好,因为它将"毁坏网络"——依赖于一个没有明说的前提,即技术制品是非常刻板的、不可变的并且注定要遵循它们自己的道路发展。换言之,这些论述依赖于技术决定论的信念,即技术按其自己的内部动力学进化,远远超出了人类的控制。如果技术真是这样被决定的话,那么设计人员一定要遵循技术的规制,而不是按照社会的、政治的和道德的价值开始塑造技术(Feng 2000)。当然,这样的决定论混淆了设计活动是一种负载价值的活动这一事实,即一种活动对于用户和同样的非用户来说都具有深远的意义。

9.4.3 调用用户

这些短文表明,用户并非像被调动起来那样在设计领域得以很好地表征。也就是说,用户被看做一种被动员起来以支持一种立场或另一种立场的力量。与在科学世界中的"自然"一样,在设计领域"用户"并不代表他们自己讲话,而是其他人在代表他们讲话。因此,科学研究习得的经验可以应用于此:像"自然"那样,"用户"并非事先定义的实体,而是为了支持一方或另一方而被定义或动员起来的因素(Latour 1987)。这样,在 P3P 的案例中,"用户"就变成了一个可扩展的词,即公司在延缓隐私立法的努力中动员起来的因素;公司通过承诺 P3P 将"把控制权还给用户"并且"授权用户"自己作出有关隐私的选择,这样无需政府立法就可达到动员用户的目的。与此相似,立法的倡导者们建构了用户的一种形象,尽管在他们的案例中,这种形象是一个既支持隐私立法并且对于像 P3P 那样的技术也没有什么需求的人。

很明显,这些用户表征远没有达到完美——它们不能传递"真实"用户的需求和愿望。特别是,它们似乎看来至少存在两个主要的缺陷。首先,用户表征是根据活跃于标准工作组中的设计人员的经验建立起来的。当然设计人员也只不过是普通的人,这样他们受偏见的影响并不比其余的我们少。因此,他们对"典型的"用户的想象经常是曲解的(Norman 1988)。其次,或许更加成问题的是,用户表征似乎还受系统偏见的影响:由于参与标准制定的人员大部分都来自工业界,他们对于世界的看法偏向于某一种方式。[12] 比如,这样的系统偏见可能意味着,几乎所有的由当今的标准组织产生的标准都偏重于商业利益,而这可能是以损害"公众利益"为代价的。

面对这些缺陷,有人可能试图会问,是否存在对于用户表征的替代方案。替代方案是否可以减少或者排除我们对于缺陷的使用?答案可能是:不存在。如果我们把标准的制定与表征民主的法律制定相比较,我们可以看到,用户表征问题在那里也会发生。当立法者被选出来代表他们地区的市民时,他们就不可避免地使用表征。实际上,"居民希望这样"或者"居民不希望那样"的每一种声称都掩饰着一种政治立场——为了支持一种特定的目标,市民们被立法者、游说群体、公共宣传团体以及其他人员等调用起来。那么,在立法领域中使用的表征与在技术设计中调用的因素有什么不同呢?我的回答是:"没有太大的不同。"真正需要考虑的问题是:用户表征如何才能被更加合适、更加富有力量地呈现,以使我们发展形成的最终技术真正反映大众的旨趣?

9.5 结论:重现用户

我已经指出,标准制定是一种受控于政治的活动,会导致一些常规问题。第一,标准通常是由小规模的专家组制定,然而他们对于公众的影响却是巨大的。按照民主理论来说,那些受决策影响的人有权参与这种决策的制定。技术标准对于用户来说通常是无形的,它很少达成这种民主愿望。公众应该参与到标准制定过程中吗?如果应该参加的话,怎样参与?

第二个困境也与专家有关。以前,专家被认为是仅仅依靠技术标准来作出客观中立的决策。然而,技术专业的学生认为,"技术的"与"社会的"二者之间的分界是虚幻的:技术决策总是部分地由社会来决定。此外,那些参与到标准制定领域中的专家通常都是从工业领域吸纳而来的,工业导向的联营企业(比如 W3C)逐渐地被包括进标准的制定过程中。面对这一数量的专家群体,在标准制定领域中,他们的角色是什么?他们保护"公众利益"的责任是什么?如果可以指望专家仅仅依靠技术标准而作出客观决策的话,那么也许表征的问题也就变得没有实际意义了——我们希望事实如其所是地"代表它们自己",并且专家也只不过是某种途径,通过这种途径客观事实可以变成实际行为。然而正如从事科学和技术研究的学者所主张的那样,自然并不会为它自己讲话。自然必须被解释,专家与外行一样都在受到社会因素的影响。如果这个主张有效的话,难道公众不应该在制定技术决策的过程中拥有与任何所谓的专家一样的参与权吗?[13]

第三,制定标准的机构也存在问题。标准越来越多地由工业导向的联营企业制定。当像 W3C 这样的组织从公众的利益出发完成一项令人敬佩的工作时,有一个事实对于"公众利益"的拥护者来说可能是令人不安的,即对于标准领域的控制正在从准司法性的实体转移至工业导向的集团。像 ISO 这样的组织,没有正式的公共结构并且缺少传统标准实体的责任,难道这些新的联盟只是迫于商业利益的威胁才发布标准吗?对于保护公众利益来说,如果那些涉及标准建设的个人和组织能尽一些责任的话,那么是什么责任?

处理这些问题将需要某种严肃的思考。一个可行的出发点是增加用户的参与——但不是经典的 PD 意义上的参与,即所有可能潜在地受标准影响的用户全部参与进来。更恰当地说,解决方法在两个关键的阶段应包括更多的公众支持者:(1) 在设计过程本身,为代表公众利益的团体参加并参与标准会议留出经费;(2) 在某一"委托审查阶段",该阶段被提议的标准将被公示以争得普通大众成员的审查,公众于是有机会提出有约束力的建议以决定提议标准的命运。其他可能性可能包括在标准开发过程中使用多数人通过的讨论会和其他形式的"评议性民主"等等。[14]

这些想法可能不会受到标准化组织的特别欢迎,但是如果标准制定的过程要想更加民主化并融入公众责任的话,那么这种"制度性"的改革就是必需的。实际上,对于日益增加的公众参与的想法而言,有迹象表明至少一些标准化组织正在变得更加开放。例如,在 W3C 中已经有了这样的讨论,在默认情况下应使技术工作组的工作向公众开放。[15]这样的考虑反映了组织方面日益增加的一种意识,也就是透明度——即使对于一个想象中的"技术"组织来说——也是很重要的。[16]于是很可能会出现标准制定过程中用户参与的增多,这一方面依赖于标准化组织的组织文化的转变,另一方面也将依赖于由传统政策的行为者比如国家政府而达成的转变,而且对二者的依赖程度是一样的。假如这样的话,民主主义的理论家将需要把他们的视野从传统的政治领域(即选举政治)扩展到这些新的机构中,比如国际标准化组织,它正在塑造我们所生活的物质世界的过程中起着越来越重要的作用。

注释

1. 从我在 W3C 观察标准化过程的经验来看,这是一种典型的情况。

2. 当然,这种描述掩盖了标准化工作中的很多细节,但是它的确传递了标准设计过程中基本的、理想化的事件流程。与"标准化"相关的问题说明了标准制定是这样一个过程:他们将标准制定过程划分成不连续的阶段并且宁愿天真地假定每一个阶段(比如,"认识一个标准的需求")都是没有问题的。需求被看做是给定的而不是建构的,设计被看做是中立的而不是价值负载的。这些假定会被任何一个实际参加过标准化工作组工作的人所质疑。

3. 从这个角度看,标准的制定与法律的制定有一些相似之处。比如与美国国会起草立法法案的过程进行比较:少数委员承担了制订草案的大部分工作,但是草案却必须由整个立法机构最终通过。

4. 一些组织,比如 ICANN 和 IETF,通过互联网发布他们的部分会议以方便那些不能亲自参加会议的人参与。这的确有一些帮助,但是对于实际参加会议并且与其他人面对面交流的方式来说,这是一个糟糕的替代方式。

5. 尽管有着全球性的范围,国际标准化组织(ISO)通常只有少数付薪员工。比如,ISO 有大约 155 名全职工作员工,W3C 有大约 65 名,IETF 不到 10 名(Loya and Boli 1999, 177;personal observasion 1999)。大多数标准化工作是由"志愿者"做的,花费是由其成员公司/组织承担的。

6. 由每年 250 个工作日计算而得。

7. UTOPIA 是下面将要描述的首批可参与性设计方案中的一个。系统的设计人员声称,设计过程中的用户参与将对设计人员和用户来说都有益(参见 Bødker et al. 1987)。

8. Barbar(1984)批评说,按照实际代表/包括的居民数来说,这种民主的代表模式太脆弱了。他主张转向一种"强民主"模式,在这种模式中大众会更积极地涉入政治决议制定的所有方面。

9. 下述短文是在 1999 年 10 月到 2001 年 3 月期间,我以 P3P 工作组的参与性观察为基础而写作的。

10. 正如 Norman(1988)所注释的那样,尽管他们的亲戚明显是典型的用户,但是设计者并非典型的用户。

11. 在会后与工作组成员的讨论中,当她说"这将损坏网络"时她的真正意思就很明显了,其真正含义是:"这个提议的改变会威胁到我们的商业模式,我们不愿意在这种规范下仅仅因为纳入这种变化而改变我们的商业模式。"但是,出于经济学的理由不赞成在技术实体比如标准化组织中纳入这种变化,那么必然会以技术的顾虑作为伪装,即这种提议的改变会"损坏网络",躲躲闪闪地提出经济的顾虑。

12. 基于我两年前在华盛顿特区参加的一个 IETF 会议的亲身观察,这种标准化组织的参加人员并非十分不同:大约 80%以上的参加人员是白人,90%以上是男性,95%以上是工程师或计算机领域的科学家。

13. 对于更多的关于专家和技术的制定等方面的问题,参见 Sclove(1995)。

14. 从科学和技术研究的视角看协商民主文化的评论,参见 Hamlett(2003)。

15. 过去,大多数的工作组在默认状态下采纳了一种"闭门"政策:尽管工作组的结果(比如技术规范和原型实证)对公众公开,然而"内部的"文件比如工作组会议的备忘录却不是这样。W3C 当前的讨论即是在改变这种局势,于是默认情况下工作组将会"开放",并且将必须证明,比如把工作组会议的备忘录作为秘密这样的决定是正确的。

16. 这导致互联网文化中的一个转向:由互联网早期的秘密的无政府主义价值,转向商业界和政府所提出的以承担义务、财政责任以及透明度为主流的价值。

参考文献

Bødker, S, P. Ehn, J. Kammersgaard, M. Kyng, and Y. Sundblad. 1987. A UTOPIAN experience: On design of powerful computer-based tools for skilled graphical workers. In *Computers and Democracy: A Scandinaman Challenge*, ed. G. Bjerknes et al. Aldershot, UK: Avebury.

Cranor, L., J. Reagle, and M. Ackerman. 1999. Beyond concern: Understanding net users' attitudes about online privacy. At http://www.research.att.com/resources/trs/TRs/99/99.4/99.4.3/report.htm.

Egyedi, T. 1996. Shaping standardization: A study of standards processes and standards policies in the field of telematic services. PhD diss., Delft University.

Feng, P. 2000. Rethinking technology, revitalizing ethics: Overcoming barriers to ethical design. *Science and Engineering Ethics* 6(2): 207—220.

Greenbaum, J., and M. Kyng. 1991. *Design at Work: Cooperative Design of Computer Systems*. Hillsdale, NJ: Lawrence Erlbaum Associates.

Hamlett, P. W. 2003. Technology theory and deliberative democracy. *Science, Technology & Human Values* 28(1): 112—140.

Heywood, P., M. Jander, E. Roberts, and S. Saunders. 1997. Standards: The inside story. *Data Communications* (March): 13—17.

Latour, B. 1987. *Science in Action: How to Follow Scientists and Engineers through Society*. Milton Keynes, UK: Open Univ. Press.

Libicki, M. C. 1995. Standards: The rough road to the common byte. In *Standards Policy for Information Infrastructure*, ed. B. Kahin and J. Abbate. Cambridge, MA: MIT Press.

Loya, T. A. and Boli, J. 1999. Standardization in the world polity: Technical rationality over power. In *Constructing World Culture. Interorganizational Nongovernmental Organizations since 1875*, ed., J. Boli and G. M. Thomas, Stanford: Stanford Univ. Press.

Macpherson, A. 1990. *International Telecommunications Standards Organizations*. Norwood, MA: Artech House.

Norman, D. 1988. *The Design of Everyday Things*. New York: Doubleday.

Personal observation. 1999. Participant observation of Internet Engineering Task Force meeting held in Washington, DC, 7 November.

Porter, T. 1995. *Trust in Numbers: The Pursuit of Objectivity in Science and Public Life*. Princeton, NJ: Princeton Univ. Press.

Schmidt, S. K., and R. Werle. 1998. *Coordinating Technology: Studies in the International Standardization of Telecommunications*. Cambridge, MA: MIT Press.

Schuler, D., and A. Namioka, eds. 1993. *Participatory Design: Principles and Practices*. Hillsdale, NJ: Lawrence Erlbaum Associates.

Sclove, R. 1995. *Democracy and Technology*. New York: Guilford.

Simpson, G. 2001. As Congress mulls new privacy laws, Microsoft pushes system tied to its browser. *Wall Street Journal*, 21 March.

Updegrove, A. 1995. Consortia and the role of government in standard setting. In *Standards Policy for Information Infrastructure*, ed. B. Kahin and J. Abbate. Cambridge, MA: MIT Press.

10

为了社会目标的技术变化
——塑造美国城市的交通基础设施

Jason W. Patton

10.1 引 言

技术创新的信念经常与社会进步的希望相伴(Marx 1987;Pfaffenberger 1992;Smith and Marx 1994;Sarewitz 1996)。新技术常常被寄予希望去改善社会状况,然而在某些情况下,技术开发才是进步的真正方式(Adas 1989)。尽管这些希望通常过于夸张,然而新技术的出现的确实现了社会的某些可能性,但同时也排除了另外一些可能性。技术与社会变革之间的关系提出了一种挑战,并主张了一种责任,即考虑如何才能更高明地驾驭技术创新和技术实施。本章我将论证,通过使每一天的实践变得更加吸引人和便捷,直接的技术进步可以推动改良性的社会变革。我以城市中的公共交通为例来表明,设计与政策是怎样通过塑造建成环境①来促成这些变革的。

带着"技术修复"(technological fix)的观念,Alvin Weinberg(1966)提出了一个关于技术与社会之间关系的公式。相对于社会弊端的复杂程度而言,他主张技术可以提供相对容易识别和执行的解决方法。Weinberg(1966,37)写道:"在某种程度上[社会]问题是很难识别的,这是因为这些问题的解决方案从来都不明了:我们怎样才能知道我们的城市何时被翻新?我们的空气足够清新吗?或者我们的交通足

---

① 建成环境(built environment),又称建筑环境,指那些已经被创造出的、提供给人们使用或者为了增值的所有建筑物、构筑物和土地利用形式。建成环境由社会环境、概念环境及物理环境共同构成。——译者注

够便捷吗?"对于像交通堵塞之类问题的技术修复方法,可能会利用某种高明的创新减少人们上下班的往返时间。为了避免人们上下班行为的改变,修复是一种权宜之计,因为正像 Weinberg 所解释的那样:"对于社会问题的传统解决方案——通过鼓励或强迫使人们的行为更加理性——是一项令人沮丧的事业"(1966,37)。在 Weinberg 的公式中,技术修复通过技术的突破,延伸了社会现状的稳健性,从而克服了社会问题的紧迫性。这种修复只是权宜之计,因为它们虽然缓和了问题,但是并没有瓦解产生问题的社会模式。技术修复并没有从本质上解决社会问题,它只是通过技术创新而克服了社会实践中的局限性。

从地方、国家和联邦的观点来看,公共交通运输是一种解决美国城市中交通堵塞、废气排放、高能源消耗以及社会不公正问题的方案(Calthorpe 1993;GAO 2001;Kenworthy and Laube 1999a)。尽管公交车通常是最划算的公共交通方式,但是它们通常却是人们最后才选择的交通方式(Transportation and Land Use Coalition 2002;Bullard and Johnson 1997;Wypijewski 2000)。另外还存在这样一种流行的观点,即只有少数人会自愿选择乘坐公交车外出。少数的乘车族意味着更少的可用于改善交通服务的资源,并且拥挤的街道使得提供高质量交通服务变得困难。除了那些明显受意识形态影响的人之外,谁还会为穿越大都市的苦差事选择二流的技术?这个特征塑造了计划的难度以及投资模式,并且也遮蔽了人们把乘坐公交车作为他们生活中的一部分的可能性。

Weinberg 的技术修复仅把推动技术变革作为一种塑造改良性社会变革的方式,本章中我为 Weinberg 的技术修复提供了一个变种。尽管我的论证也会考虑到取得突破性进展的技术,但我还是强调这些创新是如何通过重新规划人们日常生活中什么是可能的、什么是实际的来推动社会变革的。与 Weinberg 不同的是,我把技术变革扩展为一种通过人们的行为来解决社会问题的方式。相对于强制人们行为更加理性化,我认为建成环境也可以被设计,因而这种便利的选择也是——不管从社会或还是从环境角度来说——一种正确的选择。这一论证被深植于加利福尼亚州奥克兰的电讯大道(Telegraph Avenue)公交交通的细节中了。我把智能运输系统的承诺和正在出现的公交捷运(bus rapic transit, BRT)概念,作为挖掘技术变革是如何创造社会机会的出发点。通过基础设施和实践共同体(community of practice)的概念,我主张塑造社会变革的技术变革被嵌入设计和政策塑造日常生活的细节之中。[1]

10.2 作为实践共同体的公交车乘客

在美国的大部分城市中,今天乘坐公交车的感受几乎跟 50 年前没有什么不同。在奥克兰的电讯大道乘车也不例外。人们在停车点写满各种路线的标志牌旁等车。没有地图,也没有时间表,这些数字看起来仿佛仅仅是乘坐公交车一族才能看懂的编码。一位来自 Alameda-Contra Costa Transit District 的委员这样描述:"选择 AC 运输公司是在抓阄——选择一个数字,然后看看它将把你带到什么地方。"非常具有代表性的是公交车站边的凄凉便道,偶尔装饰有长椅、低成本的广告牌以及垃圾桶。当公交车到达的时候,人们就追随着汽车,开始用眼然后用脚步,推测着公交车会在哪里停下。车上的乘客可从前后门下车,等车的人群都挤在前门以等待上车。车内乘客下完后,等待乘车的乘客登上公交车,然后出示现金、换乘证和月票。每个人都要在投票箱前站好以接受司机的检票,司机也可担任银行职员、公共关系代表、信息助手以及运输机构训练有素的代表。最后一位乘客买完票后,司机就把车从路边开走了。公交车世界所称的"停站时间"也就是花在公交站点的时间,通常相当于整个运输过程总时间的 10%(AC Transit 2002,4:15)。仅仅两个街区远的距离,不断重复着这种顺序——贯穿整个城市的路线也是如此。

尽管对于快速便捷的运输来说存在着这类障碍,然而 2000 年 AC 运输公司平均每个工作日还是运送了 235 000 位乘客。这些乘客包括:讲 75 种不同语言的移民、美国黑人、残疾人、上学的孩子、城市贫民、不会开车的人以及那些自愿选择不开车的人。对于许多人来说,他们采用的交通方式的边缘化是他们在社会生活边缘化中的一部分。在美国的所有城市中,黑人乘坐公交车的数量是白人的 8 倍。同样,家庭收入低于 20 000 美元的人中可能乘坐公交车的人数是家庭收入达到 100 000 美元或者更多的人的 8 倍(Pucher and Renne 2003,58,67)。作为公交车乘客,他们实际上经受着公交运输机构单调乏味、平淡无奇的日常性问题,这些问题在投资决议和规划过程中处于政策的边缘。从运输机构的发展前景看,机构的构成与那些具有最低政治势力的群体相比都不成比例。

然而除了这些差异,基于相同的行为方式和在城市中的活动经历,这些公交乘客作为一个社会共同体而共享许多东西。这些因相同的生活方式而联结在一起的公交乘客构成了实践共同体(Wenger 1998;Lave and Wenger 1991)。公交乘客通过相似的出行、等车和乘车习惯以及他们在车站、费用、路线、前后车间隔和换乘车方面的知识而联结成为一个共同体。公交乘客们也由于参与分享公交车和车站这样的社会空间而联结在一起,这些空间有其特有的规范和礼节。对于外人及新人来说,表面上看起来简单的乘车任务成为招至混乱和挫折的源头。通过强调这些共享性行为,实践共同体的概念实际上消除了以种族、阶级、性别、年龄和体能等进行的人口统计学意义上的划分。

公交车和公交乘客们的次要地位在交通设施的设计中也有所体现,这包括城市中的街道以及沿街的那些塑造人们如何在城市中移动的交通指示灯和公交车站牌等固定设施。笼统地说,我把基础设施定义为一种背景,这种背景通过设计创造而成,以持久的方式发生作用,为人类行为提供了一个基础(Star 1999; Star and Ruhleder 1996)。作为支持特定人类行为背景的一种设计,基础设施将有区别地支持不同的实践共同体。比如,电讯大道上的公交车必须拉走每一个站点上的人群并且再按其路线返回。尽管公交车站通常被标示为非停车区域,然而在拥挤的区域,公交车司机也要让渡并排停放的轿车和货车。在路边没有停车区域的街道上,经常会提供公交车撤离服务以达到公交车远离该街道的目的。这种公交车撤离服务是街道的改良,以便确保私家机动车辆自由通行。公交车司机与乘客要忍受这种改良。在每一站点,公交车司机让渡离开——然后在收费站返回,乘客时不时地前仰后合,每一站的通行时间都变得更长。由于交通拥挤以及停站时间,AC运输公司的公交车的运输速度在过去 20 年平均每年下降一个百分点(AC Transit 2002,4:21)。

这个关于日常乘坐公交车的负面概述,表明了社会阶层怎样通过交通设施的设计建构于公众空间的。同时也指出了在提高公交系统的稳健性过程中设计所扮演的角色。尽管公交乘客属于不同类的共同体,然而通用性提供了如何使公交车可能发展为主流的一种概念化方式。一种交通方式的相对实用性部分地依赖于适合其需要的基础设施。比如,与乘坐公交成为人们的便利选择相对的是,街道如何有效地支持车辆的行驶。为了扩大公交乘客共同体,可以重新设计基础设施,以提供能更好地支持公交乘车这一社会模式的物质基础。实践共同体概念的兼容性表明一种更加广泛的人群联盟的潜力,该联盟是由那些将从改进的公交系统中获益的人组成的。

这种投资不应该被看做是对于有色人种和低收入人群的救助。这种方法通过强化公交乘客的运输边缘性而使他们永远地处于社会边缘的风险之中。于是导致这样一种心态,即公交车是一种最小限度的社会安全网络,它不需要——也不可能——提供高质量的服务。相反,好一些的公交系统可以为边缘化的群体提供改善了的服务,同时额外将乘车实践引向社会主流。那么对于乘坐公交车的政治家、工程师、设计人员和学术界人士来说,参与到这个共同体中是一个进入这个充满问题的世界之中的必需途径,通常这些问题会超出决策者的视野、经验和思考范围。这样,乘坐公交的概念作为一种实践共同体就变成了一种理论化方式,这种方式通过日常生活中的常见行为,以种族、阶级和性别的划分将社会阶层的渗透力理论化。它也通过沟通这些人口统计学的划分而进行联结,为战略性的社会变革提供了一种方式。

10.3 仅仅是增加硅吗

如何可能改变公交车次要地位的状况?在从 A 点到 B 点的过程中,公交车乘客以及那些潜在的乘客总是希望能够快点到达,并且希望沿途能有一个相对活跃的经历。满足这些标准需要一个能够有效连接多个目的地的路线网络,能够与私家车相竞争的旅途时间,并且公交车与停车站点能够保持合理的舒适性,以便吸引那些选择交通方式的人。为了吸引新的乘客,这些标准暗含的意思是:改变公交车作为次要交通工具的名声。吸引新的乘客要求技术的变革和服务的改进,这足以极大地突破美国数十年来忽视公交车的思维模式。这些变化融入了技术、社会和文化的因素。改善公交车的基础设施就是要改变人们乘坐公交车的体验,并因此改变人们对公交车的看法。给公交车树立新形象是增加参与这种乘车模式的用户之工作的一部分。智能交通运输系统(intelligent transportation systems,ITS)领域和最近新出现的公交捷运(BRT)概念,为探索这些社会和文化变革的途径提供了技术上的可能性。

智能交通运输系统为新的当前的交通设施增加了信息技术(information technologies,IT),为相互之间的高效交往创建了"智能化"街区和交通工具。[2]通过传感器、反馈环和网页等技术,研究机构中的倡导者,信息技术工业部门和美国交通部(U.S. Department of Transportation,USDOT)都给出了使现存公路效率最大化的承诺,其目的是减少对环境的影响、增加安全性并且确保美国工业的竞争力。联邦政府对 ITS 的资助始于 1991 年,出台了《综合地面运输效率法案》(Intermodal Surface Transportation Efficiency Act，ISTEA），1998 年《21 世纪交通平等法案》(Transportation Equity Act for the Twenty-first Century，TEA-21)又进一步扩大了这一方案。1997 年,美国交通部预计,联邦政府将向全国 75 个最大规模城区投资 240 亿美元,以 20 年的时间建成大都市的 ITS。尽管大部分工程是在局部或地方的层面上实施的,但联邦政府的支持塑造着该系统的结构,以确保数据共享中软硬件的兼容性,同时通过调整经济规模以减少系统要素的成本。

智能交通运输系统为应对交通中难以对付的问题引发了对"IT 革命"的热情。USDOT 散布说,ITS"代表了国家整体交通系统变革的下一步发展情况。它涉及计算机、电子设备、通信和安全系统的最新进展。这些进展可以应用于我们的高速公路、街道和桥梁等大规模交通设施中,又可以应用于数目不断增加的车辆中,包括轿车、公交车、卡车和火车。未来已经到来!"[3] 尽管未来的绝大部分内容仍需要投资、建设以及使用,但是 ITS 的确为添加交通运输的新维度并从头开始这一工作提供了非同一般的机会。尽管新的硅材料不会取代以前使用的混凝土,但对于改变现行的基础设施的运作方式来说 ITS 的实施的确是一个机会。有限的资源、不断增长的土地价格和城市中空间的缺乏正在排除修建新道路和扩建已有道路的可能性。因此,需要从增加公路数量转移到增加现存公路使用效率的战略(USDOT 1996;1998)。

通过联邦政府对交通基础设施的支持,智能交通运输系统的发展标志着战略上的一个重大转变。尽管存在通过信息技术提高效率的环境承诺,然而建设新道路和建设大量智能交通运输系统的齐头并进表明,两者都增加了交通运输能力。例如很多应用性目的,比如交通灯系统、自动导航系统,甚至自动收费系统,都是为了通过增加机动车辆的速度或密度从而增大公路的运输能力。ITS 最明显的目的是,通过在交通系统层面上调整私家机动车辆的运行情况来降低堵车的程度。从 Weinberg 的意义上讲,这些应用实际上是技术修复,它们在不妨碍驾驶员社会实践的前提下,延伸了私家车的稳健性。USDOT(1998)的一个销售性的小册子中,描绘了经过翠绿的农村地区的开放性交通干道。城市被环形公路限制,然而令人费解的是,美国大都市广袤的郊区地域在小册子中却找不到(Lewis 1997；Bel Geddes 1940)。当艺术家们正在努力使信息技术可视化时,汽车驾驶的图景应该怎样就一目了然了:从拥挤中释放个体的运动、城市的不断扩张、污染的产生以及阶层的形成。然而,这些 ITS 的应用为追求已经确定的目的提供了更加有效的方式。通过对有利于驾驶的电子设施的投资,它们扩大了国家对于私人机动车辆的承诺。

10.4 通过改进基础设施来引导公交车乘客

美国的城市交通中私家车占有绝对优势,2001年占所有短途旅行的85.9%。与之相比,公交旅行占全部旅行的1.7%,徒步旅行占9.5%,骑自行车旅行占0.9%(Pucher and Renne 2003)。私家车也是车辆运输中最消耗能量的方式。在旧金山的海湾地区,按每位乘客一英里的能源消耗来计算,私家汽车比公交车高70%(Kenworthy and Laube 1999b)。将美国城市中的轿车与加拿大城市中的公交车作一个对比,每位乘客一英里的能源消耗前者比后者高218%。[4]对于公交车来说,这种相对的能源消耗差别,可以从加拿大城市中对公交运输的更高水平的保护中得到很好的解释,在那里10%的旅行路程是通过公共交通的方式完成的,而在美国城市中这一数字是3%。Kenworthy和Laube(1999b,33—34)解释道:"这些数据表明,从更好的公交技术中将要获得的能源效率,与因保护能力的改善而带来的可能性相比相形见绌。"公交车是一种运送旅客更加节能的方式,满载的公交车比私家车具有显著高的效率。

新技术是怎样通过促使人们的实践向更具能效的交通方式转化,从而产生更多的节能效果?例如,如果美国城市中仅有50%的旅程是以私家车完成,25%是以公交车完成,剩下的25%是徒步或骑自行车完成的,那会是怎样的一种情景?尽管大量的智能交通系统是以车辆定位的,但是对于正在出现的公交捷运(BRT)概念来说,信息技术是一个不可或缺的组成部分。[5]通过引进信息技术和对城市街道进行重新设计,BRT的支持者们正寻求传统的同铁路联结紧密的交通输运与公交车的高成本效益相结合的优势。比如根据AC运输公司的预计,一条提议的公交捷运线,在从伯克利经由奥克兰到圣莱安德罗(San Leandro)的18英里长的路途中,公交捷运要比轻轨的成本低60%。[6]此目标是一种截然不同然而却节省成本的交通方式,它可以与私家车的便捷相媲美,并能克服把公交车当做次要交通方式的文化惯性。

就像20世纪70—80年代路面电车复兴为轻轨一样,这一转变也标志着公交世界中即将到来的一场复兴(Barry 1991)。20世纪20年代初期,路面电车逐渐被认为是一种陈旧的技术而将被私家车所取代。到1950年,在美国大多数城市完成了这种转换(Jackson 1985；Foster 1981；McShane 1994)。随着城市生活中中产阶级利益的增长,轻轨以在城市中再投资的时髦方式出现了。从1980年开始,新的轻轨线在美国15个以上大城市地区相继开通,同时在其他城市也开始了规划和投资建设的工作(GAO 2001,7)。这次复兴将技术创新与新的公众视角相结合,从而重新测划否则会被视为过时技术的当代价值。

在给定成本效率的前提下,公交车作为一种具有竞争力的交通工具如何吸引新的乘客并将乘坐公交车这种交通模式推向主流?"诱增交通量",一个从20世纪90年代就在运输业的讨论中逐渐大众化的概念为之指出了方向(Hills 1996)。在评估(或反对)修建新公路所遵从的逻辑中,这一观念具有代表性地被使用着。当一个特定地区的交通堵塞恶化时,司机们将逐步寻找替代方案,既可选择不同路线,也可转换为不同的模式,或者避免结伴出行。交通堵塞反映了一种市场平衡,在一特定地区对于驾驶员来说,可供利用的交通设施与该交通设施和可供替换的其他方式进行比较的相对需求之间达成一种平衡。结果通过增加道路的容纳能力以减轻堵塞的方法,将产生吸引更多司机使用这条道路的效应。已经发现了其他路线和模式的司机可以返程,已经使用了其他模式的人们可以开始驾车。在短期内,增加容纳能力解决了本地的交通拥塞问题。这种方式对解决眼前问题来说具有政治优势。同样,这一方式也有助于解决那些在地区、国家以及全球层面比较容易被忽视的问题(Dougherty 1998)。

通过建立智能交通系统和对街道进行重新设计以提供改善了的基础设施,从而诱导人们乘坐公交车是否可能?2001年,AC运输公司完成了一项重要的投资研究,该研究选择将公交捷运作为东海岸主要公交通道的首选技术(AC Transit 2001b)。此项提议将智能交通系统与道路的重新设计相整合,将提供一种不同种类的基础设施。考虑一下AC运输公司是如何在10年时间改变电信大道乘坐公交车之体验的。人们等候在公交捷运(BRT)站,这些站点包括候车亭设施、公交车到达信息和售票机。这里不再需要时刻表,因为公交车每5到7分半钟就会来一趟。数字显示牌提示了距离下趟车到达时间的实时信息。提供此项信息的全球定位系统,也会确保公交车均匀地沿着交通路线行驶。扎堆——即多辆公交车同时到达相同站点而造成服务中断的情况——很少发生。在下辆车到达之前,那些没有月票的人可以在车站的机器上购买车票。公交车到达的时候它的车门会在站台标号的位置上列队排好,这是因为光导系统能保证公交车总是停在相同的位置。

四组车门同时开放,允许乘客快速上下公交车。由于公交车门与站台持平而且之间距离仅仅为几英寸,因此年长者和残障者也可以舒适自信地乘车。使用通行证和仍在有效期内的车票验证系统,驾驶员可以集中精力开车且停站时间也会缩减,因为人们不再需要在交费箱前排队上车了。

从一个站点到下一个站点的旅行既方便又快捷。公交捷运的站点建在"公交突起部分"上,这样站台可以延伸至交通通道的边缘。在给等车的乘客提供空间以及便利设施的同时,公交突起同时也提高了服务质量并使司机的工作简单化。因为公交车不再需要与其他交通方式混合在一起,这样加速离开车站的时候就可以做到既平稳又快速。沿着站台的交通通道为公交车专用道,它的车道被仔细地铺筑以确保公交车的平稳运行。应用信息技术,公交车可与交通灯通信且在十字路口享受优先待遇。在拥有专有通道和信号优先的情况下,公交车的通行不再受周围机动车阻塞的限制。在电信大道走廊,14个站点将奥克兰市区与伯克利市区连接了起来。与当前分布在两个街区之间的62个站点相比,在每 1/3 英里就有一个公交捷运站点的情况下,公交车可以快速驶过城区(AC Transit 2001a,35)。基础设施为支撑公交乘客共同体提供了一个设计良好的基础。通过提供一种更加便捷、舒适、可了解的系统,这一改善措施计划从 2001 年到 2020 年增加 35% 的乘客数量(AC Transit 2001b,26—27)。考虑到现有的公交服务、人口增长及可能的发展,这一增长比预计增加了 11% 的乘客收益。

10.5 关于好的机会如何丧失的警示性说明

技术的提高为改良性社会进步提供了机会,但是并没有提供什么保证。出于对这种障碍的尊重,在下述社会现实的基础上,我对未来公交搭乘光辉灿烂的草图作了调整。新技术的发明、设计和实现趋于反映当代的社会秩序(Cockburn and Ormrod 1993;Forty 1986)。Bijker 和 Law(1992,3)写道:"据说我们有时会得到我们应该得到的政治家的支持。但是如果真是这样的话,那么我们也会得到我们应该得到的技术。我们的技术反映了我们的社会,它们复制和体现了专家、技术、经济和政治因素之间复杂的相互作用。"技术的进步趋向于遵循某个发明的过程,这一过程是由技术上可能的、有利可图的、与短期效应相关的内容所引导的。然而,对于技术的有意的引导可以作为一个"社会设计"的具体例子,也就是在塑造物质世界的整个过程中,应用了针对设计任一具体产品的仔细考虑(Woodhouse and Patton 2004;Whiteley 1993)。这些阻碍意示着美国智能交通系统的发展轨迹以及奥克兰公交车的进步历程。

尽管并不是所有的智能交通系统都以机动车定位,然而公交车的 ITS 边缘性反映了公交车乘客以及公共运输机构的边缘性。带着这种偏见,智能交通系统最初被称为智能车辆公路系统(intelligent vehicle highway systems,IVHS)。在 1939 年纽约世界博览大会(1939 New York World's Fair)大众汽车的未来展示会(General Motor's Futurama exhibit)上,智能交通工具和高速公路的未来图景首次专门展出。此项展览被认为是整个展览会最受欢迎的展区,共接待了超过 500 万的参观者。展览由 Norman Bel Geddes 设计,描绘了 1960 年的美国将由高速汽车公路连接的规划合理的城市组成(Bel Geddes 1940;Smith 1993)。那个未来图景包括车辆在公路上自动驾驶,彼此之间进行着沟通,这就是我们今天所知的信息技术。直到今天,这种自动化驾驶都为增加现有公路的容纳能力提供了巨大的潜力,它可以使公路布满高速运行且事实上之间没有空隙的汽车。在最初的研究和开发(R&D)阶段,智能交通系统(ITS)这一范畴的定义,就包括了先进的车辆控制系统以形成自动高速的驾驶。很明显,公共交通并非像研发的初始范畴那样被包括进去(Whelan 1995)。

像技术创新的轨迹那样,为引导技术变革以达成为社会目标而进行的城市街道的重新设计也遇到了类似的阻碍。在电信大道上准备公交捷运计划的过程中,AC 运输公司利用公交捷运的全部要素作了试验,目的是在开展并实现它们的短期公交车改进过程中获得一些经验。公交车到达时间的实时显示牌是一项难以实现的尖端技术。奥克兰城与清晰频道公司(Clear Channel,一家国际性的媒体公司)达成了一项关于建造公交候车亭的协议,协议中候车亭所得的广告收入将用于偿还此项目的花费。协议规定了大约 250 个公交候车亭,遍布整个城市选定的站点,每个候车亭将包括一个实时公交车到达显示牌。AC 运输公司规定了 500 个最为繁忙的公交站点,清晰频道公司决定在这 500 个站点中的 250 个安装候车亭。公司合同中的一个项目目标表明了这样一个问题:"选择恰当的广告位置,将从该项目的创建产生最大的赢利,从而创建一种财政上可行的项目。"(City of Oakland 2002,3)因为公众/私人的这种伙伴关系的构成,候车亭的分布以提供广告为第一目的,以改进公交服务为第二目的。这种熟知的公交乘客需求之所以处于次要地位有多重原因：比如，交通运输机构缺少城市中的行驶路线权限；市政当局以公交乘客为代价以节约开支；媒体公司以面向公众利益获得盈利为动机。[7]

一方面，这个故事是一个坚持在富人和穷人之间进行分界的例子。一位 AC 运输公司委员会的成员解释道："如果候车亭位置图显示出种族和（或）收入的分布，恐怕这张图将是令人沮丧的。"公交候车亭密集区域与具有公交车服务的城市中最富裕的地区相对应。毫不奇怪，大多数最忙碌的公交线分布在城市最贫穷的地区。然而，另一方面，这个故事也表明了，一种新技术的变革潜力是怎样因来自社会地位现状的压力而变得没有生机。许多城市最忙碌的公交站点没有候车亭和显示牌。一位公交车倡导者直接指出这种分布战略导致的问题，他质问道："难道 AC 运输公司知道城市正在计划在停车点建造专门用于减少上下班专线乘客数量的候车亭？"在富裕地区的一些街道每隔几个街区就有候车亭，然而一些最忙的公交线上候车亭很少而且两个候车亭之间的距离很远。这些最忙碌的公交线也是最长的公交线，它们很难遵照时间表运行，所以最能使人从显示牌中受益。因为公交乘客和运输机构在政治和经济上的边缘地位，一种新技术所能起到的变革的可能性，一般来说在具体的实施过程中会低于它的预期。

10.6 结　　论

我已经论证，通过扫除特定社会实践的日常性障碍，政策的制定者和设计者可以塑造社会性的技术进步。为某个实践共同体提供更好的基础设施，就为其行为提供了更好的物质基础，这将有利于这一实践共同体的成长。就城市政策和设计而言，乘坐公交车是一种改良性社会实践，因为它消除了与美国城市所依赖的机动车辆密切关联的交通堵塞、车辆排放以及社会分层等问题（Kenworthy and Laube 1999a；Rae 2001）。然而从日常生活的角度看，乘坐公交车通常情况下是一种无奈的选择，因为它几乎不提供什么服务，行驶速度缓慢，卫生条件也不太好。一位公交车倡导者解释道："我宁愿相信存在不同水平的交通补贴，这将刺激交通模式发生转换，这是我们需要的。但是我并不认为钱是那些驾驶私家车的人所考虑的问题；如果他们能买得起车，那么也应该能够负担起公交车费。中心问题是公共政策保证了私家车的方便。因此'补贴'是其中真正的问题。"此项补贴在公众对于公路的使用权中表现为物质的形式，并且自从 20 世纪 20 年代起，很多临近公路的土地被使用并为私家车车流提供便利而设计。结果便形成了支撑公交车的基础设施的贫瘠状况。

像公交捷运（BRT）那样的公交车改良是一种为了减少内含于机动车主导的街道中的社会不平等和环境责任的技术方法。公共政策是重塑交通设施的恰当途径：运输机构被公开承包，街道可以公共使用，二者都由公共资源资助。ISTEA 和 TEA-21 为智能交通系统提供了重大资助，也为联邦政府资助公共交通提供了前所未有的灵活性。"更多的乘客"意味着每位乘客较低的能源消耗，以及提供更加频繁且宽泛的服务的能力。于是公交车便包括进了公共利益的成分——使用的人越多，其价值也就会越大（Best and Connolly 1982）。然而，如果正在出现的智能交通系统增强了汽车的中心地位，而以牺牲可供替代的其他方式为代价，那么重新建设基础设施的一个绝好的机会就会丧失。

与 Alvin Weinberg 的技术修复理论不同，我已经论证，塑造技术的进步是为不断改进的社会变革提供便利的一种方式。技术塑造社会实践。通过设计而引领创新和施行，技术变革将塑造具竞争性的社会实践的相对实用性。一种基础设施的设计将不同程度地支持多个实践共同体。比如，开车、乘坐公交车、骑自行车以及步行的相对的实用性部分，是由建成环境如何支持每一种活动决定的。这种基础设施的政治策略是影响社会变革的机会：设计与政策可以提升那些最能体现社会平等和环境可持续性的日常行为。尽管单凭技术本身不能解决城市交通中的所有问题，然而通过技术变革来塑造人们的日常行为，是决策者改良社会变革以提供便利条件的一种方式。

注释

本章来自一项基于国家科学基金会（National Science Foundation，NSF）支持的工作，授权号是 0115302，一个关于"多元化城市的设计：加利福尼亚州奥克兰的多重模态交通方式"的进步论文授权。本章中所涉及的任何观点、发现、结论或建议都是作者本人的，并不代表国家科学基金会的观点。作者感谢 Nieusma 院长为本章初稿提出的建议。

1. 参见 Pucher(1988) 和 Pucher 与 Kurth(1995) 的补充意见，补充意见出自经济和组织方面的分别考虑，目的是为了驾驭交通方式的变革，为步行、自行车和乘坐交通工具提供便利。

2. 对于智能交通系统的总体看法，参见 Whelan(1995) 和 OTA(1989)。

3. 参见 http://www.its.dot.gov/about.htm (accessed April 1999)。

4. 欧洲和亚洲城市之间形成的对比日益显著：美国轿车每乘客每英里所使用的能源比欧洲

的公交车高266%,比富裕的亚洲城市的公交车高418%,比发展中的亚洲城市的公交车高532%。以上对比基于来自47个国际化城市的数据(Kenworthy and Laube 1999b)。

5. 对于公交捷运的整体看法,参看Levinson et al. (2002), GAO(2001)和Henke(2001)。

6. 2001年,此项报告估计花在公交捷运方面的主要投资大约在3.4亿美元,与之相对照,花在轻轨上的是8.9亿美元。2020年为公交捷运设定的运行成本大约降低了16%,即分别为0.46亿美元和0.55亿美元(AC Transit 2001b, 29—30)。参见GAO(2001, 17—25)的关于公交捷运与轻轨的国家投资比较。

7. 临近的城市与另外一个广告公司制定了一份合同,即它为乘坐公交车的乘客提供更加吸引人的术语。在这个合同中,一定比例的候车亭将不再设置广告。这部分候车亭的分布将由AC运输公司和市政当局共同决定。

参考文献

AC Transit. 2001a. *AC Transit Berkeley/Oakland/San Leandro Corridor Major Investment Study*. Final Report, vol. 3, *Evaluation of Alternatives*. Oakland, CA: Alameda-Contra Costa Transit District.

——. 2001b. *AC Transit Berkeley/Oakland/San Leandro Corridor Major Investment Study, Summary Report*. Oakland, CA: Alameda-Contra Costa Transit District.

——. 2002. *Short Range Transit Plan (SRTP) 2001—2011*. OakJand, CA: Alameda Contra Costa Transit District.

Adas, M. 1989. *Machines as the Measure of Men: Science, Technology, and Ideologies of Western Dominance*. Ithaca, NY: Cornell Univ. Press.

Barry, M. 1991. *Through the Cities: The Revolution in Light Rail*. Dublin: Frankfort Press.

Bel Geddes, N. 1940. *Magic Motorways*. New York: Random House.

Best, M. H., and W. E. Connolly. *The Politicized Economy*. 2nd ed. Lexington, MA: DC Heath & Company.

Bijker, W. E., and J. Law, eds. 1992. *Shaping Technology/Building Society: Studies in Sociotechnical Change*. Cambridge, MA: MIT Press.

Bullard, R. D., and G. S. Johnson, eds. 1997. *Just Transportation: Dismantling Race and Class Barriers to Mobility*. Gabriola Island, B.C.: New Society Publishers.

Calthorpe, P. 1993. *The Next American Metropolis: Ecology, Community, and the American Dream*. New York: Princeton Architectural Press.

City of Oakland. 2002. *City-Wide Street Furniture Program Implementation Plan and Streamlined Permitting Process*. Oakland, CA: City of Oakland.

Cockburn, C., and S. Ormrod. 1993. *Gender and Technology in the Making*. London: Sage.

Doughtery, M. 1998. Reducing transport's environmental impact: The role of intelligent transportation systems. *Proceedings of the Chartered Institute of Transport* 7(2): 26—37.

Forty, A. 1986. *Objects of Desire*. New York: Pantheon.

Foster, M. 1981. *From Streetcar to Superhighway: American City Planners and Urban Transportation, 1900—1940*. Philadelphia: Temple Univ. Press.

Henke, C. 2001. Bus rapid transit grows up into a new mode. *Metro Magazine* (January): 43—52.

Hills, P. J. 1996. What is induced traffic? *Transportation* 23: 5—16.

Jackson, K. T. 1985. *Crabgrass Frontier: The Suburbanization of the United States*. New York: Oxford Univ. Press.

Kenworthy, J. R., and F. B. Laube. 1999a. *An International Sourcebook of Automobile Dependence in Cities, 1960—1990*. Boulder: Univ. of Colorado Press.

——. 1999b. A global review of energy use in urban transport systems and its implications for urban transport and land-use policy. *Transportation Quarterly* 53(4): 23—48.

Lave, J., and E. Wenger. 1991. *Situated Learning: Legitimate Peripheral Participation*. Cambridge: Cambridge Univ. Press.

Levinson, H. S., S. Zimmerman, J. Clinger, and C. S. Rutherford. 2002. Bus rapid transit: An overview. *Journal of Public Transportation* 5(2): 1—30.

Lewis, T. 1997. *Divided Highways: Building the Interstate Highways, Transforming American Life*. New York: Viking.

Marx, L. 1987. Does improved technology mean progress? *Technology Review* (January): 33—41.

McShane, C. 1994. *Down the Asphalt Path: The Automobile and the American City*. New York: Columbia Univ. Press.

Pfaffenberger, B. 1992. Social anthropology of technology. *Annual Review of Anthrolopology* 21: 491—516.

Pucher, J. 1988. Urban travel behavior as the outcome of public policy: The example of modal-split in Western Europe and North America. *Journal of the American Planning Associa-*

tion 4(4): 509—520.

Pucher, J., and S. Kurth. 1995. Making transit irresistible: Lessons from Europe. *Transportation Quarterly* 49(1): 117—128.

Pucher, J., and J. L. Renne. 2003. Socioeconomics of urban travel: Evidence from the 2001 NHTS. *Transportation Quarterly* 57(3): 49—77.

Rae, D. W. 2001. Viacratic America: *Plessy* on foot v. *Brown* on wheels. *Annual Review of Political Science* 4: 417—438.

Sarewitz, D. 1996. *Frontiers of Illusion: Science, Technology, and the Polities of Progress*. Philadelphia: Temple Univ. Press.

Smith, M. R., and L. Marx, eds. 1994. *Does Technology Drive History?: The Dilemma of Technological Determinism*. Cambridge, MA: MIT Press.

Smith, T. 1993. *Making the Modern: Industry, Art, and Design in America*. Chicago: Univ. of Chicago Press.

Star, S. L. 1999. The Ethnography of Infrastructure. *American Behavioral Scientist* 43(3): 377—391.

Star, S. L., and K. Ruhleder. 1996. Steps toward an ecology of infrastructure: Design and access for large information spaces. *Information Systems Research* 7(1): 111—134.

Transportation and Land Use Coalition. 2002. *Revolutionizing Bay Area Transit ... on a Budget*. Oakland, CA: Transportation and Land Use Coalition.

U. S. Department of Transportation, ITS Joint Program Office. 1996. *Operation Time Saver: Building the Intelligent Transportation Infrastructure*. Washington, DC: U. S. Department of Transportation.

——. 1998. *You Are About to Enter the Age of Intelligent Transportation*. Washington, DC: U. S. Department of Transportation.

U. S. General Accounting Office. 2001. *Mass Transit: Bus Rapid Transit Shows Promise. A Report to Congressional Requesters*. GAO-01-984. Washington, DC: U. S. General Accounting Office.

U. S. Office of Technology Assessment. 1989. *Advanced Vehicle/Highway Systems and Urban Traffic Problems*. NTIS order no. PB94-134731. Washington, DC: U. S. Office of Technology Assessment.

Weinberg, A. M. [1966] 2000. Can technology replace social engineering? In *Technology and the Future*, 8th ed., ed. A. H. Teich. Boston: Bedford/St. Martin's.

Wenger, E. 1998. *Communities of Practice: Learning, Meaning, and Identity*. Cambridge: Cambridge Univ. Press.

Whelan, R. 1995. *Smart Highways, Smart Cars*. Boston: Artech House.

Whiteley, N. 1993. *Design for Society*. London: Reaktion Books.

Woodhouse, E. J., and J. W. Patton. 2004. Design by society: Science and technology studies and the social shaping of design. *Design Issues* 20(3): 1—12.

Wypijewski, J. 2000. Back to the back of the bus. *Nation*, 25 December: 18—23.

11

塑造互联网的基础设施与创新
——并非端到端网络

Christian Sandvig

11.1 引　言

本章通过考察关于互联网的一个具体争论,探究我们应该如何最好地思考通信基础设施的设计。特别存在分歧的是对于创新而言互联网的好处。有人主张说,互联网的禀赋是在一种称做"端到端论证"(end-to-end argument)的模糊性设计特征中被发现的,该特征由 Saltzer,Reed 和 Clark(1984)首次加以详细阐述。这种设计的特征是一种能够推进"笨拙的"网络的网络工程战略:中央节点缺乏智能性并且仅仅完成一部分功能,然而网络边缘的节点(即末端节点)通过配置简单的内核模块而建立了复杂的应用程序。拥有一台智能的个人电脑和一个无声路由器,互联网即体现了这种设计策略,然而拥有无声的电话听筒和智能交换机的电话网络,却不是这种设计策略。端到端论证中的倡导者坚持说,在互联网拥有端到端设计的情况下,就可以从末端(端点)由任何人来对实验进行根本性配置了。互联网的成功可以被解释为:像万维网(world wide web,WWW)那样的实验即是按照端到端的方式设计的。[1]

另一方面涉及当前在网络内核中配置的智能性的商业利益。与其余逻辑相比,这个逻辑可以增加一定流量(缓冲)、阻塞流量(防火墙、过滤器)、窃听(侦听),还可以把一些节点装扮成其他节点(伪装)(见 David 2001)。对于创新和用户的自由来说,一些这样的实践是很令人担忧的,以至于端到端方式的倡导者们已经要求美国政府采取行动以保护互联网的"自然"的形式。一些人甚至主张,如果当前的网络持续被腐蚀的话,那么我们应该需要一种新的保留端到端设计方式的互联网。[2]

我本人持有第三种立场。从最早组建完备的通信系统开始,历史就告诉我们,随着需求的增多,网络的内核会越来越趋于复杂。与端到端的论证方式相反,尽管内核中要求的中间节点和智能性不多,但也没有理由认为,互联网将逆转三千年以来的趋势并且会比以前的通信系统发展得更快更可靠。当一个更加复杂的"中间状态"已经存在的时候,重要的问题从来不会在于是否应该保护这个更加简单的网络结构,而是新的复杂性如何以及在哪里可以得以实现。创新的关键点并不是停留在中间节点内在的逻辑程度上,而是在于我们所信任的节点上。尽管 Moors (2002) 详细阐述了这个立场的一些技术方面的含义,本章还是要专门探讨它对创新和公共政策的含义。

首先我将通过回忆最古老的人类通信网络来探讨未来的网络——主要是提醒我们,尽管通信网络的结构可以有技术性的虚假外表,然而它实际上是一个政治性的契约。然后我将通过考察互联网来揭示端到端的争论,并且提出建议:(1) 它不是一个组织化的规则;(2) 即使是个规则,它也可能是不正确的;(3) 即使它是正确的,它也可能没有用。标准化声明对于端到端论证中所作的假定的最理想结果是,它可以提供给我们的是由错误的原因产生正确的结果,但是如果我们为了正确的原因而采取行动,我们甚至可能更好地促进创新。更加糟糕的是,通过在"中间部分"或内核中限制所需要的改进措施,端到端的教条式信念将会完全阻碍互联网基础设施的发展。我建议需要支持的正确价值观是:透明性和参与性。然后我将以这样的建议作为结论,即支持创新的潜在规则需要被明确地强调,而不是默默地隐藏在对技术的论证之中。

11.2 互联网的设计是一个老问题

为了淡化当前互联网的政策论辩,让我们用长期不用的相对严肃的技术术语,来重温高新技术当前所面临的问题。这些事例称不上完美,但相对来说算是明朗的。数据网络具有非常悠久的历史。第一件事我们可以来澄清,通信中的"系统"一词是由人类历史上的信使发展而来的。本节我将用只涉及人的古老系统为例来代替计算机网络技术中的深奥语言,目的是把暗含在网络拓扑结构中的社会关系带到清楚的状态下。

最初的信使网络采用了点对点方式,有关网络的大部分智能性都位于网络的边缘——根本没有"信使网络的委任组织"或者整个基础设施的规划者。报信者只能依靠他们自己的关于现存路径的知识。一个古代报信者一旦开始朝目的地出发,根本没有办法确保他能够到达。截获信息经常有一些经济和政治上的好处,"信使的丢失"与互联网的"包丢失"一样,也可以是信息通路上的一个抢劫案例。由于与互联网的信息包相比信使的替换更加困难而且缓慢,所以解决的办法不是重新派遣以替代丢失的报信者,而是改变网络本身。

这种复杂性把古代信使系统区分成了两个阶段。第一代系统仅涉及使用手头即存路径和该通道的信使。第二代信使系统的能力得到了很大的提高,它可以做到传送网络状态、提高安全性、增强可靠性以及提高执行能力。中国已知的最早的第二代信使系统在周朝就出现了(约公元前 1000 年)。通常第二代网络并不依赖已经存在的路线,作为第二代网络的一个特点,它混合了"赞助的"的路径和"邮政"的通过税收付费的路径。在进行标识和提高道路质量上所进行的投资保证了更加快速的交通——从罗马军方道路(*viae militares*)到西班牙国王的高速路(*El Camino Real*),这样的例子有很多。但通常情况下它们并不只是对于以前设施的升级——除了改善以前的路径以外,第二代信使网络还增加了位于网络边缘之外的智能性。[3]

中国的信使系统中引入了中转站:一个"驿站"的系统,它允许困乏的信使将信息传递给精力充沛的、已经休息好了的信使。在中国、波斯、罗马和其他文明古国,马背上的信使后来代替了跑步式的接力。驿站或者接力系统不仅增加了送信者可以达到的传递速度,而且驿站也用来守护不同地点以提防间谍和抢夺者,从而保护网络的完整性。它们通过指导骑手选择可替代的路径而服务于路由功能,并且可以在此路径中保持信息的质量。作为收费站点,以某些具体的形式,它们列出服务的清单。它们可以筛选通行者——一些驿站系统拥有武装的士兵和检查信使的能力。尽管巴比伦皇家信使可以通过,搜寻他们的贝多因人袭击者们却不能(见 Dvornik 1974)。

第二代信使系统中增加的一个最为灵活的独创是烽火台。如果守卫点数量很多并且分布在视距范围内,在提供这两种操作模式的网络前提下,在晴朗的天气中,烽火台可以更加快速地传递预先安排好的信息,甚至比骑马的信使还快。这些烽火台可以发送元信息（meta-information）信号：在有些系统中，使用网络本身系统，驿站可以把元信息作为警示问题出现的"麻烦"信号（从网络中心到边缘的信号，或者在中心的不同驿站加以协调的信号）。在特定的环境中，这种较快的模式可以快速地调整目标以传送简单信息——经常用以警示那些入侵的敌人。烽火台加入到信使网络（一种主要的信号量）不仅标志着系统中复杂性的普遍增长，而且还标志着把整个交通按照优先级隔离成不同等级，这样每一等级都有一个不同的形式和与之对应的不同的服务质量。⁴

11.2.1 第二代信使网络的政策含义

由于必须要对道路进行投资，第二代信使网络进而要求交通中更加广泛的标准化。带轮子的交通工具并不是什么新鲜的事物——它们的出现比周朝的第二代信使网络还早约一千年——但是当道路情况改善后，道路宽度需要确定并且未来的交通方式必须符合它。连续性是一个明确的地方性实践：对于罗马的道路来说至少要求 84 英寸的宽度，但是在石塑的轮辙之间相距 55 英寸就可以满足希腊圣路。然后这些标准便通过技术（道路）和法律（raeda）对使用者施加影响，为了避免损坏路面，在罗马道路上行驶的最快货车，法律限定其载重不能超过 750 磅。⁵

第二代网络一定比它们以前的网络更加有效并且很多重大的订单都更昂贵：卫士、驿站以及道路等都要花费钱，但是却几乎没有死去的报信者。这样古代信使网络的演化趋势就清楚了。随着网络需求的增长，网络变得更加快捷与可靠，部分原因在于它们的更加精致化。随着统治者向基础设施注入资源，古代世界的通信网络的设计者也给网络的中心增加了智能性，目的是为了管理和控制它。他们通过权力、法律和技术的结合而确立了这种日益增加的控制——换言之，将网络中的士兵、规则和具体形式相结合。随着信使网络的改善，中间形态的数量至少已经轻微地增长了。信使不会再由于擅自离开而迷路了。在改进的系统中，通常信息被指望可以用来通过多次传递而被接力、收税和检查。

11.2.2 互联网与非预期的历史逆转

在目前网络设计与公共政策之间白热化的激烈讨论中，有人认为电子网络的优化发展将与古代的信使网络走向相反的方向——网络将发展得比以前的电子系统更加快速、可靠，它可能处于一种既荒谬又令人兴奋的颠倒之中，在网络中心这种发展基本上既不需要中间节点也不需要智能性。从某种意义上讲，大部分互联网最初带给人们的兴奋都是起源于这种有争议的设计概念；关于互联网的"固有的发散性质"观念从这里开始涌现。本章的余下部分我将揭示这个被认为是"端到端争论"的观点，然后重新评价它，其间我会使用以上所给出的例子。[6] 正如其他例子所要显示的，端到端的概念已经从工程领域转移到了公共政策领域。这里我们的兴趣聚焦于倡导者对端到端论证在网络设计中的理解，端到端论证通常被工程师们在技术效率的基础上进行评价，或许也具有标准化的正面性：也就是说，这种端到端论证形成了一种关于网络拓扑结构的哲学。标准化的获益由这样两个原因而被断言：首先，在某些情况下，端到端网络可以显著增加参与网络应用设计的群体的数量和多样性。其次，端到端网络可以使那些不希望的第三方在网络中控制通信变得更加困难。通过这种方式，端到端网络由于内在的更多民主性而得到了欢迎，其工作方式也为用户带来了自由性。

然而我将论证的是，目前关于端到端通信方式在技术和政治方面的争论具有误导性，因为它们诉诸于根本不存在的简单的、客观的技术真理而遮蔽了关于权力的争论。实际上，并不是因为端到端设计本质上具有标准的正面性，而真正起作用的是在历史和传统中已经赋予这种网络智能性模式的透明性、开放性以及参与性设计的磋商性(Streeter 1999)。把社会目标负载于端到端论证，而不是直接强调标准化目标，是一种危险的误导性战略，因为它把政策性讨论从标准化的目的中转移了，而这种目的倾向于技术手段，这不是我们所期望的方向。

11.3　什么是端到端网络

正如在许多技术领域发展中所常见的，自从创建了模块化的发展趋势后，计算机系统和计算机网络就展示了自身的发展。曾经的一项简单技术（"计算机"）变成了由不同组成部分构成的集合，其中一些技术是标准化的并且由不同的部门生产。互联网的创新体现在软件之中，但是模块化仍旧以类似汽车零件的标准化方式持续发展着。今天的程序员并不是从头写二进制代码以控制计算机硬件。他们依靠大量的标准化组件，比如代码库和操作系统的特点来装配软件。软件的模块化能够促使作为社会技术系统的计算能力有所增长：通过允许开发者把标准化的组件合并到新而大的程序中而促进创新，通过分配有效的预打包的专门技术而在软件中增加可靠性,通过从一种架构到一种汇编的过程转换而减少软件的开发时间,通过允许开发中的竞争以及供应这些模块的子成分而降低软件成本。计算机网络在子域中模块化趋势最为清晰的表达,是用于表征计算机之间通信的标准化模块的形成,称为七层模型。[7]因为应用程序员可以将大部分的通信工作留给其他子系统,这个模型有效地将通信任务划分成了子任务(层),使得新的网络应用程序(比如网页浏览器和电子邮件客户机程序)的发展变得更加简单。整个发送信息的方式,不必在新的信息需要传送时每次都重新编写。

由于节省了开发成本,故七层模式因其高效性而变得非常有用。但是随着20世纪80年代组网技术和网络分层概念的广泛传播,关于技术上正确分层的争论也逐渐增多起来(也就是模块或部分),其中所有给定的功能性都应该被合并进通信系统内。如果将这种发展转换为古代的情况,那么驿站应该计算信使或者君王的数量吗?因为不同的参与者工作在不同的层次上,这些争论也可以以这样的问题的方式出现:"是这个软件公司应该对给定的任务负责,还是那一个?"在当前网络工程的经典论文中,Saltzer,Reed和Clark(1984)为计算机系统精心设计了一个称为"端到端论证"的战略,这个战略采取了这样一个立场:

> 原则1:如果某个特殊功能要求系统末端点的参与,那么它就不应该在系统中的任一其他位置实现。

原则1是六个规则中的第一个,是我从代表端到端网络利益的讨论中摘录的。它可以利用邮递明信片这一极其简化的情节,来解释具有可靠性的功能性目标。[8]如果有一个人A给另一个人B邮寄了一张非常重要的明信片,那么A如何知道明信片已经安全到达了呢?一个选择是,在容易发生丢失明信片的邮递点应用各种策略:可以持续跟踪系统中每一个邮件的位置,为保险起见在多个要点处复制明信片并且进行传送,或者用耐用的金属替代纸张制作明信片。然而端到端的论证表明,尽管这些策略可以增加邮寄系统作为一个整体的可靠性,但它们非常昂贵并且会趋向减缓所有邮件的传递。实际上,不管对于邮递系统采取何种昂贵的改进措施,A永远也不能绝对确信B的确收到了那张独特的明信片。为了得到内心的安宁,A仍需要询问一下B是否已经收到了明信片。不再关注整个邮递系统的改进,那么,A直接询问B可能是更加高效的。只要邮递的过程是廉价的、简单的,如果有些明信片没有收到,B也可以要求他们重新发送——比如用另一张明信片发送。

在这个情节中,A 和 B 都是末端点,这样所有智能性的知识库都必须确认该信息的接收。将这一过程应用于邮递网络的中间(或中心)节点,也不会增加复杂性;相反它是与网络边缘相连的"设备"的行为,那些用户被替换为支持可靠性目标。在端到端倡导者们的眼中,答案永远是:更加简单的网络和更加智能的终端。

11.3.1 一个竞争性战略:端系统模型

作为对比,早期的电话网络最初是以一个被称为"末端系统"的网络设计的哲学理念发展而来的(Kruse,Yurcik and Lessig 2001)。[9] 网络的大部分功能被置于电话交换机中,"末端"(电话机)是一个相对简单的设备,它除了把简单的命令传递给交换机之外能做的事情很少(摘机状态,开机状态,1234567890＊♯)。为了对上述明信片的例子稍加扩展,我们可以看到,端到端的论证方式对于谁做的哪部分工作是一目了然的。如果通信问题就是确保在 A 和 B 之间传递的明信片可以到达,那么一些端到端的战略可以是 A 对明信片进行非常详细的追踪,A 对明信片进行备份以防丢失,或者 A 选择非常耐磨损的材料来制作这张重要的明信片。作为对比,端系统战略将是靠邮局实现这种追踪系统,以对所有的明信片都进行详细的跟踪,邮局会在分发它们的时候备份所有的明信片,并且邮局会要求所有的明信片都做得经久耐用些。所以,在计算机系统的设计中,关于功能性的位置这些问题,可以看做仅仅是技术上所关注的内容,但是显然从这个例子中得出的问题是"是谁在控制?"以及"由谁来付费?"

端到端的争论时兴时衰。互联网的倡导者们最先提出端到端方式时,就存在着争议——端系统的设计方案统治着当时的计算机通信。在远程通信的相关领域中,占统治地位的思想是以后被称为"智能网络"的运动(Mansell 1994)。20 世纪 90 年代后期,以这一问题为中心的激烈反对,导致了远程通信中端到端方式的一个重新发现(或者说独立的发现),以广告语来说就是"无声的网络"或"笨拙的网络"(Isenberg 1997)。注意"端到端"和"端系统"的分类是很有用的,但并没有穷尽它所有的用途。它们并不是一种二分法,实际上甚至并不构成一个闭集。把一些网络的结构描述为占主导性的端到端或端系统是可能的,但是其他网络抵抗这种描述——这些网络是很容易混淆的混合型系统。[10]

然而,尽管有着过度普遍化的危险,表 11.1 通过实例进行了大体的分类。由于"端到端"和"端系统"网络是设计策略并且是理想模型,没有什么网络可以被清楚地贴上这种或那种标签,但在这个表中,我将试图用一些最相近的实例来匹配这些理想类型。

表 11.1　由设计策略分类的网络

理想模型	端到端网络	端系统网络
实例	最早的非正式信使网络 早期的非交换式的("合用线")电话网络 内容普及之前的互联网	中国周朝"驿站"信使网络 早期交换式的电话网络

最早的非正式信使网络是端到端的,整个网络都是很简单的,除了边缘之外整个网络不存在什么复杂性。所有的应用(外交,商业)都是末端点之间的合同性交易。尽管严格来讲,最早期网络的路径不可能是"被设计好"的,然而仍然不存在规划好的中间形态。(信息被盗即是一种计划之外的中间形态。)最早期的非交换式的"合用线"的电话系统也可以被赋予端到端的概念。由于所有的终端都能收到所有的发送信息,所以实际上它们属于广播式网络,网络的中间部分根本不存在什么复杂性。这个例子带给我们一定程度的困惑,即端到端方式和交换方式之间内在关系的问题。这里要注意端到端方式和端系统网络之间的区分与交换方式没有关系。交换仅仅是一种可以用端到端或端系统策略实现的网络功能。比如互联网是一个包交换网络,端到端方式的倡导者们的担心正逐渐变少——但它将仍旧是包交换的。一种非交换方式,即广播网络可以在一个复杂的与交换无关的网络内核中实现很多功能。表中后半部是产生端到端概念的网络:即在所谓的"打破"了端到端方式的技术出现之前的互联网。

在表11.1右边栏目中,如果我们把信使系统和数据网络作一个类比的话,周朝的中国式"驿站"系统可以被认为是一种端系统。驿站系统也在内核处实现了邮件路由,但是除此之外它还具有支持监视、收税以及一些其他功能。对于这种理想模型来说它是一个很有难度的例子。[11]我们还有"端系统"的概念起源之处的网络,即在终端设备或者末端(比如ISDN)中增加了智能性的技术出现之前的电话服务系统,并且把这个例子给弄混了。尽管是互联网的内核在处理路由功能(它是中心具有一些智能性的一个例子),然而互联网仍被认为是一个端到端的网络,因为很少有什么其他的功能是在内核的路由器中实现的。

这两种理想模型之间在通信网络设计的整体战略中的巨大差别,导致结果与实际计算的巨大差异。对于允许人类通信的任一技术的设计,一定会具有社会性和政治性后果,但是更加具体地来说,关于端到端的设计方式的已经感受到的好处,在互联网的案例中从以下三个领域中被提出来了:(1)用户驱动式创新;(2)保护使之免于不希望的中间状态;(3)技术的正确性。

11.3.2 端到端方式对用户驱动式创新的意义

端到端方式的倡导者们指出,这种方式减少了"内核"网络的复杂性,因此导致网络的通用性,进而促进了创新,这是因为新的、预期不到的服务,可以使用比较简单的网络内核的基本模块来实现(Blumenthal and Clark 2001)。创新规则可以简单地表述如下:

原则 2:系统的最底层应该提供最大可能程度的灵活性,目的是容纳那些预期不到的应用程序。

互联网正好体现了这种规则:它提供了一组相当通用的工具以允许任意数据的传送。因而出现了大量不同的应用程序(比如远程登录、电子邮件、万维网),它们都共享相同的互联网。如果要求某些功能来保证这些应用程序中的某一种正常工作的话,则它就会被置于附在网络"边缘"上的计算机的软件(电子邮件客户端、网页浏览器)中(Blumenthal and Clark 2001,92)。

对于端到端的设计方式来说,网络的用户能够创建新的应用程序是它的一个主要特征,创建的应用程序最终会影响到更广的技术系统(见 von Hippel 1988; Bar et al. 2000; Bar and Riis 2000)。[12] "用户驱动式创新"过程与其他技术同时发生,但是因为互联网的控制机制居于软件中,用户驱动式创新就具有更加中心的地位。考虑两种最为流行的互联网应用程序,都不是由集中的网络中心当局或网络的所有者开发的,而是由用户开发的。Ray Tomilson,于 1973 年在 BBN 中为他的小组开发了电子邮件;Tim Berners-Lee,于 1990 年在 CERN 中为他的小组开发了万维网。

作为对比,在端系统模型中位于网络边缘的设备(比如电话),是很简单的并且制造起来成本也不高。设备所连接的网络设备提供了系统所有的智能性和功能性。在早期的电话网络中,在末端增加新技术是明文禁止的——即使增加一个应答的机器或一条纸板也是违反设计原则所规定的,某些情况直到 1976 年在美国仍是违法的。[13] 这种设计理念和配置硬件中的困难都违反了电话网络中的用户驱动式创新。在电路交换方式之前,一个创新,比如三方通话还要求用户找一把螺丝刀并把三根电话线连接起来。甚至从电路交换和软件控制开始,如果用户想要在电话网络中实现一种新的服务,比如语音信箱,那么没有现存的设备来支持这一服务。电话公司控制着系统,用户不可能未经允许就擅自改动,甚至不可能观察它是如何工作的。

11.3.3 作为防止中间商接入的端到端服务

那些具有技术决定论倾向的人曾经指出,端到端的互联网结构本身就是一种保护,可以防止那些想限制通信自由的人。根据这种逻辑,采用端到端的互联网设计方式,将产生违背法律或社会安排的自由。大多由于相同的原因,准创新者可以使用任意一种适合他们想象的新应用程序,准通信者不需经过许可就可讲话,也不需要将他们谈话的内容置于别人的检查之中。这一论证认为,如果网络不具有检查它所携带信息的功能,那么通信过程就会更加自由。

11.3.4 来自技术的正确性的争论

有人已在寻找支持端到端设计原则在一定客观意义上的正确性依据。原则 2 基本上客观地关注了对象的正确性,但是下面的争论与这一想法有关,即如果把功能性从网络内核中去掉的话,那么内核本身可能会变得更加便宜、更加快速而且更加容易管理。他们认为简单的内核对于模型而言必然更加透明、更加简单,并且认为接受这个观点是走向更加理智、更加科学和更加基于规则的网络工程的第一步(关于具体观点的说明和批评,见 Moors 2002)。这些"正确性"的论证已经在端到端方式的里程碑式的文件中作出或者重新作出,正如端到端方式的邮件中所列出的,你可以想象,在最近 20 年全球召开的日益频繁的工程会议中。端到端方式在技术上的正确性已经得到了声明:

> 原则 3:核心网络中实现的任意功能可能都是多余的,因为这种功能性已经在网络的末端点实现了。

> 原则 4:核心网络中实现的任意功能可能都是多余的,因为有些应用程序将永远不会需要它。

让我们重新返回到明信片的例子,以解释端到端的倡导者们提出的这些主张。

为了说明原则 3,考虑如果表 11.1 中的端到端和端系统战略都得到了实现,那么将会是一次有意义的对于努力成果的复制。此外,为了说明原则 4,想象一下有一个人 C,她并不需要确认她的明信片是否送到(或者不希望额外付费)。如果 C 为邮递系统付费(通过邮票或税收的形式),她通过赋税对邮递系统作出贡献,其中一部分将用于她不需要或不希望的改良措施中。网络将以更高的成本运行,但是对她毫无益处。原则 4 最为有力的陈述形式是:网络中不应该实现什么功能,除非网络(或网络层)的所有客户都需要它,因为:

> 原则 5:末端点趋向于包含比网络中实际需要更多的信息。
>
> 原则 6:网络内核中实现的任一功能都会增加由网络用户负荷的成本和复杂性,即使他们不使用这项功能。

尽管原则 5 似乎只是对端到端的设计的一种论证,它预设了一种端到端的网络,在这个网络中没有中心局来指挥哪些应用程序应该使用,以及哪些地方的通信的技术和形式仍未解决。如果互联网继续保持作为新的应用程序不断涌现的发源地(例如,以 Napster 的形式共享的对等网络文件),那么从这种意义上来说,存在一些优点。原则 6 只不过是早期明信片例子中得出结论的一个重新说明。

11.4 端到端系统已经感受到的挑战

推进新的互联网应用程序的践行者,拥有与端到端设计的倡导者同样的感受,仿佛处于包围之中。倡导者们警告说:软件、政策和使用方面的发展正在"对互联网的初始设计原则作出让步"(Blumenthal and Clark 2001)。Blumenthal 和 Clark 记录了四个正在出现的互联网应用程序的例子,这些例子对端到端的设计原则提出了挑战:(1) 管理不值得信赖的端点的需要;(2) 音频和视频流提出的更高的数据吞吐量需求;(3) 具有竞争性的互联网服务提供商(Internet Service Providers, ISPs)之间在服务方面的区别;(4) 通信中三方参与的日益增加。也就是说,这些发展中的每一项都可能意味着向网络增添智能性的需求,比如:(1) 增加"防火墙"以阻止"不利的"网络通信;(2) 因多媒体内容而添加的私人拥有的分布式高速缓存系统(proprietary distributed cache systems)(例如 Akamai);(3) 由 ISP 提供的不同种类内容之间的区别,以供给不同层次的服务质量;(4) 使用过滤器以阻止不希望的或非法的流量,或者使用流量分析仪以监听可疑的流量。

这些变化带来的可以感受到的危险是,每一个变化在网络交通的路径中都构成了新的中间节点,而网络交通的路径可能是某个第三方实施控制的地方。关注对于内容的审查或者通过控制互联网用户线进而控制其内容的那些人已经指出,"端到端方式最初被选为一种技术规则。但是好景不长,端到端方式的另一方面表现得非常突显:这一方面加强了竞争的中立性。网络并没有对新的应用程序或内容进行区分,因为它不能胜任这项工作。"(Lessig 2000)实际上,端到端方式的种子论文的初始作者之一,将端到端的方式与"缺省的情况,即意想末端点之间的新服务并不需要配置的许可"对等起来。废除端到端的设计规则导致了这一情况:"新的阻塞点正在配置起来,以致任何新的、没有提前被许可的东西,都会被系统隔离。"(Reed 2000,4)

确保未来端到端设计方案的论证力度依赖于这样一个假定:端到端方式是当前的设计方案,而且已经是一种有效的方案。也就是说,如果它还没有被打破的话,那么就不要固化它。正如 Lemley 和 Lessig(2000,4)所言:"我们仍然没有充分了解这些结构性规则和互联网创新之间的关系。但是我们本应足够了解以对其设计中的变化提出质疑。强预设应该乐于保护这种已经产生如此非凡创新的结构化特征。"在政策类的讨论会中,有人进行了这方面的呼吁,并试图约束那些偏离端到端设计规则的人。这些威胁性组织都是私有企业的行为者,比如互联网业务服务商(ISPs)和通信公司,他们会在时机成熟时将他们的新软件和设备自由附挂到互联网中。换句话说,端到端的倡导者们希望达成这一情景,即尽管互联网具有一种"基础性"的发散和分布式性质,然而它现在要求一种政策性行为以阻止私有企业行为者偏离其技术性的设计原则。

这一冲突近期最为突出的表现,是关于美国有线行业"开放性接入"的争论。美国的有线服务提供商已经在网络中配置了广泛的智能性,这个过程是在他们的用户网络和低速互联网的连接处,以一种称做"缓存性网关"(caching gateway)的技术方式实现的。因为有线服务提供商已经拥有政府批准的垄断性特权,如果他们获得允许来要求用户也使用一种他们拥有的 ISP 的话(这些用户是宽带有线调制解调器的服务用户),那么他们很可能会试图将垄断权利以杠杆作用的方式延伸至互联网内容的控制上。这种杠杆作用以将"战略性伙伴关系"(strategic partners)或内部内容置于这些缓存性网关中来完成,这些缓存性网关是他们单独控制的且与有线调制解调器用户的距离是很近的。这种安排可以使用户快速获得内容,这些内容会为有线公司创造利润,实际上也给有线公司提供了一种来自竞争性实体的降低通信量的诱惑。参与到此情景中的用户,永远都不会知道为什么互联网中有些部分的内容可快速获得,而有些部分的内容获取很慢。美国司法部(U. S. Department of Justice)、联邦贸易委员会(Federal Trade Commission)以及联邦通信委员会(Federal Communications Commission)都被用此理由游说过,要求融合大型有线公司,以公开接入具有竞争性的互联网服务提供商(ISPs)。

11.5 端到端方式:已经结束了还是从未开始过

本节我要批评端到端的连接方式,是想表明,端到端的争论不是一个关于技术的正确性的问题,而是一个关于社会化政治的控制问题。首先,我将指出,在上一节呈现的内容是技术发展早期阶段的一个经典案例,其内在工作方式尚属于解释的灵活性时期(Pinch and Bijker 1987)。在这次争论中,确定了一些相关的社会群体,比如以某种方式从互联网中寻求利润的私有企业、互联网倡导者中的"守旧派"、设计人员和计算机科学家等。互联网是每一种群体都试图去塑造的技术,为了对其施于控制,他们致力于一场明确的论战,讨论什么特点对于目标"互联网"而言是本质性的。他们试图把其他组织的侵入行为粉饰为对所谓"互联网"自然形式的对抗,以达到对新出现技术的控制。

正如最初的端到端论文的作者注意到的那样,端到端方式是一种"争论",而不是一种规则、规律甚至原则。在任一给定的工程问题中决定"端"的含义是非常困难的,而因此产生的争论对于大多数解释来说都是开放的。甚至因端到端方式而产生的最重要的案例,即促进创新的案例也是有问题的。端到端的方式仅仅有利于这种创新,即新的应用性服务程序可由网络所提供的低层的标准化模块来创建。既然网络工程师并不认同低层网络创建模块的"周期表",根据此表任何可能的服务都可创建,那么一种简单的、容易创建的网络的端到端目标,实际上是一种容易创建的网络,在此网络中非常容易创建那些由现成的模块或功能组成的东西。如果你想要创建的服务不能由这些功能来创建的话,那么这种端到端的设计战略将不能使你的新想法变得更容易实现。

比如,希望引进庞大多媒体数据流业务的人反对说,当由可以使用的模块开始时不可能建立服务质量的保证。为了从根本上起作用,有关多媒体内容的数据流的发展似乎要求网络内核功能的相应变化。在目前的互联网中,把广播看做一种点到点的操作是毫无希望的不切实际的想法。当大量用户希望同步观看同一广播流时,数据流的供应负荷将迅速变得难以控制,并且因为提供者一定要同时发送多份相同的数据流,向每一用户发送他们渴望的数据流——是一种危险的、低效率的方法,所以提供者附近的网络也会变得堵塞。"笨拙的"网络并不会注意到每一个数据流都是相同的内容,因此兴致勃勃地发送着上千份拷贝,其实仅有一份就足够了。

以协作的、开放的方法重新设计互联网内核,以支持多媒体内容的半广播方式,用术语表达为"多点广播",它包括修改互联网的基本协议,以减少一份多媒体数据流即可胜任的多份复制传送。端到端的支持者们把内核网络的修改描述为:出于执行性能的原因而对端到端战略的必要的变更。

然而,目前私营分布式缓存数据流业务的供应商,在不修改现存协议或网络内核的前提下,即可在互联网中提供可靠的广播服务。这些供应商,比如 Akamai 和以前的 Inktomi,在世界的很多数据中心都配置了服务器。相关内容的数据流首先被发送到这些数据中心,然后在这些中心为附近用户的需要而进行复制。换句话说,用户被引导着从最近的端点获得所需的内容。这种方法因违反了端到端的原则,而受到端到端倡导者们的谴责。

显然,Akamai 使用的方法降低了网络的透明度。Akamai 是一家私营公司,它采用了一种私有设施以供应仅其自身用户可以利用的内容。相反,如果多点传送在互联网协议的范围内被完全认识,它将提供一种内置于网络的设施,用于供应可被任何人使用的内容。从效果上看,这两种方法之间的主要差别是成本的分布。调整网络的内核,正如 Akamai 没有采用的方式,会将互联网内容的广播成本分配给所有用户:那些希望获得内容的用户、那些提供内容的用户以及那些从没使用过该项内容的用户。Akamai 公司采用的方法要求,多媒体内容的提供者和通俗内容(非多媒体)的提供者,因新增一项服务而提前为该设施承担费用。对这一功能置于何处的决策,决定了互联网广播如何得到资助以及谁拥有访问权。

11.6 结　　论

在考虑与互联网的设计相关的政策决定时,很容易让人感到沮丧的是在没有太多先例的情况下必须要作出一个决定。但是，通信网络的历史在网络内部智能性的分布方面有着大量的有用参照物。实际上，目前的争论可以从信使网络的历史和通过网络协议实施控制的困难中得到很好的启示。"互联网"这个词起源于 ARPA 计算机网络协议的设计人员所称的"内部网络的问题"，也就是网络之间的问题。"网络代表了控制的可管理边界，把大量独立的可支配的实体结合成一个普遍的整体，紧紧抓住这个问题是 ARPA 网的宏愿。"(Clark 1988,107) 当信使到达一个王国的边境而且必须通过由其他国王控制的信使网络时，要询问他发生了什么，因此，周朝第二代信使网络的协调仍需进一步扩展。借用计算机网络的语言，古代中国的网络设计者并没有考虑技术方法，以确保在他们控制范围之内可管理边界进行通信的完整性，因为他们可能设置的任一协议，将完全依赖于与邻国统治者的合作。如果其他统治者出于战略利益的考虑而截取信息或者给信使让路，那么该问题就不是一个技术问题而变成一个政治问题了。确保相互连接的网络以你所希望的方式运转的唯一方法是，以某种风格对其施加控制。

把端到端方式作为一个设计原则来使用，具有将网络的智能性推向网络边缘的效应，创建了端到端的倡导者们所主张的"非敏感应用"网络，该网络已经得到优化以传送网络内核中的少数"低层"服务。他们还声称，这些网络不仅提供了标准化模块，利用这些模块可以建立多种类型的应用，而且还提供了一种环境，这种环境几乎不需要存在中间状态。我希望已经表明，这种"低层"服务最好描述为在许多可能性中的一种服务形式，因为只要互联网的应用程序与其最初设计者们所构思的相似，那么网络就属于应用非敏感型。互联网总是拥有中间状态，但是端到端的倡导者们与他们认识的中间商相处非常愉快——也就是服务的供应商，最初是学院计算机方面的科学家而后是大学。这种端到端的争论是通过主张其技术上的不正确——一个关于技术人工制品"互联网"的定义的辩论，来阻止新中间商出现的一种努力，这个争论至今还没有平息下来。

我并不是想低估工程师们。我的论证并不意味着，那些把端到端的论证作为解决政治问题的技术方案是某种方式的简单思维。参与到这场争论中的大部分人都清楚意识到了这种危险，即把规范性原则拔高为技术性原则，或者将技术和规范合并起来。但是技术的主张是具有诱惑性的，这是因为它提供客观正确性承诺，以战胜混乱的妥协。[14] 相反，我认为这些聪明的工程师们自身正在低估政策的制定者和全体竞争对手。立足于专家而不是原则，只有在没有其他专家反对你时才会发挥作用。当那些希望以"不受欢迎的"方式修改网络的人不喜欢你的工程时,他们将会简单地去购买新的和更好的工程设计。使用技术的论证作为对规范化论证的一种代理方式产生了一种奇特的争论。如果某人认为"端到端的原则致使互联网成为一种创新公共平台"(Lessig 2001,40),那么他会放弃是哪个专家成功地定义了历史或者真实的互联网的争论。在源于传统的争论中,那些可以界定过去的人也在界定未来。

使控制的技术的、社会的和法律的机制概念化来作为一个人控制互联网的不同种类的杠杆,是相当容易的(Clark et al. 2002)。关于端到端争论的著述指出了技术控制的盛行,并且呼吁以更多的社会甚至法律控制作为更好的"平衡"。实际上诸如"技术的"控制并不是什么新东西。技术的、社会的和法律的总是互相渗透,不存在什么纯粹的技术方式来保证互联网以一种方式而不是另一种方式进化或被使用,而不带有由所有者或政府施加的某种更广泛要求的控制。

网络设计过程应该继续纳入透明性、参与性和灵活性的考虑,但是这些考虑应该有明确的目标,而不是在技术的正确性名目和端到端论证的目标下去追求。此外,政府合法的公共政策角色不在于保护互联网免遭"侵入"。这样一种政策只是赋予那些委派来解释互联网基本性质并且撰写其历史的人以特权。反思互联网对于创新带来的好处,对于调控透明性和参与性提供了一个逻辑上的合理性。这一角色对于政府而言并不是新的,即便从互联网的角度来看也是如此。

注释

作者要感谢 Helen Nissenbaum, Stephen Barley, Paul David, Ian "Gus" Hosein, William Drake 和 Dieter Zinnbauer 等人的很有帮助的建议。本研究得到牛津大学"比较媒体法律和政策计划"中"迈克尔基金会信息政策研究奖学金"的支持,以及牛津互联网学院的访问研究奖学金资助。本章内容的最早版本不包括创新部分的论证,曾于 2001 年 12 月 15 日发表在英国兰开斯特的《计算机伦理:哲学探析》(*Computer Ethics: Philosophical Enquiries*)中。

1. 这一观点最突出的普及者可能是 Lessig(2001),最精确的表述者是 Blumenthal 和 Clark (2001)。
2. 这个令人着迷的建议由 David(2001)提出,他本人也认为是不切实际的。
3. 引言中的历史细节来自 Holtzmann 和 Pehrson(1995)。
4. 以简单的灯(火)或烟为信号可能比有组织的信使网络出现得更早,但是这里的观点是二者的组合。

5. 本段落中的细节来自 Lay(1992)和 Forbes(1954)。

6. 在电信工程中,拥有两方连接的所有部分的单一信使观念也被称为"端到端方式",但是这一术语的使用与本文无关。本章使用的"端到端方式"是指 20 世纪 70 年代以后在计算机网络中所使用的定义。

7. 七层模型最初是由国际标准化组织(International Organization for Standardization, ISO)发起的作为开放系统互联(Open Systems Interconnect, OSI)的一部分而开发的。

8. 文章中给出的原始例子是"谨慎的文件传输"问题(p.510)。

9. 意味着作为一种设计系统的途径,对于末端的设计定位在与系统的联通(在这个案例中是交换机),而不是定位在另一个末端点。为了简化这个术语,或许更便于将其概括为"从末端到系统"。

10. 比如:综合业务数字网(Intergrated Services Digital Network, ISDN),20 世纪 80 年代一种通过电话配置计算机通信的方式,试图将一部分智能性从(端—系统)电话网络的中心移向网络边缘,以及在比传统的无声电话机更加智能的终端(称为 ISDN 终端适配器)中实现一部分特点。

11. 军方的信使网络站点,比如驿站系统,通常也是新闻及流言的分布地,在获得额外的能力后,也接受一些非军事的通信业务。如果采用今天的术语,我们可以想象,一个具有不均匀分布节点的丰富的拓扑结构、一些广播、一些缓存以及一些过滤系统。所有这些,如果没有事先计划,那么至少会被正常接受。

12. 注意"用户"不必一定意味着是新手———一些用户对于他们使用的技术来说具有相当的技能。

13. 例如,见对电话耳机隔音罩(Hush-a-phone)和卡特风(Carterfone)的一种评论(Neuman, McKnight and Solomon 1998, 176—178)。

14. 本节我要讨论以技术性结论来遮蔽标准化目标的问题,但是,"技术的"和"标准化的"之间的区别曾是非常有用的这一观点值得怀疑。每一种技术决策都包括标准化的假定,即使这些假定被如此广泛地接受或未经检验以至于被忽视。

参考文献

Bar, F., and A. Munk Riis. 2000. Tapping user-driven innovation: A new rationale for universal service. *Information Society* 16(2): 99—108.

Bar, F., S. Cohen, P. Cowhey, J. B. DeLong, M. Kleeman, and J. Zysman, 2000. Access and innovation policy for the third-generation Internet. *Telecommunications Policy* 24(6/7): 489—518.

Blumenthal, M. S., and D. D. Clark. 2001. Rethinking the design of the internet: The end-to-end arguments vs. the brave new world. In *Communications Policy in Transition: The Internet and Beyond*, ed. B. M. Compaine and S. Greenstein. Cambridge, MA: MIT Press.

Clark, D. D. 1988. The design philosophy of the DARPA Internet Protocols. *Computer Communication Review* 18(4): 106—114.

Clark, D. D., J. Wroclawski, K. R. Sollins, and R. Braden. 2002. Tussle in cyberspace: Defining tomorrow's internet. Paper presented at the Annual Meeting of the ACM Special Internet Group on Data Communications(SIGCOMM), in Pittsburgh, PA. 19 August.

David, P. A. 2001. The evolving accidental information super-highway. *Oxford Review of Economic Policy* 17(2): 159—187.

Dvornik, F. 1974. *Origins of Intelligence Services: The Ancient Near East, Persia, Greece, Rome, Byzantium, the Arab Muslim Empires, the Mongol Empire, China, Muscovy*. New Brunswick, NJ: Rutgers Univ. Press.

Forbes, R. J. 1954. *Roads to c. 1900*. Vol. 4 of *A History of Technology*, ed. C. Singer. Oxford: Clarendon Press.

Holzmann, G. J., and B. Pehrson. 1995. *The Early History of Data Networks*. Los Alamitos, CA: IEEE Computer Society Press.

Isenberg, D. S. 1997. The rise of the stupid network. *Computer Telephony* (August): 16—26.

Kruse, H., W. Yurcik, and L. Lessig. 2001. The InterNAT: Policy implications of the Internet architecture debate. In *Communications Policy in Transition: The Internet and Beyond*, ed. B. M. Compaine and S. Greenstein. Cambridge, MA: MIT Press.

Lay, M. G. 1992. *Ways of the World: A History of the World's Roads and the Vehicles That Used Them*. New Brunswick, NJ: Rutgers Univ. Press.

Lemley, M. A., and L. Lessig. 2001. The end of end-to-end: Preserving the architecture of the Internet in the broadband era. *UCLA Law Review* 48: 925—972.

Lessig, L. 2000. Innovation, regulation, and the Internet. *American Prospect* 11 (27 March). Available at http://www.prospect.org/print/V11/10/lessig-1.html.

———. 2001. *The Future of Ideas: The Fate of the Commons in a Connected World*. New York: Random House.

Mansell, R. 1994. *The New Telecommunications: A Political Economy of Network Evolution*. Thousand Oaks, CA: Sage.

Moors, T. 2002. A critical review of "End-to-End Arguments in System Design." In *Proceedings of the IEEE International Conference on Communications* (ICC). Vol. 5, 1214—1219. New York: IEEE.

Neuman, R. W., L. McKnight, and R. J. Solomon. 1998. *The Gordian Knot: Political Gridlock on the Information Highway.* Cambridge, MA: MIT Press.

Pinch, T. J., and W. E. Bijker. 1987. The social construction of facts and artifacts: Or, how the sociology of science and the sociology of technology might benefit each other. In *The Social Construction of Technological Systems: New Directions in the Sociology and History of Technology*, ed. W. E. Bijker, T. P. Hughes, and T. Pinch. Cambridge, MA: MIT Press.

Reed, D. P. 2000. *The End of the End-to-End Argument* [online]. April 2000 [cited 17 September 2004]. Available at http://www.reed.com/Papers/endofendtoend.html.

Saltzer, J. H., D. P. Reed, and D. D. Clark (1984). End-to-end arguments in system design. *ACM Transactions on Computer Systems* 2(4): 277—288.

Streeter, T. 1999. "That deep romantic chasm": Libertarianism, Neoliberalism, and the computer culture. In *Communication, Citizenship, and Social Policy: Re-Thinking the Limits of the Welfare State*, ed. A. Calabrese and J. C. Burgelman. New York: Rowman & Littlefield.

von Hippel, E. 1988. *The Sources of Innovation.* Oxford: Oxford Univ. Press.

12 缺席的技术政策
——通过规制政策塑造通信技术

Carolyn Gideon

12.1 导　言

规制政策和技术之间的关系是很难跟踪的,特别是当影响技术的大多数政策各抱不同目的时。例如,被设计用来影响产业结构的政策,经常能够创造一些动机,这些动机将影响对技术开发和部署的投资。尤其通信业有长期的政策史,这些政策预先决定着产业结构进而影响了技术的发展。被设计用来操控产业结构的规制经常会产生有利于特定市场结构的技术。当前,为了促进本地电话和宽带接入内部竞争而出台的电信网络的强制分类计价政策,反映出这样一个问题:这些政策是否鼓励或阻碍了技术的投资。本章通过研究针对产业结构而设计的规制政策是如何塑造电信和互联网业的技术发展的,来探讨这一问题。

为了阐明规制和技术之间的关系,我首先来分析美国电话和互联网历史中选择的政策,以了解它们是如何影响技术投资的。然后我会讨论网络定价游戏,即这样一种模型,它表明什么时候市场更加近乎于自然的或具有不可避免的垄断,以及什么时候市场更可能维持其竞争性,以此模型来设想如果网络公司持续保持竞争的话,技术投资会出现怎样的不同。然后,把这些讨论应用于强制性网络分类定价的争论中,考虑三类创新:成本的减少、设备资源的配置以及新产品和新服务的开发。本章表明,强制性分类计价政策没有改变在减少成本的创新方面的投资动机,然而在宽带设备和新产品、新服务的配置方面的投资可能会从这类政策要求中获益。最后,以规制的政策塑造技术的政策内涵来结束本章。

12.2 规制与通信技术:一种历史视角

产业结构很早就被认为对技术投资起关键性作用。更加重要的是,Schumpeter([1942] 1975)指出,垄断性收益对于新技术的投资是必要的。当我们考虑很多产业(包括计算机设备和半导体)时,这些产业并不具垄断性且以重大技术投资为特色,其实是试图简单地拒绝这种观点。实际上,电信调控和技术投资的历史表明,竞争更有利于技术的进步。本节针对产业结构的政策与电信和互联网技术的发展之间的关系,提供了一个简短的历史性分析。尽管有很多轶事——但并不意味着是关于政策和技术的全面的历史——这个分析表明了促进竞争的政策和技术进步之间的一种很强的正相关关系。

12.2.1 资产预剥离

当1984年贝尔(Bell)公司最初的电话机专利和本地网络服务的期限终止时,出现了一种加入该领域的热潮。其他竞争者进入这一领域,建立了它们自己的设施,抢占了被贝尔公司忽视的市场。特别是,它们建立了一些为居民提供服务的设施。贝尔公司从未想过要提供一种居民电话和服务,而只是考虑了电话设备的商业目的。可以预见的是,贝尔公司迅速作出反应,在新市场建立设备,其中包括居民市场(Noll 2002)。结果引起了激烈的竞争,在某些市场贝尔公司所占的份额低至56%,且电话技术的很多最新发展通常是由贝尔公司的竞争对手们开发的(Faulhaber 1987; Brock 1994; Noll 2002)。这是一个在不共享设备的情况下,技术在竞争中获益的例子。其他公司开发了当任公司所忽视的市场和技术。

电话市场从竞争状态到垄断状态并不是自然垄断的自然演化过程。[1]实际上,早期的电话系统技术已经大幅度减少了回报(Mueller 1997)。贝尔公司利用它对开发远程技术和设备的绝对控制而获得垄断地位,拒绝与非贝尔公司服务的提供商联合,直至受到反托拉斯诉讼的威胁。贝尔公司的主席Theodore Vail也通过提倡全球化服务的社会目标而采用了一种包含调控的战略,之后为全国所有的电话服务限定了一个单独的网络。Vail成功促成了一个由贝尔公司拥有的单独的国家垄断电话网络,其结果是造成了一种受到保护的国家垄断。一旦这个进入路径被禁止,那么就没有公司愿意对可能改变产业的成本结构的技术保持投资。垄断者的动机是在其给定垄断结构的情况下,提高其成本状态,因而投资于增加其经济规模的成本改善。"在不起作用的情况下,公司对引导技术变革和降低产品规模成本感兴趣是不可能的。"(Wenders 1992,14) 按照这个逻辑,电信的资本密集很可能是自然垄断分类的结果,而不是其原因。这样电话业的垄断更大的可能是政策选择的结果而不是经济条件影响的结果。导致自然垄断成本结构的技术是由政策导致的垄断的结果。成本结构对于市场结构来说并不是一个外因,并且自然垄断是由政策预先决定的。[2]

长期占统治地位的垄断性结构好像压制了新产品和新服务的技术开发。AT&T 公司作为一个垄断者,并没有忽视创新。通过贝尔实验室,AT&T 公司加大了在研究中的投资,在技术、经济和其他领域都取得了很多有重大意义的创新(Noll 2002)。尽管具有雄厚的实力,然而 AT&T 公司在引进数字的和先进的服务方面再三遭到失败,直到迫于竞争的压力才得以成功。对于这种失败的一个可能的解释是,作为一个垄断性企业,AT&T 公司试图限制那些支持其垄断地位的人使用网络。

当可以进行设备共享时,远程电话市场提供了竞争能够促进技术进步的实例。[3] 远程技术的竞争始于 1959 年,此时 FCC 允许私人在大型商业活动使用微波以建立他们自己的网络(Crandall and Waverman 1995)。在开放接入权的情况下,出现了很多并非垄断者所追求的新技术。很多增值业务最初都是由这些公司引进的。进入远程领域的竞争者们也为设备的部分带来了新技术,创造了与 AT&T 公司所使用的明显不同的新类型的设备需求,同时也为新设备供应商的进入带来了机会,目的是开发新服务所需要的设备,这些服务是由新进入者提供的(Crandall 1991)。[4] 竞争也导致了与垄断相比降低成本的技术的日益发展。比如,远程通信竞争带来了交换机中的大量技术变革,导致了交换机成本的显著下降以及效率的显著提高(Crandall 1991)。[5] 因此,在新技术的发展中,促进竞争的政策明显地推动了新技术开发的进步。

12.2.2 资产剥离

1984 年地区性贝尔公司的 AT&T 公司的资产剥离,引起了对电信业研究与开发(R&D)的关注,特别是贝尔实验室,将遭受随后而来的竞争对手们的冲击(Noll 1987)。然而,20 世纪 80 年代电信业的 R&D 才真正得到了大幅度的增长——尽管这些增长中的一部分是与政府签订的防卫研究合同(Crandall 1991)。从1970年到1988年,电话业的资本支出增长了三倍,这部分增长中一半以上是由新的竞争者贡献的(Crandall 1991)。资产剥离之后,被贝尔实验室集中控制的R&D资金转移为在多家公司之间进行分配,其中也包括那些非贝尔公司的新进入者。这种情况和电信服务中的高程度竞争似乎导致了技术投资的增长。新的竞争者们也对AT&T垄断所忽视的新技术进行了投资,这些新技术称为数字的以及其他先进的服务。结果引起了一场"电子工业的革命和数字压缩技术,它减少了经由铜导线、铜轴缆以及无线电路提供一系列电信服务的成本"(Crandall and Waverman 1995,5)。在随后十年的资产剥离中,中心的办公技术变得更加先进了。

本地电话的开放进入看起来同样有助于新技术的开发和使用。新进入者首先在地方电话的基础设施中采用和配置光纤,随后当任公司也进行了模仿。新进入者的优势极大地推动了早期地方电话的竞争,这主要表现在:光纤网络与当任公司基于铜线的设施相比较,能够提供更高的可靠性及更大的数据和视频传送能力。几年后当任公司开始在光纤上增加投资。《1996年电信法案》(Telecommunication Act of 1996)出台后,带有竞争性的本地交换公司(competitive local exchange company, CLEC)大规模地进入本地服务市场以提供互联网的接入服务。直到2000年,当任公司才开始提供居民宽带业务,迫于不断增长的压力从CLEC转换为DSL的供给(Ferguson 2002)。[6]尽管在本地市场中存在能够提供数字和先进服务的技术,但是直到出现竞争为止,这些公司并没有在这些服务中进行投资。与先前所描述的远程通信中的经验相似,竞争是提供新技术的催化剂。

12.2.3 互联网

与电话部门不同,早期关于互联网的决议是直接以技术为目标的。互联网的公共起源与电话的企业发端形成对比,在其开发和有了显著扩散之后很多年都不存在互联网产业。技术政策问题作为规制政策的二阶结果才刚刚开始出现。对于市场经济的关注以及公司在互联网的不同分层上提供服务才开始遮蔽对技术的关注。

1965年,美国国防部高级研究计划局(Defense Advanced Research Projects Agency)的最初广域网实验表明,时分系统可以多么好地工作,相对于联网的计算机的支持而言,电路交换的电话系统是多么不充分(Leiner et al. 2000)。国家科学基金会(National Science Foundation,NSF)开始制定政策以刺激私人部门在新技术上进行投资,旨在提高网络性能。后来,NSF 鼓励其地区网络向它们的学术共同体之外扩展,并扩展其基础设施以寻找并服务于商业客户。扩展网络业务的经济规模才能得以开发,从而降低其用户成本(Leiner et al. 2000)。同时 NSF 否认它的国家骨干网的商业用途。这种排斥鼓励了具有竞争性的远程网络的商业开发(Leiner et al. 2000)。与电话的例子不同,这些政策直接指向技术的开发,并成功激励着追逐利益的才能。

在互联网私营化以及市场初步形成之时,设计和政策的这种或其他选择允许一种活跃的、具有竞争性的互联网服务提供商(Internet Service Provider,ISP)产业的出现(Downes and Greenstein 1999)。尽管与 ISP 相比互联网骨干网中的竞争很少,但它也不是一项垄断事业。通过支持端到端的结构体系和哲学理念,这种产业结构支持快速的、分散的创新(Blumenthal and Clarke 2001)。[7]Lemley 和 Lessig(2001)声称,迄今为止对互联网所经历的大量创新来说,这种设计方法是非常关键的。在互联网设计的早期阶段,工程师和科学家所采用的另一个决议(该决议对随后的技术发展作出极大贡献),是用于支持以开放结构网络为技术规则的互联网设计。对于互联网结构进化的关注有了极大的提高,当前它处于私人的掌握之中。一些人支持这样的规制,以阻止网络的所有者偏离这些开放结构以及端到端的特点,目的是允许开发更大量的应用程序(Lemley and Lessig 2001;Leiner et al. 2000;但是作为一种对比观点,可参见本书第 11 章)。在具有不同水平的多元供应者的互联网产业中,创新活动得到了极大繁荣,也得到了合理的技术政策的支持。

正如与产业结构相关的政策(比如分类计价政策)目前受到争议那样,塑造技术的潜在意义是丰富的,而且上述提及的来自电话和互联网的例子可能是有启发性的。在此得出三个重要经验:首先,一些趣闻性的证据强烈地表明,当存在竞争时就会出现更多的创新和更大的技术投资;其次,在技术上的投资强化了指向产业结构的政策;再次,直接针对产业结构和技术的政策可以做到非常成功。

12.3 一种可选择的进化:竞争性网络

如果政府没有干预并建立电信垄断,情况又会如何? 在垄断形成并得到法律保护时,在给定电话成本结构的条件下,竞争可能会持续下去。对于网络公司如何进行竞争的分析,可以为在不存在规制变形的情况下产业本来会如何演化提供一种与事实相悖的解释。网络定价游戏(network pricing game, NPG),一种用于理解在缺乏价格规制的情况下网络公司如何进行竞争的分析框架,考虑了定价及退出决策,目的是为了表明什么时候竞争是可持续的,以及什么时候垄断是不可避免的或更可能成为结果而呈现。[8]一旦我们理解了可能使小公司幸存下去或者使大公司诱导其竞争者退出的相关因素,我们就可以猜测出公司如何通过技术投资以达到其提高在此游戏中的地位之目的。

NPG 以其最为简洁的形式表征了一种程式化的网络通信市场,在不存在价格规制的情况下,公司简单地追求利润最大化。这个游戏由拥有固定订阅客户数且在市场中进行价格竞争的两类网络公司构成;这些公司并不是为了新业务而进行竞争,而只是简单地互相争夺现存的客户,这体现了一个更加成熟的市场。网络之间得到了完全的链接,并且消除了它们之间任一网络的外在区别。

NPG 是一个两阶段的游戏。在阶段 1,参与者即公司 1(大一些)和公司 2(小一些)掌握由外部因素决定的它们的最初市场份额分配情况。[9]然后公司 1 设定它的价格。阶段 2,公司 2 将退出或者坚守并设定其价格。当不能赚得绝对利润时公司 2 退出。较大的公司(公司 1)没有退出。用户都偏爱低价位,犹豫着想从当前的供应商转向别的公司。用户将选择保留或转换,这基于不同公司价格的差异、用户对于给定的价格差异所持有的转换网络的内在倾向性,以及用户在公司之间的再分配。然后用户购买所需的服务,公司获取相应利润。规制者并不是这场游戏的参与者。在同样的平均化固定成本以及边缘成本下,公司被认为是利润的最大获得者。[10]这个成本的假定反映了基于设备的竞争,尽管放宽这些假定以反映可替代设备的安排情况,并没有改变这种结果的本质。

每一个市场都存在某种临界市场份额,最小规模的公司必然处在游戏的开端,为了获得利润并且留在市场。如果这个小公司适应了这种临界市场份额的情况,那么它就会留在市场并且继续增大规模。[11]如果不能的话,那么它就会退出,留下一种垄断市场。当固定成本和用户转换的倾向性增长时,临界市场份额也会增长。临界市场份额变成了一种基于这些潜在特点对市场进行分类的方式。当临界市场份额大于市场的一半时,垄断就会不可避免地出现,因为只有一个公司可以拥有多于一半的市场份额。在临界的初始市场份额是零的情况下,双头垄断通常可以持续存在于市场之中。[12]剩余的市场具有不确定性,寡头垄断和双头垄断都是可能的。在第三种类型的市场中,较小公司的初始市场份额的分配将决定它是否可以留在市场或者是否必须退出。[13]当较小的公司适应了临界市场份额的水平,即介于零和市场的一半的时候,双头垄断是可以持续下去的。

当服务于市场的固定成本很高以及当用户向低价网络转换的倾向性很高时,市场就很容易形成垄断,因为这种情况增大了临界市场份额,或者公司要想留在市场就必须保持规模。在不确定的市场中,即寡头垄断或双头垄断都有可能,这取决于公司的特点,当公司初始市场份额分配具有较大的分散性,以及在垄断者可以控制最高价却没有出现用户转向低价服务的增多,那么寡头垄断的情况就更加可能出现。甚至当公司2具有成本优势的时候,除非它适应了临界市场份额形势,否则也不可能留在市场。

NPG 的结果有助于我们识别公司在哪里进行投资可以提高其利润。两个公司都试图最先获得更多的市场份额,通过在新服务或提高质量方面进行投资,或通过改变那些可以改变的隐藏的市场参数来实现。只要有可能,大公司就会选择有利于形成垄断的投资:增加固定成本、增加用户转换的倾向性、增加市场份额保持成熟状态,以及提高垄断价格。竞争性公司试图留在市场而不断扩大规模,这些公司应该将它们的投资方向定位于这样的技术,即那些将减少服务于市场的固定成本的技术,或者减少用户转换网络倾向性的技术,从而降低临界市场份额。[14]

此项分析表明,竞争有助于技术的发展,这是因为两个公司具有相互冲突的技术目标,这样它们会投资于不同的技术。同时占有绝对优势的公司会比作为垄断者投资更多的技术。NPG 阐明了关于市场份额的潜在的绝对重要性,这有助于解释将竞争引入本地电话市场的当前困境。很多竞争者可能无法幸存,因为,即使拥有先进设施以提供高质量且提供强功能性服务,它们也不能从当任公司那里获得足够多的用户,以抗衡当任公司已经建立的根基。

12.4 分类计价和技术投资的动机

为了促进电信行业的竞争,1996 年的《电信法案》要求当任的本地电话公司通过对它们的竞争者释放分类计价网络元素(unbundled network elements, UNEs)来共享它们的基础设施。同样,提供有线宽带服务的开放接入是目前争论的一个问题。这些产业中的当任公司们反对这样的资源共享,它们声称共享资源会消除它们进行创新的动机,尤其是当它们的竞争者在它们投资的领域驰骋并带给它们风险时(如 Jorde, Sidak and Teece 2000; Speta 2000; Lopatka and Page 2001)。它们声称,这一主张对于支持新业务的技术同样适用,也适用于那些用于提高现存服务的成本和配置先进设备的技术。本节把对产业结构和技术创新之间存在的关系应用于历史的讨论之中,并将 NPG 的理论结果用于说明每一种该类技术投资的相关讨论。[15]

12.4.1 新产品和新服务

有人认为,需要垄断收益来引导公司投资于开发新技术以提供新宽带服务(Jorde, Sidak and Teece 2000)。他们认为,当任公司不会想采取与其竞争者共同供应新的创新服务的方法。如果被迫与其竞争者共享这些能力,而这些竞争者却没有在这种技术上进行自己的投资,那么当任公司期望从一种独特产品或者优越产品的供应中获得的任何收益都将减少。分类计价允许竞争者以模仿创新的形式在不进行投资的情况下提供同样的新服务。

这种效应可以被竞争的效果所延缓,然而如果在这些产业中设施共享是获得竞争的唯一方式的话,似乎也只能是目前这种情况。在电话的发展历史中,新产品和新服务很大一部分是在存在竞争的时期引入的,而且通常是由竞争者引入的。拥有大量具有长的折旧有效期的资本的垄断者,正如在电信业那样,如果新技术可能影响到现存的产品和它们的回报,将尤其不可能对这些新技术投资。[16]这样通过使竞争成为可能,分类计价可以增加在新技术和服务中进行投资的动机。然而,要求分类计价时,当任公司投资于创新的动机可能会低于理想的状态,垄断者的动机也同样会如此。在分类计价的情况下对创新的激励比对作为垄断者的公司的创新激励更少,或完全不同,这一点并不是很清楚。竞争导致的潜在新产品或新服务所带来的收益的减少,是对当任公司投资动机进行分类计价的直接效应。另外,还存在分类计价的非直接效应,即与对手竞争的投资动机,以及对手投资新技术的动机。政策问题在于是否减少投资的直接效应,大于导致投资增加的非直接效应和对竞争者的激励。Nielsen(2002)表明,在大多数情况下双头垄断的投资比寡头垄断要多,这个结论得到下述将要展开的关于远程和本地电话服务的历史分析的支持。

Jorde, Sidak 和 Teece(2000)认为,如果当任公司被迫与其竞争者们共享设施以提供服务的话,那么它们在为新服务开发新技术中作为倡导者的价值将会受到侵蚀。尽管最初倡导者的优势会减少,但是也不会完全消失。NPG 的结果表明,最先提供新服务以及建立初始市场份额的优势是很明显的。在竞争者们有机会考察当任公司的新服务之前,总是有一个时间延迟,要求分类计价网络元素(UNEs)必须提供服务,等待当任公司为这些元素设定价格,实际上从当任公司中获得元素,再将这些元素结合进它们自己的设备,并将这些服务市场化和提供给客户。[17] 这种延迟给了当任公司建立市场份额的机会。

即使分类计价的确会打击当任网络拥有者的投资,Lemley 和 Lessig(2001)还是指出,如果网络不被开放的话,那么会失去一个更大的创新方面的潜在投资者阵营。Lemley 和 Lessig(2001)认为,具有竞争性的互联网服务提供商(ISP)的开放接入,对于保护可以在互联网的高层上进行大量创新的端到端的结构来说,是非常有必要的。如果宽带网络提供者没有被要求与其形成竞争的 ISP 共享它们的网络,ISP 垄断者将会切断对于创新来说潜在的、大量的并不为我们所知的机会。假定它们是为了将网络的新用户控制在有限数量之内,网络拥有者也可以重新设计物理层结构,以使它对于拥有者的目的而言在特定方面更加优化。[18] 有证据表明,网络的拥有者已经试图阻止将其网络用于那些威胁它们的传统业务的应用程序(Ferguson 2002)。电话公司为宽带提供了非对称服务,即上传速率明显低于下载速率,这使得网络对于语音服务来说没有提供什么帮助,因为这种语音服务将威胁到传统的电话市场;有线宽带提供商同样也给宽带视频流设定了规模和持续时间,目的是阻止其他方式替代有线电视。

总而言之,从历史分析和网络定价游戏(NPG)得到的经验表明,分类计价似乎有利于新产品和新服务的投资。分类计价使竞争成为可能,既可以使竞争者引进新产品,又可以增加当任公司的投资动机。分类计价也增加了在位于物理层网络之上的分层中引入新产品和新服务的投资机会。

12.4.2 缩减成本

当任公司认为,如果其"竞争者们可以通过规制性指令获得同样的成本节约",那么分类计价策略就消除了它们对现存设施进行技术成本缩减的投资热情(Jorde, Sidak and Teece 2000,8)。直观上看这个观点很吸引人,仔细分析会发现存在不足。

只要可以期望得到可观的盈利,当任公司的投资动机就会持续下去。即使在把设备租借给其竞争者,当任公司仍然会保持对降低成本的创新的全部动机,因为它仍然会从新旧成本的差异中获得全部收益。在当任公司必须将其网络元素以某种随意的批发价格提供给其竞争者时,它从成本缩减中得到的收益并没有改变。规制定价经常基于动机的调节,使用标准程序而不是某个提供者的实际网络成本,来消除任一阻碍改进网络成本的行为。既然成本的提高没有被传递到零售商或者批发商那里,激励性的规制就保留了那些改进成本的动机。这样无论实际价格如何,致力于降低成本的创新仍然能够提高当任公司的利润。既然零售商和批发商的价格都不是建立在成本的基础上(零售价格基于价格上限,而批发价基于假想的网络),那么利润并不随着由创新带来的成本提高而改变。创新的好处仅仅基于对成本的节省,如果存在分类计价,这一点也不会改变。[19] 当任公司的收入因分类计价的要求而改变,但是由降低成本的创新所带来的收益却没有改变。无论是否在创新中进行投资,分类计价都改变了当任公司的收入。如果在不存在分类计价的情况下,这种创新是有利可图的,那么当存在分类计价时,它还是有利可图的。这样分类计价并不会改变当任的本地电信运营商(Incumbent Local Exchange Carrier,ILEC)在那些改进成本的技术中进行投资的动机。当创新降低了固定成本,或者同时降低了边际成本和固定成本时,结果是相同的,并且它也将适用于与竞争性的互联网服务提供商共享网络的有线宽带接入提供商。

12.4.3 配置

很多人认为,要求宽带所有者与其竞争者共享它们的物理网络,将减少它们在宽带设备的进一步配置中进行投资所得到的必要回报(如 Jorde, Sidak and Teece 2000; Speta 2000)。然而从历史来看,配置行为似乎会随着竞争的存在或者威胁而增加,无论是否拥有共享规则。在 1996 年的《电信法案》之前,在已经确立的连接规则下,几个州经历了本地电话的接入,也经历了由本地电话当任公司实施的光纤配置,模仿新接入者们的设备投资进行配置。这与远程的经历相似,开始作为经销点的竞争者们也在配置光纤方面进行了投资,作为回应,AT&T 公司紧随其后也进行了光纤配置。竞争与增加的配置行为之间的持续关系表明,利用分类计价所产生的竞争不可能危害在宽带配置中进行投资的动机。

利用分类计价,网络元素在批发市场上以价格规制的方式销售,零售业也是如此。像零售价那样（规制上限价格），网络元素的价格源于激励性规制的使用,基于有效的成本而不是当任公司的实际成本。Greenstein，McMaster 和 Spiller（1995）表明,激励性规制增大了当任公司配置数字设备的动机。[20] 从这个意义上讲,我们可以期望,正如零售价的激励性规制促进了更先进设备的配置,批发价格的规制也会起到相同的作用。然而,如果网络元素的规制性批发价真的低于实际成本太多的话,那么效果就会有所不同,因为当任公司资助这类投资的能力将会受损。如果发现价格不合适,那么价格规制的网络共享无损于配置动机的主张将被证实。这只是简单地表明,需要一种新的价格算法。

12.5 结　论

对于电话和互联网的历史的考察表明,针对工业结构的政策是如何塑造技术发展的。简短的历史性回顾表明了促进竞争的政策和电信业技术进步之间很强的正相关关系。同样,从这段历史也可以看出,支持垄断的政策将趋向于导致资本密集型技术,这些技术通过增加进入的壁垒来加强其优势地位。互联网的发展表明了定位于增强竞争和创新等多元目标的开放式网络设计的潜力。政策的适当导向可以有效提升技术和竞争。

网络定价游戏显示了一种可替代方式,没有规制传统的情况下网络公司可以竞争。这一游戏表明,一些市场,基于它们的潜在特性,不可避免地会出现垄断。其他市场将总是同时支持两个网络服务提供商,还有一些市场将会支持第二家公司,但仅当那家公司可以保持足够的市场份额时。这一游戏也表明这种情形下的公司,将把投资目标定位于技术,按其自身利益来改变市场的潜在参数。

将这些理论的和历史的发现应用于分类计价,表明了分类计价是如何可能塑造技术的。总而言之,分类计价似乎通过引入更多竞争而增加技术投资。因此,消除要求获得 DSL 服务的共享线路,以及不把同样的要求强加在有线调制解调器网络上,这种近期的决策可能都是错误的。在没有共享线路以及开放接入要求的情况下,物理网络层的创新将处于寡头垄断的控制之下,其投资动机会少于双头垄断,因此会将其投资导向于能够加强其统治地位的技术。

然而令人鼓舞的是,目前通信业在这样的决策中,正在对规制对技术的效应给予明确的考虑。最近进行的关于共享分类计价网络资源以获取宽带服务背后的基本原理中,给予创新一个突出的地位(FCC 2003)。然而在这次争论中看来创新几乎被用做产生困惑的基础。争论的双方对于技术的发展表示了同样的关注,这表明,我们需要更好地理解规制政策是如何塑造技术发展的。通过提供一种理解规制政策如何塑造技术的框架,以及提出这一关系的许多仍然需要经验分析的问题,本章在这个方向上迈进了一步。

改变特定市场潜在参数的技术变革和创新可以克服垄断。对于技术的投资只是使其垄断地位得以加强的反馈环路的一部分,不仅使其在市场中取得优势地位从而赋予其在定价游戏中的权力,而且还可以通过确定创新的类型来实现,这些创新可以改变成本结构或者使得现实的断裂更加难以达到。在此提出的历史证据和理论发现表明,竞争促进了技术的进步。如果这一发现正确的话,那么促进竞争的政策将普遍地促进创新。放松规制将不必然导致这一效应。正如网络定价游戏所表明的,某些市场不可避免地存在垄断,这样就需要引入干预以维持竞争。大多数反对共享线路安排的论证强调,这样的政策将会牺牲投资。然而,那些牺牲竞争以促进技术投资的政策,似乎在两个方面可能都解释不通,毕竟它仅会产生少量的创新。

注释

1. 当服务于整个市场的全部成本最低以及该市场仅由一个公司提供服务的时候,自然就会形成垄断。注意,这种条件是基于成本结构,而不是基于市场中实际公司的数量。

2. 规制和政策也并不是真的由外因引起,也会受游说的影响,并且容易受到单一垄断者或处于统治地位的具有雄厚财力公司的影响。

3. MCI 开始时作为中间商提供服务,后来建立了自己的设备。

4. 比如北方电信公司(Northern Telecom)于 1976 年引进了最初的数字、时分的本地办公交换系统,AT&T 公司直到 1982 年才提供了与之相当的设备(Crandall 1991)。

5. 有效性按照全要素生产率(total factor productivity,TFP)测量,它是输出与资本和劳动力输入的比例。

6. 另外还存在这样一些轶闻式的证据,即 AT&T 公司由于害怕威胁到它的商业模式,所以很抵制互联网的发展以及其他网络的接入。见 Lemley 和 Lessig(2001)。

7. 互联网的端到端的设计要求处于网络较低层的物理层应该被设计为一种通用目的的网络,所有具体的应用层功能都被建立在较高层上,通过能够增进创新中的竞争而创建一个能够使创新机会最大化的开放平台。

8. 本节简要地概述了 Gideon(2003) 所发展的网络定价游戏。对于此模型及其发现的完整描述可以在该论文中找到。

9. 外部过程包括在此策略开始之前发生的先前的环境。

10. 实际上，随着跨越传统产业边界的不同类型公司在提供相同类型的网络服务中竞争，尽管很可能使用不同的技术或者设备，我们会期望看到不同公司有不同的成本。作出相同成本的假设是为了简单化，以及分离非对称的初始市场份额的效应。放松这一假设不会改变结论。

11. 固定成本被认为是对用户、市场份额或数量不敏感的商业成本。固定成本包括对于设备的维护、折旧、管理成本等诸如此类的内容。固定成本在每一时期都存在。固定成本不包括为了进入市场已经投入的资金，除去存在于折旧以及潜在的高额维护中的成本。

较大的公司的要价总是比较高，所以一些用户会转向较小型的网络。关于这些结果的证据和详细的解释，参见 Gideon(2003)。

12. 在这类市场中，没有市场份额的公司在这个转换过程中赢得了足够的用户以获得利润。这种情况一般在固定成本比较低的时候发生，这就减少了边际成本上所需要的投资数量；并且在转换的倾向性不大的时候也会发生，这使公司可以设定更高的价格。

13. 另外还存在关于这个游戏的动态版本，其中在小公司于第二阶段作出退出决定之前，公司有一个在市场份额中进行投资的时期。这些结果在性质上是相同的。在这个动态游戏中，公司 2 留在可能存有寡头垄断或者双头垄断的市场中的能力，也可能依赖于最高价格，这个最高价格由一个垄断者制定，却没有导致用户放弃它们的服务。

14. 尽管用户转换倾向性的增长增加了临界市场份额，小公司想继续留在市场中也变得更加困难，然而在某些情况下，决定持续竞争潜力中的这种转换倾向性功能可以改变。对于一个竞争仅来自于接入权的垄断组织来说，如果要存在任何竞争的话，那么转换的倾向性一定要足够高，以允许接入权的产生。

15. 这种历史分析为处于不同时期和不同市场成熟阶段的基于设备的竞争和中间商的竞争，都提供了当前情境的类比。

16. 参见 Scherer(1996) 关于 IBM 推迟引进新产品以阻止现存产品互相残杀的说明。

17. 如果有关批发价的争论一定要通过规制措施或者合法渠道解决的话，那么一定会出现附加的延迟。

18. 按照 Lemley 和 Lessig(2001) 的说法，在端到端的网络中，处于网络较低的层次应该提供一个宽泛的资源范围，这些资源并不仅是特别地为某种单一的应用程序而设计或者优化，即使这意味着牺牲一个对于一些应用程序来说更加有效的物理层设计。他们随后利用电话和有线电视业的垄断者们所建立的网络的物理层与前者进行对比，其中后者因其单一的应用程序而被优化。

19. 即使规制价格基于当任公司的实际成本,仍然存在创新的动机,这是因为在成本的改善被反映在规制价格的降低之前存在着一个延迟时间。

20. 这项研究利用1986—1996年的数据分析了1984年AT&T公司分拆之后数字设备的配置。注意,在这个时期并不是所有的市场都存在竞争者。他们还发现,当价格上限的规制与赢得市场份额的计划结合起来时,基础设施配置中的投资动机就会减少。

参考文献

Blumenthal, M. S., and D. D. Clark. 2001. Rethinking the design of the Internet. In *Communications Policy in Transition*, ed. B. M. Compaine and S. Greenstein. Cambridge, MA: MIT Press.

Brock, G. W. 1994. *Telecommunications Policy for the Information Age*. Cambridge, MA: Harvard Univ. Press.

Crandall, R. W. 1991. *After the Breakup*. Washington, DC: The Brookings Institution.

Crandall, R. W., and L. Waverman. 1995. *Talk Is Cheap*. Washington, DC: The Brookings Institution.

Downes, T. A., and S. M. Greenstein. 1999. Do commercial ISPs provide universal access? In *Competition, Regulation and Convergence*, ed. S. E. Gillett and I. Vogelsang. Mahwah, NJ: Lawrence Erlbaum Associates.

Faulhaber, G. R. 1987. *Telecommunications in Turmoil*. Cambridge, MA: Ballinger Publishing Company.

Federal Communications Commission(FCC). 2003. FCC adopts new rules for network unbundling obligations of incumbent local phone carriers. Press release, Feb. 20.

Ferguson, Charles H. 2002. The U. S. broadband problem. Policy brief number 105. Washington, DC: The Brookings Institution.

Gideon, C. 2003. Sustainable competition or inevitable monopoly? The potential for competition in network communications industries. PhD diss., Harvard Univ.

Greenstein, S., S. McMaster, and P. Spiller. 1995. The effect of incentive regulation on infrastructure modernization. *Journal of Economics & Management Strategy* 4(2): 187—236.

Jorde, T. M., J. G. Sidak, and D. J. Teece, 2000. Innovation, investment and unbundling. *Yale Journal of Regulation* 17(1): 1—37.

Leiner, B. M., V. G. Cerf, D. D. Clark, R. E. Kahn, L. Kleinrock, D. C. Lynch, J. Postel, L. G. Roberts, and S. Wolff. 2000. A brief history of the Internet, www.isoc.org./internet/history/brief. shmtl(August).

Lemley, M. A. , and L. Lessig. 2001. The end of end-to-end. *UCLA Law Review* 48(4): 925—972.

Lopatka, J. E. , and W. H. Page. 2001. Internet regulation and consumer welfare. *Hastings Law Journal* 52: 891—928.

Mueller, M. 1997. *Universal Service*. Cambridge, MA: MIT Press.

Nielsen, M. J. 2002. Competition and irreversible investments. *International Journal of Industrial Organization* 20: 731—743.

Noll, A. M. 2002. Telecommunication basic research: An uncertain future for the Bell legacy. Paper presented at 30th Research Conference on Information, Communication, and Internet Policy, TPRC.

——. 1987. Bell System R&D activities. *Telecommunications Policy* 11(2): 161—178.

Scherer, F. M. 1996. Computers. Chap. 7 in *Industry Structure, Strategy and Public Policy*. New York: Harper Collins College Publishers.

Schurnpeter, J. [1942] 1975. *Capitalism, Socialism, and Democracy*. Rev. ed. New York: Harper Perennial.

Speta, J. 2000. Handicapping the race for the last mile? *Yale Journal of Regulation* 17(1): 39—91.

Wenders, J. T. 1992. Unnatural monopoly in telecommunications. *Telecommunications Policy* 16(1): 13—15.

第四部分 塑造生命

为了紧跟科学和政治领域飞速发展的步伐,与研究和行为的很多领域一样,科技政策研究也不得不迅速调整其研究焦点。本部分认识到,生命科学的当代进展,尤其是基因组学和生殖技术以及与其相关的研究项目和医疗技术,已经成为全球范围学术与实践关注的焦点。

尽管 DNA 经常被描述成人类作为生物体的基石(而实际上,它甚至揭示了我们与黑猩猩、蠕虫、酵母的共性!),本部分中的四位作者考察了包括文化、伦理、肤色、种族等在内的社会条件如何导致了对 DNA 技术的伦理认知、伦理实践和利益分配等问题上的差异的。在他们看来,政策中的文化和政治方面的投入与科学工具和医疗技术一样,在塑造人类生命技术的发展过程中都起到了至关重要的作用。

人类基因组计划给人们带来了开发出大批对人类有益的基因技术的希望。然而问题随之而来:哪部分社会群体将会从这些技术中受益?大多数社群已经并且还将继续从新技术中获益,而少数群体却一直没有获益。Tené Hamilton Franklin,一位生物遗传学顾问,在她的文章中描述了"有色人种社群与遗传学政策项目",这个项目运用产生于美国人权运动的公民动员模型,致力于与不同社会经济水平的非裔美国人和拉丁美洲人进行关于遗传技术和研究的对话。也正是源于这些对话,该项目得出了诸多与基因技术应用相关的法律、行业标准以及产业政策的建议。该项目以阿拉巴马州和密歇根州的 15 个社群为基础,组织进行了焦点小组和多个环节的讨论。讨论不仅针对基因技术,还关注人们获得医疗保健的权利、少数种族参与到人类受试者研究以及防止研究成果被滥用的保障措施等问题。继续开展此类研究将有助于公众得到基因组学相关的教育,并能够给那些未被充分代表和未得到充分服务的群体提供更加公平的机会,从而使公众更多地与伦理学家、研究者、从医者以及立法者进行交流,参与塑造科学技术的发展以及相关政策的制定。

下一章是由哲学家 Michael Barr 所作,该章正视了基因组时代中社区概念的不同含义。Barr 考察了大规模的以人群为基础的 DNA 医疗信息样本的伦理问题。这一以人群为基础的研究方法备受期待,因为通过这一方法可以研究基因、环境、生活方式等因素对疾病产生的综合影响。比如英国批准了 6000 万英镑(9000 万美元)用来建立国家基因数据库,数据库将收集 50 万个中年志愿者的血液样本,并将样本与志愿者在国民医疗保健系统(National Health Service,NHS)中的个人医疗信息联系起来。这项被称为英国生物信息库(UK BioBank,UKBB)的计划,是由维康基金(Wellcome Trust)、英国医学研究理事会(Medical Research Council,MRC)和卫生部(Department of Health)共同组织的。然而英国生物信息库的发展却对长期以来形成的伦理原则提出了质疑,这其中最主要的就是知情同意原则。传统意义上的同意并不是在现有的大规模以人群为基础的遗传学研究的背景下产生的。另外,知情同意书常常根据某研究是否会泄露相关临床信息而有所不同。这些新问题引发了诸多难题,如公众同意的可能性与合理性,又如在未来的何时应用这些少量的遗传信息还无从得知,更不要说征求公众的重新同意了。该章以英国和北美的资料为基础,从伦理路径对塑造基因遗传病学的各种方法进行了评述。

Charlotte Augst,一位遗传信息项目经理,同样用比较研究的方法对英国与德国的生命科学与技术的法律塑造问题进行了研究。从 20 世纪 80 年代中期开始,英国和德国就开始对胚胎研究和不孕症的治疗展开了讨论,1990 年开始,两国都有相关的法规出台。尽管表面上看来,两国的全国性讨论对于生殖细胞转让、优生学、生命的意义以及妇女的生育决定权等问题有着相似的担忧,然而其立法机关却得出了完全不同的结论。英国的《人工生殖和胚胎法案》(Human Fertilisation and Embryology Act,HFEA)允许进行胚胎研究,允许对未婚女性进行相关治疗、捐献配子以及代孕。德国《胚胎保护法案》(Embryo Protection Act,EPA)则认定上述行为不合法。Augst 对议会的演说词的精细研读揭示出一场人类与现代化效应之间的斗争,这场斗争被理解为偶然的冲突,但人类却将一直处于对个性化与科学技术进步孰轻孰重的矛盾之中。她总结道,这样一场斗争不可能毫无争议地结束,然而迄今为止这两个国家的"措施",都是建立在否认作为现代化标志的生殖技术的复杂性与矛盾性的基础之上的。Augst 对议会记录的解读让我们很好地理解了,政治活动是如何与有争议的新技术达成妥协并影响着女性生活及其引发的相关问题的。

很多全球化学者都认为,现代科学技术的统一性能够解释日益增多的跨国联系。Shobita Parthasarathy,一位科技研究(science and technology studies,S&TS)领域的学者,对当代基因制药技术与新国际秩序之间的关系提出质疑。人类 99.9% 的基因编码都是相同的,很多跨国公司对此投入了大量的资金进行研究。在这一章中作者讨论了美国 Myriad 基因技术公司尝试推行全球乳腺癌(breast cancer,BRCA)基因测试服务的过程。20 世纪 90 年代中期,该公司获得了两个乳腺癌基因测试的专利(BRCA1,BRCA2),Myriad 公司也成为美国唯一一家能够进行该项测试的机构。当 Myriad 公司尝试着将其服务推广到欧洲和亚洲并建立一个国际化网络的时候,不仅其技术遭遇了相当大的反对,它关于保健专家、病人和测试实验室之间关系的理念也成为反对的目标。作者详细地描述了科学家、临床医生以及英国政府是如何重申基因测试技术的国家方针,并先发制人地制止了 Myriad 公司基因测试服务的扩张的。这一章以丰富的经验证据向我们描述,即便是在国际化进程中,国家优先权和规章制度也是可以对技术发展的命运产生影响的。

总之,上述作者的工作扩展了科学技术政策的视野,不仅使其上升到更宽广的全球视角,也更加细腻地阐释了科技政策的伦理、文化以及政治背景。他们直面了生命科学和技术带来的伟大机遇和潜在问题,并提倡维护公众、文化以及政治因素在塑造人类生命过程中角色的重要性。

13 让不同的社群参与到遗传政策的塑造中去
——谁塑造了新型生物技术

Tené Hamilton Franklin

13.1 引 言

人类基因组计划(Human Genome Project，HGP)给人们带来对新型基因疗法和治愈多种疾病的希望。但是这项技术也带来了诸多问题：如雇主的风险或基于个人遗传信息的保险歧视问题，对不符合伦理的研究的惧怕，以及为大众提供公平地分享新技术益处的挑战。这些问题特别困扰着诸如非裔美国人和拉丁美洲人这样的群体，因为非裔美国人过去一直遭受苦难，甚至那些非裔的专业卫生人士和科学家也深受牵连。

为了直面那段屈辱、不平等和不信任的历史，"有色人种社群与遗传学政策项目"(Communities of Color and Genetics Policy Project)致力于与不同社会经济水平的非裔美国人和拉丁美洲人(African Americans and Latinos)进行关于基因组研究和相关成果的对话，也正是源于这些对话，该项目得到诸多与基因组科技应用相关的法律、行业标准以及产业政策的建议。本章我首先讨论了我们培育社群对话的过程，然后对对话过程的结果和其在公共政策中的应用进行了讨论。

13.2 背 景

人类基因组计划是一个国际合作研究项目，其目标是完成全部人类基因也就是人类基因组的测绘和理解。人类基因组计划是一项为期13年的研究计划，它正式开始于 1990 年,由美国能源部和美国国家卫生研究院(NIH)共同组织。原来预计人类基因组计划将进行 15 年,然而新技术提前了完成日期,2003 年 4 月,人类基因组计划正式宣告完成。人类基因组计划成功测序和测绘了 99.9％的人类基因。在基因被识别后,组成人类基因组的 30 亿碱基的序列顺序也被确定了下来。这些信息被存储在数据库中,以用来发展未来的遗传技术。人类基因组计划已有的和最终的研究成果将为世人带来一整套人类基因组结构、组织、功能的详细而完整的资料。这些信息可以被看做是一整套了解和开发人类功能的遗传"密码"。人类基因组计划将会带来医药和科研方面的巨大进步。然而,技术进步也将继续产生伦理、法律及社会方面的重大影响,因此社会反馈在技术应用过程中会变得很重要。正是由于这一原因,大约 5％的人类基因组计划的研究经费被用于该项目可能引发的伦理、法律和社会问题的研究(NHGRI 2002)。

人类基因组所得知识将被发展为数不清的新技术,哪部分社会群体将从中获益?传统上,大多数社群会比少数种族从遗传学研究中得到更多的好处。这种形式还将继续吗?

13.2.1 不信任

对于那些包括遗传学研究的人类受试者研究,非裔美国人往往毫不信任其研究者。这种不信任的关系反映在使有色人种遭受苦难的滥用研究成果的历史中。在臭名昭著的《美国塔斯基吉梅毒公共卫生服务研究》(*U. S. Public Health Service Study Syphilis at Tuskegee*,以下简称《塔斯基吉研究》)中,阿拉巴马州的塔斯基吉和附近梅肯市的非裔美国人在不知情的状况下参与了梅毒实验,实验考察了未处理过的梅毒对黑人男子的影响。参与实验的男子并没有被告知该实验的相关危险,因此他们也根本无法做到知情同意或同意参与这项研究(Jones 1981)。

现在,基因药品研制过程已经进入到一个转折点,也就是人类受试者必须参与其中。诸多疗法所需的医学和遗传学条件要依靠临床试验和其他有人类知情并参与的实验。但是,《塔斯基吉研究》的教训放大了加强对人类受试者研究项目的监管以保护受试者权益免遭滥用的必要性。对于曾受过奴役的非裔美国人来说,这种保护尤其重要。由于他们在之前的研究中曾受到过不公的待遇,这给他们遗留下了不信任的心理,因此更加需要采取预防措施来确保这样的滥用不再发生(Savitt 1978)。

进入临床试验的障碍主要包括不信任、经济因素、缺少对临床试验的认识以及沟通不良。很多学者在向参与者解释研究意义的过程中对风险和收益的解释并不到位,而且这种情况也不在少数。这样就使参与者很有可能难以完全理解研究的局限性,因此不能达到真正的知情同意。

这些障碍可以通过提供相关教育或者通过坦诚的交流来培养信任感等方式进行克服。通过聘用那些对文化较为敏感同时具有良好沟通技巧的研究者,通过尊重病人,并且以容易理解的方式向病人详细解释研究计划,都可以促进信任的产生(Gorelick 1998)。

13.2.2 服务不足和未被充分代表的社群

在早期阶段,非裔美国人就深知人类基因组计划远非仅仅罗列出基因的位置;从一开始这一计划就带有深刻的社会、医学甚至政治含义,尤其是对于那些没有系统地参与到计划中来,却无不受到该计划在健康和政策方面影响的群体来说更如此。此外,在基因科学家群体中,非裔科学家人数也偏少,并且由于现有研究难以反映非裔美国人基因多样性的深度和广度,因此他们更容易受到研究成果及其政策的影响(Jackson 1999)。

少数种族医疗服务条件的差异性是根植于美国社会政治和经济历史之中的(如 Fiscella 2000;Clayton and Byrd 2000)。比如,不平等的就业机会导致相当大比例的有色人种(如墨西哥裔人)没有保险或保险不足。他们没有稳定的医疗保健资源,他们常常忍受病痛直至症状变得严重,因此他们经常从急诊室中寻求医护服务(Castro et al. 1995)。此外,在美国对健康和保健方面种族差异现状和程度的认识,白人和少数种族也是不同的(*Perceptions* 1999)。

13.2.3 社群组织

公众参与公共政策制定是一个历史概念,特别是在 20 世纪的民权运动中,这一概念尤其重要。由于其调动了草根组织,利用了既有的网络和沟通设施,还有富有经验的领导者为之指引方向,民权运动大获成功(Morris 1984)。在 20 世纪 30 和 40 年代,非裔美国人参与到地区的救济委员会中,并试图影响公共政策,尤其是那些针对穷人的政策。他们积极争取福利救济和公共医疗服务,反对驱逐与排斥(Kelley 1990)。面对人类基因组计划向非裔美国人提出的挑战,基于社群的参与方法为人类基因组计划的应用提供了较为恰当而完善的解决方式。

13.3　社群组织的重要性

"有色人种社群与遗传学政策项目"是由密歇根大学、密歇根州立大学和塔斯基吉大学共同组织的,在三年的时间里(1999—2003年),他们与阿拉巴马州和密歇根州的 15 个社群组织(community-based organization,CBO)密切合作。为了辨认和讨论公众关注的基因组技术相关问题,并最终提出关于基因组科技的政策建议,每个社群组织都进行了为期一年的焦点小组和多重对话活动。这些讨论不仅仅针对基因组技术,还涉及人们获得医疗保健的权利、少数种族参与到人类受试者研究以及如何防止研究成果被滥用的保障措施等问题。这种讨论作为一种与公众合作的模式使该项目得以有效地参与到少数种族中去,当前这些少数种族在科学、技术及医药领域中并没有得到充分的代表或获得应有的服务。

在"有色人种社群与遗传学政策项目"中,社群组织主要通过主持对话环节和招募对话参与者的方式来参与。在阿拉巴马州的塔斯基吉,社群组织共组织了 5 次非裔美国人对话交流活动,另外在密歇根州的不同社群中也进行 5 次对话活动,这 5 次活动都是在拉丁族裔社群中进行的,一整套对话由 6 个小环节组成。密歇根州的非裔美国人小组中的男性比例从 31％到 65％不等;而塔斯基吉小组中女性则占据统治地位,女性参与者的比例从 64％到 100％不等。

塔斯基吉的社群组织有很好的口碑。由于塔斯基吉的项目团队对该地区是新的,我们通过那些熟悉各个社群的人来帮助我们寻找并确认可能参与项目的组织。三个教堂获得了推荐,原因是其关系网络和之前曾参加过大学的相关项目的经历。房屋委员会也被推荐参加该项目,因为他们可以帮助我们找到草根(百姓)以平衡我们的参与者样本。一个残疾人互助小组也参与到项目中来,因为我们认为残疾人对遗传病的第一手体验能够给我们提供独特的视角。

密歇根州的社群组织也是用类似的方式选出的。我们作了一定的努力以确保男性和女性的共同参与。此外,我们努力让我们的参与者中包括不同教育背景和生活经验的非裔美国人和拉丁裔人。

社群组织在"有色人种社群与遗传学政策项目"中主要发挥了三个重要的作用。首先,他们了解组成他们的社群的各组成部分。其次,社群组织在他们的办公空间中组织对话。有些组织在教堂、社群中心和公共用房中进行会面,还有的社群在会员家中组织会面。项目组就在这些他们进行日常会面的地方组织讨论和对话。再次,社群组织在当地社群中呈现出一种倡导者角色(塔斯基吉和密歇根州),对负责领导调查的项目组成员和后来的政策制定者也起到了同样的倡导作用。

13.3.1　让社群组织参与其中

社群组织被看做是整个社群的核心,他们能够有效地使当地群众参与到关于遗传学的对话中来。即使是让研究员或项目小组进入某一特定社群通过讲演或发放传单等方式招募对话参与者,也没有利用社群组织执行这些任务那样高效。我们有意使用了一些类似于在南方民权群体中的草根组织和运动者使用的模型来招募和组织对话。和南方的民权运动一样,项目组关心的首要问题是与阿拉巴马与密歇根的群众建立联系。我们能够通过与社群组织的合作来完成这一工作,社群组织在社群中受到广泛的尊重,并且我们能够依赖他们的指示和引导来接近更广泛的社群及其成员。

由于遗传学与保健和医疗实践问题紧密相关,这一项目和它带来的政策意义在参与项目的社群组织中引起了共鸣。无论是涉及较大规模的运动还是科研活动,只要参与式活动的研究目标是有益的或是能够满足社群需要的,这些活动通常就会取得巨大的成功。这样社群组织的活动也将有利于提高社群成员和广大社会公众对政策问题的认识。学术组和项目负责人有意地承担次要角色,让社群组织承担更重要的角色。我们不断地向这些社群组织寻求如何实施这一研究的意见和建议。这一过程非常重要,因为这些社群组织非常了解他们的成员,因此他们能够给出很多的建议和方法并通知更大范围的社群来参加项目对话。更重要的是,社群组织对于社群中不公平的医疗实践所带来的危害有着一定的了解。比如在塔斯基吉,不论什么社会经济背景的社群组织成员,都对之前的医疗实践有一定的了解,尤其是著名的《塔斯基吉研究》。他们了解如何将项目信息有效地通知给更广泛的社群,因此能够使参与人数不断增加。因为社群组织是社群的主要组成部分,因此对于社群、项目组甚至政策制定者来说,他们就自然地成为项目的倡导者。

在选择参与项目的社群组织时,项目组从塔斯基吉和密歇根大学以及密歇根州立大学周围的非裔美国社群和拉美社群中寻找那些比较知名的社群组织。同意参加调查的社群组织同时愿意成为学术计划中的社群合作伙伴。他们提出了有效的项目通知方式，最终证明参与者的阶层十分丰富。比如塔斯基吉的社群组织一致认为，首先应召开组织与组织成员的非正式会面。这就给项目组的成员（通常是项目负责人）提供了介绍项目的机会，并为进一步合作提供了机会。更重要的是，社群组织成员和项目组成员在正式的焦点小组和对话开始之前有了面对面的机会。需要指出的是，研究者与对话参与者之间的关系对于整个研究的成功与否是至关重要的。那么非正式会面使得社群成员习惯于作为项目的一员参与其中。在塔斯基吉，项目负责人就与每一社群组织的不同成员进行了多次会面，一开始项目负责人先与熟悉社群组织的人员召开介绍性的会议，以衡量潜在的重要性。之后，项目负责人会见各个社群组织的领导，介绍项目的详细内容。当社群组织领导同意参加项目后，项目负责人将为社群组织中的全部成员开展额外的项目介绍会。在这一系列会议结束后，社群组织成员再来决定他们的组织是否应该参加这一项目。塔斯基吉的所有组织都投票决议参加项目。最终，项目负责人和合作代表们一起探讨能够促使成员参与的有效方式。

对话是项目组用来收集数据的首选方式。由于社群组织与其所在社群之间有着长期的依存关系，这就为项目组组织对话提供了极大的方便。社群组织使得其选民、家庭、社群与社会组织与项目组联系起来。实际上，一些社群组织成员还邀请他们的家人、朋友和邻居来参加对话。教堂也会邀请社群中不是教堂成员的人们来参加对话。

13.3.2 社群咨询委员会

这15个社群组织都选出一位代表参加社群咨询委员会（Community Advisory Board，CAB），并担当其社群组织与学术项目组之间的联系人。组成社群咨询委员会的代表们有的是社群组织的普通成员，有的是社群组织中威望很高的成员，有的是社群组织的发言人或是领导人。

社群咨询委员会的成员都认真地参与各项工作。他们中的大多数都有全职工作，但仍然能够在各自的组织中积极地工作。虽然如此，为了确保项目的成功，他们仍要完成很多耗费时间的工作。比如他们要参与项目组会议并在项目组和他们各自所在的社群组织之间传达信息。他们帮助组织招募活动，比如要给社群组织中的成员们打电话，在其区域的教堂中张贴海报，并且向个人发出参加对话的邀请。此外，他们还要协调好合适的时间和地点，以方便参与者的时间安排与要求，尤其要考虑那些低收入、没有交通工具或是托儿有困难的人。这一点十分重要，由于多数参与者是女性，她们需要照顾孩子，故大多数会议安排在傍晚举行。

13.3.3 对话过程

每个社群组织参与一个特定的焦点小组，并要完成6个步骤的对话过程。绝大多数社群组织每周都会见面一次，而少数的社群组织则两个月组织一次会面。为了鼓励参与者能够完成6个步骤的对话，社群咨询委员会成员每周都会发信并且打电话给这些参与者，提醒他们前来参与下一阶段的对话。除此之外，项目负责人还要协助社群咨询委员会成员完成组织工作，主要有以下几项。

每一环节的对话都要录音，并且还要有一位训练有素的助手和一位观察员出席。在这一环节中，助手和观察员都要记笔记，每一环节对话大约持续两个小时。当讨论时间快结束时，讨论组要能够给出一致的建议和意见。

每一环节对话讨论的题目是由焦点小组来决定的。在全部的焦点小组讨论中最受欢迎的话题将被选做讨论题目，并且组织者将提供一系列的材料用来聚焦每个讨论的议题。毫不奇怪，对于遗传学研究与技术，参与者们提出的观点五花八门，反对意见和观点备受关注。每个人都各持一套观点，这些观点常常是有争议的。然而当参与者对规定的题目进行了全面的讨论后，他们则能够达成普遍共识，并在此基础上提出一系列建议。

建议报告就是由各组讨论发展而来。报告完成后再交给讨论组的成员们，让他们确认报告表达了每个小组的真实意愿。在各个小组都确认建议报告后，项目组再由建议报告归纳出总结报告，其中包含了参与者讨论的各方意见。尽管不同的群体经常对同一议题给出不同的意见，项目组也十分认真地将其分别汇总到总结报告中去。

根据总结报告，社群咨询委员会和项目组撰写项目意见书。意见书与小组讨论中得出的建议被上交给阿拉巴马州和密歇根州的立法机构，以及美国参议院和众议院。各社群组织的社群成员用政策简报的形式向州政府和联邦政府报告项目进行的结果。而意见书也会被派发给联邦和国家机构、宣传组织、专业组织和卫生保健机构。

13.4 来自对话过程的建议

"有色人种社群与遗传学政策项目"致力于与不同社会经济水平的非裔美国人和拉丁美洲人进行关于基因组研究和相关成果的对话。从这些对话出发,该项目得到诸多与基因组研究和技术应用相关的法律、行业标准以及产业政策的建议,主要有以下三个方面:遗传学研究、与基因组技术相关的教育问题,以及使用这类技术中的信任和不信任问题。

13.4.1 遗传学研究

项目解决了这样一个问题:如何才能使非裔美国人继续相信遗传学研究的前景并能够确信适当的保障已经到位。从对话中总结出以下的一些建议:

(1) 为了保证研究过程的公平与平等,必须采取措施以确保有色人种的研究人员和研究参与者得到充分的代表。

(2) 对于所有人类受试者研究涉及的风险都应有细致的评估办法,并应对这些信息进行广泛的宣传。同时,还需给予此类问题充分的讨论机会,并对相关社群论坛给予投入。

(3) 对于人类受试者研究,必须能够保证自愿的知情同意原则。

(4) 对人类胚胎干细胞的研究必须谨慎而为。如果是公共资金支持人类胚胎干细胞研究,那么提供体外受精胚胎的夫妇必须充分了解其具体用途并明确表示同意后,才可以使用胚胎。然而,公共资金不应资助以制造人类胚胎细胞为目标的干细胞研究。必须制定适当的政策防止人类胚胎干细胞成为商品。因此,不应付钱给为人类胚胎干细胞研究捐献精子及卵子的捐献者。

(5) 应给予那些进行遗传学研究的私人企业相应的政策,鼓励其举办社群论坛,在论坛中企业可以告知公众他们所进行的研究的类型(*Communities* 2002)。

13.4.2 教育

项目还充分地讨论了谁应提供相关的遗传学和新兴技术方面的教育这一问题。以下是一些建议:

(1) 联邦政府应带头资助较大范围的有关新兴遗传技术、当前遗传学研究和当前政策问题的公众教育。

（2）由一个多元化的教育者群体，包括家长、社群领袖以及公民，共同决定纳入到学校系统的遗传学教育的具体形式。这一教育形式不仅仅应包括科学议题，也应包括与遗传学研究与技术相关的伦理、法律和社会问题。

（3）医疗保健产业应采取相应措施使有色人种包括在其进行的遗传学教育计划中（Communities 2002）。

13.4.3 信任与不信任

与信任和不信任相关的问题贯穿六份意见书的每一部分。在所有对话中，参与者都表示不相信政府、研究机构和私人研究部门进行研究和应用遗传技术造福有色人种社群的能力，从而他们也就很难相信这些机构会避免对有色人种社群的歧视和剥削。对于不信任这一问题，对话带来了以下的一些建议：

（1）重要的政府机构在处理遗传学研究和相关法规时，其咨询委员会必须由多样化的外行和专家共同组成。

（2）应敦促私人部门（包括私人研究机构和医疗机构）建立咨询机构，负责评估遗传学研究和提供的遗传服务，以确保研究项目的合理性和接受遗传服务人员的安全。咨询机构必须由多样化的外行和专家共同组成。

（3）咨询组织应与以上第一和第二点中提到的咨询机构形成联系网络，分享其成果与建议，从而加强其工作的影响，并在适当情况下为政府政策提出建议和意见，以进一步实现其目标。

（4）相对于私人研究资金，联邦政府的遗传学研究经费必须保持在一个较高水平，以确保研究的指导方针与社会需求一致，保持开放性的研究，并应确保商业利益行为对公共研究目标的影响降到最低。

（5）机构评审委员会评审程序应予以修订，应加入对团体以及个人的保护，特别侧重于对少数群体的保护。

（6）更多的有色人种应在私营企业中拥有所有权或承担行政职务。不断增加有色人种接受遗传学教育的人数是能够促进不同社群参与到遗传技术发展中的策略之一（Communities 2002）。

13.5 遗传学以外的讨论

遗传学以外的这些建议常常并不容易得到。在参与者中,经常会得出这样的观点:如果在少数种族社群中连基本的医疗保健需求都不能得到满足,那么讨论遗传技术根本就是没有意义的。有时讨论的话题会从遗传技术的利弊变成对美国社会现实问题——作为白人以外的少数种族,他们全都难以得到充足的医疗服务。协助者决定将对话的话题在遗传技术以外展开,因为参与者们对医疗保健服务差距的讨论本身是对遗传学未来发展固有的批判和反思。

参与者认为,讨论或许应该围绕医疗保健服务的获得来展开,而不是遗传服务的获得。阿拉巴马州塔斯基吉的一位参与者是这样总结其原因的:"当我们还没有足够的医疗保健服务时,谈论遗传服务会有什么好处?也许我们应该谈谈如何才能让非裔社群得到更好的卫生保健服务。"

13.6 结　　论

"有色人种社群与遗传学政策项目"成功进行了超过 200 小时的来自非裔和拉丁裔美国人关于基因组技术与人类基因组计划的讨论。以上我提到的一些建议并没有完全反映出这些建议背后丰富的讨论和多种多样的缘由。这些建议尤其难以反映对话中人们的语气和他们在描述非裔和拉丁裔人在美国的生活感受时所用的描述方式。比如讨论反映出卫生保健的差距问题,这是非裔美国人和拉丁裔社群共同的经历。因此对遗传技术的讨论和与之相关的前景会引起他们思考,那就是这种技术应如何为消除社群间健康医疗服务的差距作出些贡献。

1994 年 1 月,一小群非裔美国生物学家、社会科学家与一些社会活动家会面,讨论了非裔美国人在主要基因组技术研究中的选择余地。这一讨论最终形成了《非裔美国人基因组研究宣言》(Manifesto on Genomic Studies among African-Americans)。宣言中的五个方面反映了"有色人种社群与遗传学政策项目"的相关讨论。

(1) 非裔美国人希望全面参与到任何一个世界范围的人类基因多样性的研究中去。

(2) 以下两点至关重要：基于模型或基于设计（概率）的系统抽样被用来确定非裔美国人中存在的较大范围的差异；显示出的差异的多样性与非裔美国人其他相关的社会、文化、历史、生态特征都有关联。

(3) 建立国家审查小组（National Review Panel），对正在进行的非裔美国人基因组研究进行评估。

(4) 非裔美国人必须参与（基因）研究设计、研究实施、数据收集、数据分析、数据的解释，并传播研究成果。

(5) 非裔美国人的基因样品将用于改善非裔美国人社群的卫生和教育服务。在非洲裔社群中最普遍的健康问题是可预防的失调问题。可预防的环境和基因相关的疾病应与基因组研究联系起来。事实上，在未来几百年中，对于非裔美国人来说，疾病预防和基因组研究都必须是以不断提高人民的健康和福利及更好的生存方式为目标。对于那些期望从非裔美国人中进行基因取样的团体和个人，我们期望他们还能同时为非裔美国人提供有意义的教育和培训机会（Jackson 1999）。

人类基因组计划有可能帮助人们找到在非裔美国人中常见疾病的疗法，包括链状细胞病、心脏病和某些癌症。想要这些新疗法问世，那么所有的种族（包括非裔美国人）都必须参与到研究中来。然而，对于研究被滥用的恐惧也随之而来。为了防止研究滥用，必须对潜在受试者进行教育并使其了解潜在的风险和好处。

我们的项目证明了非裔美国人和拉丁裔美国人不想参加到遗传学医学研究中的假设是错误的。相反，他们愿意作出力所能及的努力以帮助这样的研究成果早日实现。但是参加"有色人种社群与遗传学政策项目"的非裔美国人和拉丁裔社群认为，将他们的意愿表达出来，并参加能够影响遗传学研究和技术的政策的讨论是极其重要的。

继续促进多样化的社群参与遗传技术相关的对话中，将有利于公众的科学和技术的教育。同时，使公众有机会与伦理学家、研究者、从医者以及立法者共同进行探讨，从而制定出与科学、技术及医药相关的政策。这样的论坛最终将给予未被充分代表和未被充分服务的群体更多的机会，使他们从科技发展中受益，并能得到更加完善的医疗服务。

参考文献

Castro, F.G., et al. 1995. Mobilizing churches for health promotion in Latino communities: Compañeros en la salud, *Journal of the National Cancer Institute Monographs* 18.

Clayton, L. A., and W. M. Byrd. 2000. *An American Health Dilemma: A Medical History of African-Americans and the Problem of Race, Beginnings to 1900.* Vol. 1. New York: Routledge.

Communities of Color and Genetic Policy Project. 2002. 22 February 2002 [cited 1 October 2004]. Available at http://www.sph.umich.edu/genpolicy/current/index.html.

Fiscella, K. 2000. Inequality in quality: Addressing socioeconomic, racial, and ethnic disparities in health care. *Journal of the American Medical Association* 283(19): 2579—2583.

Gorelick, P. B. 1998. The recruitment triangle: Reasons why African-Americans enroll, refuse to enroll, or voluntarily withdraw from a clinical trial. *Journal of the National Medical Association* 90(3): 141—145.

Jackson, F. 1999. African-Americans' responses to the Human Genome Project. *Public Understanding of Science* 8: 181—191.

Jones, J. H. 1981. *Bad Blood: The Tuskegee Syphilis Experiment.* Vol. 12. New York: Free Press.

Kelley, R. 1990. *Hammer and Hoe: Alabama Communists during the Great Depression.* Chapel Hill: Univ. of North Carolina Press.

Morris, A. 1984. The *Origins of the Civil Rights Movement: Black Communities Organizing for a Change.* New York: Free Press.

National Human Genome Research Institute. 2002. *Introduction to the Human Genome Project.* Bethesda, MD: NHGRI.

Perceptions of How Race and Ethnic Background Affect Medical Care. 1999. Menlo Park, CA: The Henry J. Kaiser Family Foundation.

Savitt, T. L. 1978. *Medicine and Slavery: The Diseases and Health Care of Blacks in Antebellum Virginia.* Urbana: Univ. of Illinois Press.

14 知情同意与塑造英美基于群体的遗传学研究

Michael Barr

14.1 引　言

遗传革命宣告着以预防医学和先进疗法为标志的崭新时代的到来。为了将先进的遗传技术转化为与临床、病因和公众健康相关的信息,研究人员不断地寻找基因与疾病之间的联系。对于决策者和从业者来说,关键是如何创造一种保护捐献者利益的制度来实现遗传技术可能带来的益处。在整个 20 世纪下半叶,人体研究对象的权益已经受到病人自主权的道德原则和知情同意的保护。然而,学者和从业者越来越认识到,传统意义上的自主权和知情同意在基于群体的遗传学研究上存在很大的问题。

本章我将研究"同意"问题的重点放在英国和美国遗传流行病学的形塑上。在对英美两国基于群体的遗传学研究进行了回顾后,我讨论了遗传信息对知情同意的要求所提出的挑战,然后我考察了这两个国家是如何应对这些挑战的。我认为,对于伦理学家、政策制定者和从业者来说,了解人们捐献的动机和潜在捐献者对医药技术的认识是十分有益的。在处理同意问题时,似乎必须同时考虑捐献行为的社会背景和传统的同意制度的历史背景。我的结论是,或许我们有必要重塑目前的道德框架,以便更好地体现此类研究中科研带来的益处与参与的责任之间的互惠关系。

14.2 基于群体的遗传学研究

使用从人类基因组计划获得的大量基因数据的方式之一是通过基于群体的遗

传研究,往往被称为遗传流行病学或"生物信息库"。这类研究的目的是为了更好地了解遗传信息、环境和生活方式等因素对常见疾病(如癌症、糖尿病、哮喘和心脏病)的影响。为了达到这一目标,生物信息库需要收集大量的带有捐献者临床医疗记录中个人医疗信息的 DNA 样本(通过血液或其他组织样本采样)。通过寻找环境风险(定义为传染病,药物,营养和社会因素)、遗传信息和健康状况之间可靠和可量化的关系,研究人员希望能够改进诊断方法,开发针对个人基因特征而量体定制的药物,从而提高疗效并降低不必要的副作用(House of Lords 2001)。

2002 年 4 月,英国上议院批准了建立世界上最大生物信息库——英国生物信息库(UK Biobank,UKBB)的提案。英国生物信息库由维康基金(Wellcome Trust)、英国医学研究理事会(Medical Research Council,MRC)和卫生部(Department of Health)共同资助并管理,预计支出高达 6000 万英镑或 9000 万美元(Draft Protocol 2002)。从 2003 年开始,英国生物信息库计划从 50 万个英国志愿者中采集 DNA 样本。志愿者将从年龄介于 45—69 岁间的男性和女性中招募,45—69 岁为许多常见疾病的一般发病年龄。除了捐献遗传信息外,志愿者还将填写有关生活方式和病史的问卷。另外,研究人员还将在捐献后至少 10 年内定期重新联系捐献者,询问他们的健康状况。英国生物信息库的研究人员还将监测全科医师、住院和处方记录,以及疾病和发病率的登记情况。

所有的信息将以匿名形式存储和使用。收集的样本将以数字编码,遗传信息将被加密,只有通过特殊的钥匙才可解码和读取存储的数据。诸如保险公司或雇主等第三方都不可获得这些遗传信息。研究者需要数据链接才能够添加新的信息(来自记录的或后续调查表)。最关键的是,项目将与制药产业进行广泛的合作,以使研究结果转化为全民直接受益的产品。组织者称"由于拥有独特的大规模的不同种族的人口和一体化的国家卫生服务体系",英国是进行遗传流行病学研究的理想场所(Draft Protocol 2002,6)。

虽然英国生物信息库的独特之处在于其较大的规模,但并不是所有的生物信息库都如此。从 20 世纪 90 年代初期到中期,其他一些小规模的生物信息库,无论是公共的还是私有的,就已经开始在英国运营。比如北坎布里亚郡社群遗传学项目(North Cumbria Community Genetics Project,NCCGP)的内容主要为,从新生儿的脐带中收集血液和组织样本,收集母体血样,并通过问卷调查获得个人的医疗信息(Chase et al. 1998)。当地的助产士告知英格兰西坎布里亚地区的孕妇有关这一项目的信息。助产士也要征求孕妇同意才能在分娩时取走胎盘。由于这一项目的运行方式与程序独特,因此也引发了一系列的伦理争论。其中包括从那些接受产前保健的"受制的受众"中征求样本(虽然承诺拒绝不会危及保健治疗),以及请求母亲代表自己的孩子同意取走样本(虽然孩子可以在 16 岁时撤回其样本)。尽管如此,北坎布里亚郡社群遗传学项目仍有着高达 80% 以上的参与率,并持有近一万的样本,这为今后的遗传学研究提供了一个很大的 DNA 信息源。迄今为止,应用该项目采集来的数据,研究人员已经进行了关于心脏病、癌症和中枢神经缺陷的研究。

除了此类生物信息库以外,从大量的人类组织样本中也能够提取出 DNA。比如,为了诊断苯丙酮尿症,医院收集英国所有新生儿的血斑标本(称为"古瑟瑞卡",Guthrie cards)。尽管这些样本并不是为了遗传学研究而采集的,但是由于其提供了正常人群中大量的 DNA 数据来源,它们也可被用于遗传学研究(House of Lords 2001)。由于这类样本广泛存在并很有可能被应用到遗传流行病学研究中,并且在收集样本时未曾预料到这一点,因此我们需要呼吁加强同意规范的健全和统一。

在美国也有大量可提取 DNA 的组织样本。然而和英国不同,美国没有政府资助的或国家范围的生物信息库。相反,许多私营、学术和公共部门都在进行遗传流行病学研究。很多来自全血或口腔细胞(取自咽拭子)的样本是来自正在进行的项目的。例如,国民健康与营养调查(National Health and Nutrition Examination Survey)是一项连续性的研究,始于 1999 年,每年从大约 5000 个人中采集样本。近来霍华德大学宣布将要开始遗传学数据库的研究,将从霍华德大学医院的病人中收集 DNA 图谱,这一医院主要为华盛顿的黑人和医疗水平低下的人群提供服务(Goldstein and Weiss 2003)。霍华德大学的组织者计划从 25 000 个病人中采集样本,用来对如糖尿病和前列腺癌等非裔美国人患者超过白人的疾病进行研究。最后,引用另一个例子,尽管不具代表性,即由 DNA 科学公司运营的基因信任计划(Gene Trust),该计划旨在建立一个"巨大的人类信息数据库"以"大幅加快医学研究进步的速度"(Gene Trust 2002)。组织者称第一年在互联网上注册的捐献者就超过了一万人。虽然相较英国而言,美国的私人研究计划更加常见,但在这两个国家,基于群体的遗传学研究的目标都聚焦在发达世界的两大杀手上,即心脏病和癌症(Steinberg et al. 2001)。

尽管英国与美国的生物信息库各有不同,但在大洋两岸由遗传流行病学掀起的伦理学争论却颇为相似。其中最重要的就是知情同意以及遗传信息所包含的独特性质带来的挑战。

14.3 知情同意与遗传信息

病患自主权的原则,是指一个"成年的、心智健全的个人有权来选择应发生在他或她的身体上的事情"(Cardozo 1914)。在医药领域,自主权在很大程度上是通过知情同意的程序而受到保护的,这一规范来自纽伦堡审判和所谓举报人的影响,诸如美国的 Henry Beecher 和英国的 Maurice Pappworth,他们在 20 世纪 50 和 60 年代都披露了在医学研究中的不道德行为(Rothman 1991)。近来美国国家生物伦理咨询委员会(National Bioethics Advisory Commission)与《保护在医学研究中人类受试者的联邦法规》(Federal Regulations on the Protection of Human Subjects in Medical Research)都发布了具体的知情同意的要求(National Commission 1979;Title 45 1998)。在英国,医学研究理事会的指导方针也对获得充分知情同意给出了详细的要求(MRC 2001)。然而,生物信息库和它包含的信息似乎至少在三个方面对传统的知情同意要求提出了挑战(Chadwick 2001)。[1]

第一个挑战涉及同意的(信息)公开要素,这要求研究人员向受试者提供所有与将要进行的研究相关的事实。一般来说,这一条件涉及诸多领域,如捐献者的潜在益处和风险、项目中研究者的个人利益(例如金融方面)、研究的目标与方法,及当事人撤回的权利等(Beauchamp and Childress 2001)。然而就拿生物信息库而言,当研究者本身还往往不知道可能的研究范围时,让捐献者完全了解样本的用途似乎是不可能的。样品被储存在液氮中以保留其科学价值的时间远远超出了该项目获得批准的时间。因此,很有可能今天志愿者为了乳腺癌研究捐献了 DNA 样本,而很有可能在 20 年后他不会知道这些样品已被用于研究基因对性取向的影响。

第二,基于人群的遗传学研究向自愿同意的要求提出了挑战,自愿同意意味着个人必须在不受他人控制或过分的影响下作出决定(Beauchamp and Childress 2001)。许多人认为,相比于其他形式的医疗信息,遗传信息有本质的区别(House of Lords 2001)。不管是否接受这种论点,可以肯定的是,个人捐献者与其家庭成员共同拥有着部分遗传档案。因此,如果研究产生相关临床结果,那么对于捐献者的亲属而言,可能产生巨大的影响(当然,假设在结果可以追溯的情况下)。换句话说,该遗传信息可能产生以下的情况,生物信息库捐献者的亲属不自愿地得知了他们的遗传特性,比如易于患上某些疾病。

遗传信息的特殊性还表现在其他一些方面。有人认为,DNA已经成为人类灵魂的世俗等价物(Nelkin and Lindee 1995)。此外,大众传媒和科普书籍常常将"基因"描绘成生命的秘密或蓝图(Condit 1999)。鉴于DNA的这种特性,那么研究人员要人们捐献的究竟是什么——仅仅是一小块生物组织,还是他们个人身份中最隐秘和独特的一部分?

第三,遗传流行病学向知情同意的理解要求提出挑战,即认为受试者必须能够认清其信念及其性质和后果(Beauchamp and Childress 2001)。有人争论道,公众到底能够在多大程度上了解遗传学,这又将在多大程度上影响到他们知情同意的能力。公众在缺乏对很多种研究认识的情况下,对遗传学潜在的误解就可能会更严重。不仅仅因为遗传学是新的,而且由于它的发展迅速甚至连医生都很难跟上最新的研究成果。更糟的是,部分媒体(有时被研究人员鼓励)在报道中掺杂感情因素,发布的信息已经超越目前已知的和可能实现的问题。

尽管理解遗传学并非易事,但对它人们似乎已经有了自己的清晰连贯的外行理解(Kerr, Cunningham-Burley, and Amos 1998)。然而,外行的理解却无法在临床或研究设计中很好地转译(反之亦然)。很多人甚至不知道孟德尔遗传定律,也不会区分显性和隐性疾病(Richards 1996)。此外,人们拥有不同水平的风险厌恶或容忍程度。外行理解的遗传决定和遗传倾向之间的区别可能与临床定义根本无法吻合(临床定义本身也有可能会变化)。这些问题使研究者必须重新评估知情同意程序,并寄希望于能够在不牺牲研究优先性的情况下实现知情同意。

14.4 实现知情同意的方法

尽管越来越多的学者都意识到生物信息库知情同意存在一定问题,但这一难题却远未解决。人们已经提出了许多解决方案,其中有少数方案是相互矛盾的。这些讨论的关键区别在于,使用知情同意的广义概念还是狭义概念(Berg 2001)。

广义的知情同意允许研究者进行一系列的研究,在获得同意时,不必明确阐述所有的可能研究。英国人类遗传委员会（Human Genetics Commission，HGC）提倡广义的同意，认为只要向参与者"明确地解释可能的研究范围"就可以了（HGC 2000，93）。委员会认为，广义的同意在"一个新技术层出不穷的快速更新的领域是必要的"（HGC 2000，94）。根据部分书面证据，英国人类基因委员会声称广义的同意概念不仅已经得到了研究人员的认同，病患团体也明显认可这一概念。我的部分论点是支持广义的同意的，因为它最好地保证了捐献者能够获得医疗研究的益处。

与此相反，狭义的知情同意限制在一个项目开始时即需要进行详细说明基因样本的用途。如果研究人员要进行进一步的研究，他们将必须重新联络捐献者。虽然狭义的同意概念可能有助于捐献者更好地理解项目，但英国人类遗传委员会称，重新联络捐献者并寻求进一步同意，意味着给捐献者增加了不必要的负担，更重要的是，由于敏感的医疗数据将不得不被解码，这就增加了安全漏洞的风险（HGC 2002）。此外，狭义的同意可能会成为研究的阻碍。它不仅会增加研究成本，而且如果捐献者已经去世，问题将被复杂化。

然而无论是广义的还是狭义的同意，问题仍然是谁参加项目以及征求同意的过程是如何展开的。解决这些问题的方法包括对同意书的语言和内容的重新评价、群体或社群同意及民意咨询的办法。

14.4.1 是形式上的问题吗

在美国，应用更多的一种办法是，关注现实的同意书的内容和语言（Beskow et al. 2001; Deschenes et al. 2001）。最近，为了解决同意的问题，美国疾病预防控制中心（Centers for Disease Control and Prevention，CDC）组建了一个多学科工作组。与现有的公共卫生研究准则相比，其结论没有根本的区别，而是对这些准则的一种扩展（Khoury 2001）。美国疾病预防控制中心专家组的结论是，保护捐献者利益和自治权的最佳方法是使同意书尽可能详细地涉及研究的全部细节。专家组建议同意书应包括以下信息：研究开展的原因、研究将涉及的内容、如何保守私人信息的秘密、研究的风险和成本、有可能得到的结果和研究完成后如何处理样本。详尽的同意书方法是为了穷尽同意要求的可公开的一切要素。

值得指出的是，美国疾病预防控制中心建议直接告诉参与者研究结果可能带来的危害与益处。换言之，知情同意从一开始就应该建立在评价研究结果是否会直接产生有证据的干预信息的基础上,如药物治疗或生活方式的改变。疾病预防控制中心专家组的结论是,一些基于家庭的研究准则不适合生物信息库研究,因为这些准则不区分那些有可能产生临床结果的研究,以及有可能产生重大的公共健康影响但很少会对个人的身体、心理或社会产生风险的研究——比如基于群体的遗传学研究。通过试图让人们在得知实验的意义后选择同意(实验),疾病预防控制中心已经尝试着找到了能够满足自愿同意的方法。

然而把重点放在同意书的语言上也存在严重的缺陷。一种批评认为,这一方法似乎更加着重保护研究人员和机构评审委员会的利益而不是那些捐献者的利益(Annas 2001)。怀疑论者认为,同意书最终看起来更像法律合同而不是有解释和教育性的文件,把重点放在同意书的语言上是一个既墨守成规又官僚化的做法。

对同意书内容的关注在英美两国都引发了很多批评,在美国尤其明显。自英国医疗系统建立以来一直试图避免美国式的诉讼文化。因此,在英国有人批判:侧重于同意书的内容会使研究人员过分关注所谓的审计型社会(audit society),在审计型社会中机构被外部审查制度所监管(Power 1996)。这样的社会要求对专家和机构的行为进行观察和最终判断(O'Neill 2002)。另一种批评的观点认为,强调同意书是一种消费者驱动的文化的产物。"在一个药品已成为消费商品的世界中,病人成为被拉拢的客户,知情同意则成为盒子背面披露的内容。"(Wolpe 1998,49)

关注同意书的语言问题存在着将"知情同意"转化为一个合乎道理的正当理由的风险,而事实却并非如此。我将在本章的后面部分讨论这一问题。

14.4.2 群体同意

另一种应付遗传信息的特殊(或内在)性质所带来的挑战的方式是要求群体或社群的同意(Greely 2001)。也许是由于美国原住民的存在和人类基因组多样性计划(Human Genome Diversity Project,HGDP)中北美委员会(North American Regional Committee)的工作,和英国相比,这一做法在美国已经得到了更多的关注。

拥护者认为,由于遗传学研究能够对个体捐献者甚至当地社群之外产生影响,因此群体同意是很必要的。比如,在加利福尼亚州的一个中国人社群中作的一项研究,有可能对所有中国人产生影响,无论他们住在哪里,无论他们是否同意。正如上面提到的,令人担忧的是,如果研究表明某部分人易于患上某些疾病或有特殊的行为特征,这类信息就很可能会对他们的保险和就业产生不利影响,或者更广泛地说,这些信息甚至可以丑化被受试者代表的所有人。

然而,要达到群体同意有太多的困难,以至于这很可能是无法实现的。群体同意的倡导者认为,群体是稳定的对象,因此可用来甄别同意的研究对象。不过在现实生活中,群体同意构建出一个"无论在自然界还是人类社会都很不可靠"的群体(Reardon 2001, 372)。例如,如何界定群体或社群?应该只包括研究对象的社群,还是包括受研究影响的所有社群?群体是否应仅限于家庭?应不应该包括所谓的疾病组织,如美国肺脏协会?群体又将如何真实地表达同意?研究人员是否应该像人类基因组多样性计划(HGDP)建议的那样与"文化权威"合作(Greely 2001)?或者是否应当进行表决,无疑对研究项目来说这是很大的成本?

另一个反对群体同意的因素是,群体同意可能最终还是加固了那些饱受争议没有事实基础的成见。现在讨论种族群体之间是否存在遗传差异是很公开的。一些科学家认为遗传差异微乎其微,而且种族论并没有真正的遗传基础。然而,寻求某一特定种族的群体同意,意味着种族确实存在着遗传基础(Juengst 1998)。

平心而论,群体同意的支持者赞成社群同意只是一层额外的道德保护层,而并不能完全代替传统的同意要求(Weijer and Emanuel 2000)。尽管遗传信息有着公共属性,但由于上述的一些原因,多数学者并不把群体同意当真。即使在美国,群体同意似乎也只是得到不冷不热的支持。人类基因组多样性计划(HGDP)——群体同意最忠实的口头拥护者,对其观点也有所保留,他们认识到在某些情况下,例如当社群没有文化权威,群体同意是不可能实现的(Greely 2001)。

14.4.3 民意咨询

最近,在英国应用的一种新方法就是进行民意咨询,而不是去直接寻求社群同意。但是,民意咨询同样也引发了一些问题。比如,研究者怎样才能充分地咨询5800万人?作为英国第一个生物信息库,北坎布里亚郡社群遗传学项目为了向当地社群宣传其研究项目以采集 DNA 样本并赢取主动权,曾组织了一次民意咨询(Chase et al. 1998)。然而,对于这次民意咨询的反响却各有不同。一个社群组织在民意咨询后进行了街头的民意测验,结果 90% 的受访者没有听说过该项目(CORE 1995)。如果在英格兰西北部的一个稳定的小型社群进行民意咨询都这么难,那么可想而知,对全国人口作民意咨询几乎是不可能的。[2]

此外,"咨询"意味着截然不同的两方之间的单向关系(Haimes and Whong-

Barr 2003);但是咨询将永远是与社群代表交谈的过程。换言之,那些群体同意中存在的问题也都在民意咨询中出现了。政治过程是代表推选和协商进行的基础,同时政治过程也是解决伦理问题的基础。因此,即使一个更加均衡的术语如"对话"取代了协商,问题仍然是对话过程中谁能够表达群体的意见和心声。

以上所有关于个人与群体同意和公共咨询的方法都是自下而上的,也就是他们从研究对象中寻找权威。我随后将讨论的另一种(或平行的)途径——发展有效的治理体系,即一个公开授权的机构将有权决定研究的适当类型并限制样本的使用。

14.5 同意与捐赠法案

奇怪的是,大多数关于知情同意的讨论中都缺少对更广泛背景的讨论。关于背景的讨论会涉及,例如人们究竟为什么要捐赠生物组织样本?他们的动机是什么?有什么期望?如果有的话,他们是期待用捐赠的样本作为交换吗?捐献者想从知情同意的要求中得到什么?

我认为,知情同意过程根植于整个社会进程中,其中最重要的是人们对日常生活中医学、健康和技术的角色的认知。换句话说,如果我们只关注哪些人同意了和他们是怎样考虑的,以及同意书的语言形式等问题,我们可能错误地将同意看做是独立的、不知如何从其他原因和理由中抽象出来的单一事物,那我们就可能陷入"失去情节"的危险中。也许这也将证明,更加密切地关注捐赠行为本身和支撑这一行为的信念模式是有益的。

最近,英国医学研究理事会(Medical Research Council,MRC)认为,捐献遗传学研究的组织样本是一种"馈赠关系"和利他主义的捐助(MRC 2001)。英国医学研究理事会在收集、存储和使用组织样本的指导方针中引用了 Richard Titmuss (1970)的文章。Titmuss 认为,捐献血液样本是出于一种利他主义考虑;并认为,与英国式的自愿捐献制度相比较,美国式的市场型献血制度将导致更多的问题,如行政效率低下、费用增加以及血液的大量污染等。

英国医学研究理事会(MRC 2001,8)的指导方针声称,馈赠态度"最好从道德和伦理的角度来看,因为它促进了参与者和研究人员之间的'馈赠关系',并强调了参与者的利他主义动机。"医学研究理事会(2001,8)接着说:"馈赠是有条件的(即捐献者可以指定接受者能够用捐献物做什么),非常重要的是,捐献者要理解并同意捐献物品的拟定用途。捐献者抱有的假设是,所作的研究将不会有损于他或她的利益,或对其产生伤害。"英国生物信息库(UKBB)的组织者也将利他主义列为捐献样本的理由之一,并在其总结报告中写道:"激发人们志愿行为的一个主要动力……[是]利他主义。"(People, Science and Policy 2002, 11)

  试图了解捐献的意义非常重要。然而,我们不应该忽视或遗忘那些如人类学家 Marcel Mauss 在波利尼西亚和印第安人的原住民文化中发现的原始意义的馈赠关系。Mauss 认为,送礼物是建立在互惠的基础上的。"馈赠关系"强调交换礼物也许会体现出自愿和利他主义的动机,但实际上馈赠关系是以双方义务为基础的。拒绝送礼物"是拒绝与同盟和集体的联系"(Mauss 1997, 13)。换言之,馈赠关系中的利他主义很稀少,如果有的话也很难计量。用 Mary Douglas 的话来说(1997, vii—xviii),"没有免费的赠品……无助于增强团结的礼物是一个矛盾。"人们愿意给予,这似乎并不是单方面的好意,而是一个相互依存的给予和接纳(即共享)系统的一部分。[3]

  医学研究理事会(MRC)已经有了形塑医疗捐赠为"馈赠物"的若干理由。首先,很显然医学研究将有赖于人们的捐献。其次,将所捐献遗传信息当做"馈赠物",使医学研究理事会避免了法律上所有权的不确定性。在英国,占有(拥有)人类身体本身是不可能合乎法律的。但是,法律目前还未明确是否可以拥有人体组织样本,或者捐献者是否拥有对所捐献组织样本的所有权。医学研究理事会认为,对于人类研究而言重要的并不是谁拥有合法的所有权,而是"谁有权控制样本的用途"(MRC 2001, 8)。所谓"监管",就是用来代替所有权,它意味安全储存和管理组织样本的责任。因此,通过将捐献样本归类为馈赠物,"任何涵盖在捐献物中的所有权,连同对样本使用的控制权将被移交给馈赠物的接受者"(MRC 2001, 8)。换句话说,馈赠关系为医学研究理事会提供了一个可行的办法,通过这个办法理事会可以避免捐献者日后索求其样本合法权利的可能性。

  回到流行病学,馈赠物概念引发出一个问题:是否需要重新考虑同意理论本身的道德框架。越来越多的伦理学家开始重新审视对个人主义和自主权的强调,转而赞同以团结与公平为基础的道德框架。这也同时提出了另一个问题:是否"人们有促进研究的进展,提供对自己或别人的健康至关重要的知识的责任"(Chadwick and Berg 2001, 320)。如果我们接受这样的原则,似乎就会与以下的观点相矛盾,即只进行那些为参加者带来好处的研究(Annas 2001),但这样的原则也提请人们注意医学研究相互依存的本性——在聚焦于权利和自主性的讨论中,这一点往往被人们所遗忘。[4]

14.6 捐献的原因:来自北坎布里亚郡社群遗传学项目的例子

对馈赠关系与团结问题的考量并不仅仅体现在单纯的学术思想上。对北坎布里亚郡社群遗传学项目参与者的研究认为,人们会受到内心期望的鼓动,他们期望着自己或身边的人在未来有可能受益于医学研究的进步。当问到捐献者他们捐献样本的原因时,他们会回答他们有义务帮助别人。很多人认为通过捐献样本,他们完成了自己对研究应尽的"一点义务",以防"家中有人生病"。(M018,M052) 比如,捐献者解释说:

> 如果这对于未来是最好的选择的话,我的意思是,从三岁起我就开始被哮喘病折磨,我的童年并不美好,我不能像其他孩子一样生活,像我的朋友一样生活,而当我想到这也会影响到我的儿子,他可能会像我一样,所以我选择这么做,我做了我能做的事情(M018)。

> 我的意思是,如果我们自己或是我们的孩子有谁生了病,他们需要一个器官或是其他的帮助,如果有人捐献了……这就是你为什么捐献自身器官的原因;你知道的……你会愿意认为如果你自己愿意帮助别人,那么如果自己处于危难中,别人也会同样帮助你的(M006)。

很多受访者意识到他们自己已经从之前完成的生殖方面的研究中收益,而这也影响到他们自己的决策:"因为我们进行了体外受精(IVF),你就会想象'如果之前学者们没有作大量的关于体外受精的研究',那么……我认为这是我为什么同意捐献的主要原因。"(M013) 同样,另外一位受益于体外受精的女士说:"我认为我们曾经受到了帮助,因此应该尝试和帮助别人。"(M031)

这些资料显示出在捐献中互惠原则是多么重要。尽管捐献者并没有用到学术术语"馈赠关系"或"团结",他们的反映却表明生物信息库的捐献者都期待着他们的捐献能够有所回报。预想的回报就是在未来医学研究能够惠及他们自己、家人甚至广大的公众。[5]尽管之前一再强调遗传信息的特殊性质,但捐献者似乎还是最关心如何能够促进诊断水平和治疗手段的医疗研究的进步。他们还认识到自己与其他实际和潜在的捐献者之间的历史连续性。

14.7 知情同意的内涵

在生物信息库的讨论中,人们日益认识到,有"理由来质疑在某个背景下产生的规则和准则转而应用到现在和未来的问题上"(Chadwick and Berg 2001,320)。当前的同意要求是二战时期的直接产物,这些要求并不是为遗传流行病学领域或范围的研究而设计的。这并不意味着,如《赫尔辛基宣言》(Declaration of Helsinki)中所编纂的"同意"不再合理或不再重要。而是我希望恢复一个更加平衡的"同意"概念和支撑它的观念:自主权。换句话说,在很大程度上,关于同意的问题是关于自主权的问题。

如同之前提到的,病人的自主权成为20世纪医学伦理领域最为重要的概念。从某种程度上来说,自主权的主导地位开始于20世纪60年代的权利运动。然而人们对话语权的高度重视使生物伦理学存在失去等式另一端的危险。[6]为了获得拥有健康的权利,人们或许有责任帮助研究。这种态度可能更常见于英国,在英国的话语系统中,围绕健康问题的话语一直是以社会和公共服务为前提的。然而,即使在美国,捐献和健康福利的互惠本质也是医学成功的基础。

换句话说,我认为对得到最好医疗服务的期待应该以这样的一种认知作为前提,那就是,我们有义务为开发有效治疗手段作出贡献(Harris and Woods 2000)。至少有两个原因支持这一观点。首先,捐献是为了志愿者与公众的共同利益。当然参与遗传学研究可能会有一定程度的个人牺牲和不便(比如要从工作和家庭中挤时间,空腹或是抽血造成的不适)。一个行之有效的办法是将医学研究相关的责任想象成服兵役和陪审团,这两件事都是公民为了公共利益需要履行的责任。作陪审团同样需要公民作出一定的牺牲,但大多数人认为这是整个社会系统运行的需要。换句话说,很显然公民是为了其司法权作出了牺牲,而这不是不合理的。我的论点就是:医学研究就是这样一种司法权力。

除了公益事业,自愿担当医学研究中的参与者可以说是一个公平的问题。受益于他人同时又拒绝互惠,这好似是以牺牲他人利益为前提而免费搭便车。我想,大多数人都会觉得受益于医学研究但却拒绝参与是不公平的(Harris and Woods

2000)。

认识到参加医学研究的适度义务是不必破坏馈赠关系的。正如我试图强调的,馈赠关键是互惠和预期收益。正如 Mauss 写道的:"交换与契约在馈赠关系中都有体现;在理论上这些都是自愿的,但在现实中它们是强制的付出和回报。"(Mauss 1997,3)因此,虽然馈赠物传达的语言和实际义务似乎并不一致,但社会学和人类学的研究(根据事实)清楚地表明情况并非如此。

互惠的权利与义务可能至少在 DNA 数据库上会对知情同意产生重要影响。事实上,北坎布里亚郡社群遗传学项目(NCCGP)的研究数据表明,参与者清楚地意识到这些相互关联的义务。因此,捐献者是否期待一种征求他们对不同研究认可的同意程序,这仍然是有待观察的。换句话说,以狭义同意为标准的基于群体的研究法则似乎是一种奇怪的家长式准则,因为这可能有悖于捐献者的愿望。在临床研究或是那些可能会直接影响到参与者健康的研究中,应该使用狭义的同意。但是,遗传流行病学却很特殊,甚至研究人员都不知道样本未来将可能应用于哪些领域。如果伦理委员会已经批准了某项研究,那么遗传学家就应该能够自由地在那些他们认为最有可能产生医疗进步的方向进行研究。

广义的同意准则既不意味降低研究者关心捐献者的义务的重要性,也不意味可以用合理的胁迫手段来招募研究参与者。避免渎职的原则(不伤害)仍然适用,同时还必须严格审查研究的目的、方法和程序。事实上,我认为很重要的一个方面,就是要建立一个值得信赖和有效的治理机制。治理机制中的一个关键因素是外行参与,这能够帮助确保伦理委员会作出的决定考虑了公共利益,而不是仅仅为科研机构、实验需要或市场驱动的研究(如研制化妆品)的利益服务。确立详细治理框架超越了本章所要讨论的内容,但实际上这种制度依赖民主和代议制政府模型来委托授权当局作出"正确"决定。

然而,对捐献的社会语境的考虑能够帮助我们理解同意的限度。毕竟知情同意只是广泛道德要求中的一部分。如果同意是一个充要的道德要求,那就意味着只要捐献者同意,人体组织和器官就可以在完全自由的市场体系中流通(O'Neill 2002)。然而,相信许多人都会有充分的理由认为这是这一个令人厌恶的想法。

捐献者认识到他们和周围的人更容易患病。尽管目前尚不清楚,捐献者是否想要更详细的同意书,以便可以从中勾选他们同意或不同意类型的研究。这样详尽的研究报告是捐献者想要的吗?或者为了保护自己免受外部审计和可能的诉讼，研究者感到他们需要什么？至少在生物信息库这件事情上，研究者的角度与捐献者不同。也许，就同意书而言，少即是多。[7]

14.8 结　论

遗传学研究期望通过改进诊断方法和疗法给人类带来一个崭新的时代。但同时它也在道德和法律方面向人们提出了新的挑战，而这一挑战的"解决方案"却很难达成。

本章讨论了英美两国以人群为基础的遗传学研究和知情同意的不同塑造过程：在美国，人们更关注同意书的性质和语言，以及群体同意问题；而在英国，伦理委员会提倡一种广义的同意，并将捐献定义为"馈赠关系"。我认为，将捐献样本看做礼物并允许广义的同意似乎反映了捐献者的本意和他们对医学研究的期望，即希望医学能够在未来惠及他们自己、家人和社群。另外我认为，或许可以将参加医学研究看成一种义务，因为捐献样本无论对于个人还是公众来说都是有益的。

参加遗传学研究的义务涉及以下几个相关的问题。第一，遗传流行病学的研究应该使用广义的同意准则，这样足以让研究人员在新的研究展开时不必再去寻求额外的同意。如人类基因委员会（HGC）所阐述的，狭义的同意似乎不仅不切实际（当捐献者难以追查或死亡）而且有可能反应较慢，最重要的是，它在浪费那些捐献者更加希望花费在提高医疗水平上的有限资源。第二，在同意书中充满了技术语言和法律术语，但却没有抓住知情同意要求的要领。正如O'Neill（2002, 157）所指出的：捐献者和亲属可能会发现，"面对这份详细地解释研究内容的协议书，根本难以理解其中的信息，他们便很难给出真正的知情同意。"

总之，让志愿者服从审计过程的要求似乎存在道德质疑，而这也不一定符合捐献者的愿望。重塑以人群为基础的遗传学研究的道德框架以包含捐献和义务的概念，可能为进一步研究有关人类生命问题提供更完善的道义上的机遇。

注释

十分感谢Erica Haimes和其他两位匿名评委对本章更早版本给出的中肯评价。同时我也很感谢维康基金（Wellcome Trust）资助我参与了新生代研讨会和北坎布里亚郡社群遗传学项目。

1. 我的讨论假设了合适的议题,但我并不希望尽量减少涉及儿童和智力障碍人群的知情同意问题。

2. 在英国生物信息库的准备阶段,组织者在特殊利益集团、一般公众和专业卫生人员中间进行了三次公众咨询。咨询结果显示,人们包括行医者对于生物信息库的具体方法了解很少,但是总体很支持这项计划。他们认为知情同意"很重要",但也存在很多"潜在问题"。见 Cragg Ross Dawson(2000); Hapgood et al. (2001); People, Science and Policy(2002)。

3. 诚然,将这些想法应用到工业或服务社会并不是没有问题。没人能肯定地说现代化的基础是团结,而不是个人竞争。我想要强调的是,馈赠关系揭示了伦理和捐赠问题中被遗忘的角落——那就是责任和互惠。

4. 我并没有为我的观点找一个哲学支点。但是,一些女性主义伦理学的观点和 Onora O'Neill(2002)的文章都支持了我的论点。Onora O'Neill 复活了一个康德主义(Kantian)的概念"有原则的自治",这一理念试图将人类权利建立在人类的义务之上。

5. 鉴于英国的公共资助的医疗卫生服务(相比于美国的私营为基础的医疗体系),也许在英国经常使用"团结"这个字眼并不稀奇。

6. 可能论证权利意味着责任是有一定困难的。我认为,例如,如果某人有一项权利,但这并不意味着此人就一定有某项责任。这种认识是合理的,但却不是真理,比如婴儿拥有权利但显然没有责任。

7. 我要感谢一位匿名评委,他建议创立一个系统,这样的系统中捐献者有权监管其样本的使用,并且当捐献者发现研究中有不满意的地方时,他能及时禁止进行此项研究。但是,这一方案遇到的问题之一是,为了满足捐献者的需要,研究人员将通过解码和解密捐献者的个人资料而获知其名字。可以说,这种事情发生越多,就越有可能违反保密规定。然而,我的研究表明,生物信息库的研究人员发现越来越多的捐献者表示愿意参加利益共享问题的讨论,如利润分享、药物治疗的公平问题和社群计划。

参考文献

Annas, G. 2001. Reforming informed consent to genetic research. *Journal of the American Medical Association* 286: 2326—2328.

Beauchamp, T., and J. Childress. 2001. *Principles of Biomedical Ethics*. 5th ed. Oxford: Oxford Univ. Press.

Berg, K., 2001. DNA sampling and banking in clinical genetics and genetic research. *New Genetics and Society* 20: 59—68.

Beskow, L. M., W. Burke, J. F. Merz. 2001. Informed consent for population-based research involving genetics. *Journal of the American Medical Association* 286: 2315—2321.

Cardozo, B. 1914. *Schloendorffv. New York Hospital* 211 NY 127,129, 105 N. E. 92,93.

Centers for Disease Control and Prevention. 2001. Supplemental brochure for population-based research involving genetics: Informed consent: Taking part in population-based genetic research. Available at http:www. cdc. gov.

Chadwick. R. 2001. Informed consent and genetic research. In *Informed Consent in Medical Research*, ed. L. Doyal and J. Tobias, 203—210. London: BMJ Publishing Group.

Chadwick, R. , and K. Berg. 2001. Solidarity and equity: New ethical frameworks for genetic databases. *Nature Review Genetics* 2: 318—321.

Chase, D. , J. Tawn, L. Parker, J. Burn, J. , and P. Jonas. 1998. The North Cumbria Community Genetics Project. *Journal of Medical Genetics* 35: 413.

Condit, C. 1999. *The Meanings of the Gene.* Madison: Univ. of Wisconsin Press.

CORE. 1995. Findings of street-poll for NCCGP public consultations. CORE pamphlet. Barrow-in-Furness, Cumbria.

Cragg Ross Dawson. 2000. *Public Perceptions of the Collection of Human Biological Samples*. Report prepared for the Wellcome Trust and Medical Research Council.

Dedschenes, M. , G. Cardinal, B. M. Knoppers, and K. C. Glass, 2001. Human genetic research, DNA banking and consent: A question of form? *Clinical Genetics* 59: 221—239.

Douglas, M. 1997. No free gifts. Foreword to M. Mauss, *The Gift, the Form, and Reason for Exchange in Archaic Societies*, vii—xviii. Trans. W. D. Halls. London: Routledge.

Draft Protocol for Biobank UK: A study of genes, environment and health. 2002. Available at http://wellcome. ac. uk.

Gene Trust. 2002. See: http://www. dna. com.

Goldstein, A. , and R. Weiss. 2003. Howard Univ. plans genetics database. *Washington Post Online*, 27 May. Available at http://www. washingtonpost. com.

Greely, H. 2001. Informed consent and other ethical issues in human population genetics. *Annual Review of Genetics* 35: 785—800.

Haimes, E. , and M. Whong-Barr. 2001—2003. A comparative study of participation and non-participation in the North Cumbria Community Genetics Project. Project Grant funded by the Wellcome Trust.

——. 2003. Competing perspectives on reasons for participation and non-participation in the North Cumbria Community Genetics Project. In *DNA Sampling: Ethical, Legal and Social*

Issues. ed. B. M. Knoppers, 199—216. Leiden: Brill Publishers.

Hapgood, R., D. Schickle, and A. Kent. 2001. Consultation with primary health care professionals on the proposed UK population biomedical collection. Report prepared for the Wellcome Trust and the Medical Research Council.

Harris, J., and S. Woods, 2000. Rights and responsibilities of individuals participating in medical research. In *Informed Consent Medical Research*, ed. J. Tobias and L. Doyal, 276—282. London: BMJ Books.

House of Lords. 2001. Select Committee on Science and Technology Fourth Report: *Human Genetic Databases: Challenges and Opportunities*.

Human Genetics Commission. 2002. *Inside Information: Balancing Interests in the Use of Personal Genetic Data*.

Juengst, E. T. 1998. Groups as gatekeepers to genomic research: Conceptually confusing, morally hazardous, and practically useless. *Journal of the Kennedy Institute of Ethics* 8: 183—200.

Kerr, A., S. Cunningham-Burley, and A. Amos. 1998. The new genetics and health: Mobilizing lay expertise. *Public Understanding of Science* 7: 41—60.

Khoury, M. 2001. Informed consent for population research involving genetics: A public health perspective. Available at http://www.cdc.gov.

Medical Research Council. 2001. Human tissue and biological samples for use in research: Operational and ethical guidelines. Available at http://www.mrc.ac.uk/pdf-tissue_guide_fin.pdf.

National Commission for the Protection of Human Subjects of Biomedical and Behavioral Research. 1979. *The Belmont Report: Ethical Principles and Guidelines for the Protection of Human Subjects of Research*. Washington, DC: National Commission for the Protection of Human Subjects of Biomedical and Behavioral Research.

Nelkin, D. and M. S. Lindee. 1995. *The DNA Mystique: The Gene as Culture Icon*. New York: W. H. Freeman.

O'Neill, O. 2002 *Autonomy and Trust in Bioethics*. Cambridge: Cambridge Univ. Press.

People, Science and Policy Ltd. 2002. *Biobank UK: A Question of Trust: A Consultation Exploring and Addressing Questions of Public Trust*.

Power, M. 1997. *The Audit Society*. Oxford: Oxford Univ. Press.

Reardon, J., 2001 The Human Genome Diversity Project: A case study in coproduction.

Social Studies of Science 31: 357—388.

Richards, M. 1996. Lay and Professional Knowledge of Genetics and Inheritance. *Public Understanding of Science* 5: 217—230.

Rothman, D. 1991. *Strangers at the Bedside: A History of How Law and Bioethics Transformed Medical Decision Making*. New York: Basic Books.

Steinberg, K. ,J. Beck, D. Nickerson, M. Carcia-Closas, M. Gallager, M. Caggana, Y. Reid, et al. 2002. DNA Banking for Epidemiological Studies: A Review of Current Practices. *Epidemiology*, 13: 259—264.

Title 45 CFR Part 46: Protection of Human Subjects, 1998. http://206.102.88.10/ohsrsite.

Titmuss, R. M. 1970. *The Gift Relationship: From Human Blood to Social Policy*. London: Allen & Unwin.

Weijer, C. , and E. J. Emanuel. 2000. Protecting Communities in Biomedical Research. *Science* 289: 1142—1144.

Wolpe, P. 1998. The Triumph of Autonomy in American Bioethics: A Sociological View. In *Bioethics and Society: Constructing the Ethical Enterprise*, ed. R. DeVries and J. Subedi, 38—59. Englewood Cliffs, NJ: Prentice-Hall.

15 胚胎,立法与现代化
——在英国和德国议会中塑造生殖技术

Charlotte Augst

15.1 引　言

本章探讨了法案对新的生殖技术的塑造过程。本章着眼于胚胎研究的相关讨论,包括从1988年到1990年之间英国和德国议会展开的关于体外受精、配子捐赠和优生学的讨论。两套议会辩论文件都或多或少地平行进行,最终达成立法:1990年的《人工生殖和胚胎法案》(Human Fertilisation and Embryology Act, HFEA)和同一年的《胚胎保护法案》(Embryonenschutzgesetz, ESchG; Embryo Protection Act)。尽管它们看似有很多共同点,但是立法结果却大不相同。英国《人工生殖和胚胎法案》允许捐献卵子和精子,允许进行胚胎研究,治疗未婚妇女和代理孕母;而德国的《胚胎保护法案》却禁止以上所有做法。

在本章中,我认为对于人类生殖技术的讨论实际上是对现代化条件下人类生命的讨论;实际上,我将现代生殖技术看做是现代化的例子。为了解释在两个国家的争论中表现出的关于人类生命现代化的许多问题,首先,我概述了对于人类生命的现代态度是怎样被极其矛盾的心理塑造着的——一方面是理智和理性,另一方面是个人的自由和人类的发展。这两股不同的现代思想共同影响和塑造着人们对生殖技术的发展、应用和理解。其次,本章展示了这种矛盾是如何影响两国的讨论以及又是如何最终被克服的。两组不同的议员选择了不同的战略来处理现代化的矛盾,从而导致了对人的生命、原因、自然和科学的不同话语结构。至关重要的是,两国都不情愿接受下面的观点,即认为由现代化所引发的问题不能通过区分好的医学与危险的科学而完全解决(如在德国);或是认为现代性源于无知的不合理性(如在英国)。我的结论是,现代科学的风险性(Beck 1986)以及人类生命在现代性中的不稳定性不能通过否定现代化的复杂性而变得全无害处。

所有已划出的边界,包括立法在内,都必然地否认复杂性(Gieryn 1995)。这种否定使得法律获得通过,问题得到解决。然而,这种否认是否让这两部法案在面对新生殖技术提出的挑战时作出了有效的回应,这仍然是一个悬而未决的问题。本章认为,有些现代科学的潜在危险可以通过一套能够更深刻地认识矛盾的立法框架而得到更有效的管理。

15.2 现代性的矛盾

本章将现代性作为独特视角,即作为可理解的某种方式以及改变世界的某种方式。我在此考虑的是,现代性不是作为一段历史时期或作为艺术史上的概念。我使用"现代性一词指的是一种态度而不是一个历史时期……,一个与当代现实相关的模式"(Foucault 1984,39)。这种对于现代性的理解与启蒙的思想更加接近(见 Douzinas et al. 1991,6),这其中我要强调两个问题。

首先要强调的是置于人类舞台中心位置的启蒙思想。人类,更重要的,每个人都是文明世界的中心人物。每个人都即将从上帝、宗教和传统,以及从部落、村庄和国王中解放出来。个人是解放、平等和权利启蒙过程中的中心角色,它集中体现了现代性意义中的人类生活。现代性的人类生活是"个性化的"、"祛传统的"和"孤立的"(见 Franck 2000; Giddens 1994; Beck and Beck-Gernsheim 1992)。

我要强调的现代性态度的第二个特点与知识的确定性有关:人类理性能够了解世界。它可以理解世界的运行方式,以旁观者的角色对其进行客观的探索(Douzinas et al. 1991,9; Adorno and Horkheimer 1999,9)。现代人为了理解世界,必须停止用他们的主观方式进行思考。人们必须将地球和人类生命看成是宇宙中已经被安放好的东西,提高到一个客观的立场上,并摒弃他们个人的、有限的观点。当然,这个角度导致了现代自然科学中的世界观。自然科学代表了一切现代知识的内容。知识是客观的;知识是人类的工具;知识关注的是普遍事实而不是特例,是规律而不是例外,是有序的东西而不是矛盾(同样见 Giddens 1990,40; Bauman 1998;2001)。由于这些特点,现代知识能够控制自然界中的某些现象,或是能够改变社会性的世界。

本章这两个现代性的视角——个性化的趋势和用科学塑造世界——代表了我使用"现代"(modern)、"现代性"(modernity)和"现代化"(modernization)的含义。这样的安排并不意味着这是一个对现代性的连贯定义,更多是因为这能够指出人类生命在现代化过程中所折射出的轨迹。我认为,这两个视角在现代化问题上存在着一定的冲突,而这一冲突在生殖技术领域尤其明显。[1]

15.2.1 问题初探

内生于现代化过程中的张力在考察人类本性和人类生命的生物属性时显得尤为明显。对待自然的典型的现代化做法是把它当做人类活动的对象,或是能够被人类支配或占有的物质资源。然而,当谈到人性问题时,人类总是被当做主体而自然被当做客体,这样就创造出一种直接的张力(见 Freud 1985,274—277)。因此,人体,如组织和器官变得极具争议性:它们能否可以用来当做操纵和开发的资源?或在人体组织中是否存在着某种内在的属于人类自身的东西,意味着人体组织必须被认为是主体而不是客体呢(见 Santos 1995,28—29)?这一紧张关系凸现在对器官捐献和人类基因组计划以及胚胎研究的争议中。理性和个人主义,客观性和主观性,这些塑造现代生命科学工程和人类生命概念的观点是难以调和的(Cooke 1990,viii;McGuigan 1999,37;Connolly 1987)。这一困难也忙坏了德国和英国的议员们。

15.2.2 作为现代化案例的新的生殖技术

上文所述的现代性定义有以下两个基础:第一,现代性声称一个独特的、客观的科学合理性。第二,现代性的个性化趋势和其对自然及传统限制的侵蚀。这两个现代化的基础影响着生殖技术的发展、应用及理解。一方面,生殖技术例示出人类生命和繁殖的科学。就像任何其他的自然过程——包括动物的繁殖或细胞生长——人类生命现象也可以被分析和剖析。那些神隐其中的东西都变得能看得到了;那些看似神秘的东西也都可以解释。人类生命的要素变得可以被改变或操纵、复制甚至控制。创造生命可以被理解为连续的、一步步的发展,不仅每个步骤都要作为对象经过严格审查,而且还要进行精细策划。

另一方面,我们还要看到那些使用技术的人。有时候他们被称做病人,并且其中大多数是女人。对于她们来说,技术对生殖的干预,为她们解除了自然和传统的束缚,从而得到了自由。即使你的输卵管堵塞了,你也可以受孕。即使你的伴侣有生育问题,你也可以与他生孩子。即使你不想与男性发生性关系,你还是能够怀孕。即使你绝经了,是同性恋或单身,在新的生殖技术的帮助下,你也不必放弃生孩子的希望。你的的确确可以生孩子。[2]

新的生殖技术的这两个潜力是现代化进程的体现和其产生的影响。生殖技术是以个性化的逻辑和理性的规划和策划为基础的。人类成为最强大的代理人,他们可以根据自己的意愿去生活,然而他们也可能是脆弱的受害者,是别人计划中的目标而已。谈论新的生殖技术的议员们争论着现代化的承诺:减轻痛苦,控制那些迄今无法控制的过程,以及创造幸福家庭和健康的儿童。但他们也深深地陷于恐惧造成的矛盾之中,他们担心雄心勃勃的科学家精心策划人种,以及鲁莽的单身妇女自私地不顾外界自然和传统的限制坚持要生孩子。也就是说,这些为复制生命的新的生殖技术进行立法的议员们,影响着人类生命的繁殖,实际上是在处理现代化造成的矛盾。

15.3 对矛盾的决议:为科学划界

英国和德国立法机构的议员们在担心一系列问题。他们讨论生殖技术的工程属性和个性化潜力。他们关心女性草率地使用生殖技术,以及这种应用对"传统"的家庭来说可能会意味着什么。[3]他们担心"穿白大褂的人"会操纵胚胎和人类。[4]他们表达了对孩子的商品化[5]和那些竭尽全力想要怀孕[7]的绝望妇女面临风险[6]的担忧。然而,他们也并不是简单地拒绝生殖技术,因为生殖技术还表明能够治疗和治愈疾病、控制生育的冒险(如通过不孕[8]或残疾[9]的风险所表明的),以及个人的自主权和在生殖问题上的自由。[10]

我们有可能通过剖析议会发言,来详细展示这一关于个性化与科学的矛盾是如何失去作用的。在这里,我重点关注行动中出现矛盾的方面:科学的本质与科学进步。科学及其进步为现代化的美好未来奠定了基础:我们确实能够做到那些我们现在难以完成的事情。我们或许能够了解和治疗更多的疾病。我们可以消除生殖中的风险,我们也许能避免发生无法控制的残疾。然而,科学在追求更多知识、更多控制的过程中,可能也会导致操控人类。它可能把人仅仅当做一种原料而世界则是一个大实验室,这有悖于人性的完整和尊严。科学家可能持有"一个更加光明未来的承诺"(Durant 1998),但他们也可能"从事不好的事情,因此决不允许进行未经检查的科学研究"(Warnock 1985,xiii)。[11]

英国和德国议员们,在对遗传技术的立法辩论中,都表达出对科学潜在的前景及危险之间矛盾的顾虑。认为科学"既可以创造,也能够毁灭"(Kevin Brown,2 April 1990,HC,vol.170,col.962)。[12]

在处理现代科学进步及其对人类生命意义之间难以阐明的关系时,德国和英国议员是如何尝试在危险科学与安全科学两者间划界的? 我们将会看到两个国家有着截然不同的话语出发点,结果体现为一个在科学上相对友好的英国《人工生殖和胚胎法案》(HEFA)和一个相对谨慎的德国《胚胎保护法案》(ESchG)。然而,这两个由独特话语系统划定的边界在逻辑上都不合理。议员们都参与了部分虚构边界的建构。两项法案最终都是基于对矛盾和不确定性的否定。

15.4 德国:胚胎研究代表了科学的所有错误

在德国议会的辩论中,人类胚胎研究代表着现代科学的所有错误,尤其是生殖技术更具代表性。胚胎研究是典型的危险科学——在不考虑人类尊严的情况下,将人类客体化、进行操纵并利用人类生命。所有党派的全体议员都同意胚胎研究必须在法律上予以禁止,并且胚胎不能由于研究的原因被控制或是损坏,因为"人类生命"不能以"任何理由"被利用(Government Bill, 25 October 1989, BD 11/5460, 10)。[13]

真正的政治分歧在于这些问题:是否任何不会直接导致破坏胚胎(比如试管受精)的生育治疗同样应该被法律禁止(绿党立场)? 是否应严格限制这类治疗(社会民主党立场)? 或者议会是否应将这些接受"治疗"女性的所有问题都留给医学专家来解决(保守党立场,当时的在位党)?[14]

15.4.1 自然规律

理解德国议会争论的中心是对与自然规律以及人类在其中所占的位置的一系列考虑:

人类对于自然的力量现在已经蔓延到人类自身……人可以成为自己的造

世主。我们不得不怀疑,我们能达到造世主的角色。根据经验,我们最好的打算都往往不足以承担这一角色。不仅仅因为人类可能会可怕地滥用权力,同时他们也不能避免无知和疏忽……[有可能]会深深亵渎这一责任,亵渎人在自然规律中的位置。在我的基督教信仰基础上,我承认我反对人应该对世界上所有的人类生命负责这一观点……这种权力并不适合我们(Dr. Albrecht, 25 November 1988, *BP 595*, 428/429)。[15]

对一个来自保守的基督教民主联盟(Christian Democratic Union, CDU)的发言者,这样的言论并不奇怪,Albrecht 博士用基督教的价值来支撑他的观点。然而,几个并不是从基督教观点出发的议员也持有相同的观点:"一个人的根在哪里并不重要。不论他们是基于一般的哲学或道德本性,还是基于基督教的信仰和伦理。在许多问题中重要的是我们生活在共同的土地上。"(Einert, ibid., 441)

那么议员们所指的共同的土地是什么呢?Albrecht 博士的演讲表明,这是一种对自然秩序的独特概念化,是一种人类及其科学必须遵循某一秩序的特殊空间。自然是一个复杂的系统。无论是否持有上帝创世的观念,人类是这个复杂系统的一部分,而不是它的主人。人类必须认为自己是上帝的作品,而不是造世主。继续进行胚胎研究将意味着"干涉了自然或上帝的事情"(Dr. Seesing, 8 December 1989, *PP*11/183, 14171)。

因此我们必须认为,自然秩序本质上是好的、正确的、有意义的。人类,特别是科学家,应赞赏这一本质上正确的自然秩序,而不是短视地去操纵和控制它。所有发言者都认为,如果科学试图控制不可控制之事,那么事情将变得十分可怕:"我们现在发现核能不能被掌控……我们的孩子和他们的孩子将依然生活于切尔诺贝利事件(Chernobyl)的阴影中。面对我们已经造就的历史,我们决不能重复同样的错误。"(Dr. Peters, 25 November 1988, *BP* 595,443)

15.4.2 再次引发的矛盾

谨记这条普遍的共识,你可能会吃惊地发现,德国的《胚胎保护法案》(ESchG)并非简单地禁止所有关于生殖技术方面的研究。为了了解科学和科学家谨慎的概念化过程是如何与德国《胚胎保护法案》相调和的,从而给予在生殖医疗领域工作的医生们更大的自由,我们有必要看看德国议会辩论中的另一典型的观点:

一些人有着独特的观点,那是因为他们看到了新的可能性带来的危险。他们说:好了,没有孩子是命中注定……这很有可能,女士们先生们,我的确很理解这一观点。然而,我不同意的是这一观点带来的后果,即不应允许任何人工授精的方法。我认为在这种情况下,例如,如果一个女人自己不能与她的丈夫或是长期伴侣生孩子是由于意外事故或疾病,那么新的生殖技术就应该帮助她。我认为这是正确的也是合理的。(Dr. Däubler-Gmelin, 8 December 1989, *PP* 11/183, 14168)[16]

　　在这里 Däubler-Gmelin 博士认为,我们需要保持对科学的批判和谨慎态度,并且也要理解自然约束人类自由这样一个观点。虽然她认为,她自己并不完全同意这样一种逻辑。但是确实有很多人可以并且应该得到科学帮助。在新技术或疗法能够减轻人们病痛的情况下,帮助他人的逻辑使德国的议员们克服了他们对科学的普遍悲观共识。某种程度上,可以说自然秩序的法则得到一条不同的道德规范的支持:关爱受苦难者的道德。随着这一关怀伦理被采用,我们可以看到,自然作为一种矛盾、散漫的资源,再次引发了矛盾。

15.4.3　服务还是控制人类生命

　　把自然概念模棱两可地用做一种矛盾、散漫资源——限制了科学的野心并缓解了悲剧的后果——这导致了可以以某种方式来谈论科学家及其行为。医生的好的、有道德的、科学的行为取决于他们的意图:"医生可以参与创造人,并不意味着因此他就可能对这样一个人进行控制。"(*Bundesminister für Forschung und Technologie* 1985, 2)另一位发言者解释说,在技术的恐怖滥用与适度使用之间应该划出一条界限,从而标明医生在哪里已经不再是"自然的仆人",而变成了"共同创造生命的人"(Dr. Berghofer-Weichner, 25 November 1988, *BP* 595, 431)。

　　看来,医生只要参与或服务于改变自然过程的行动中,他们就必须负起责任来。医生绝不能要求成为人类生命的作者、控制者或"共同的创造者"。进一步看来,对医生的两种理解的不同更多基于医生从事这一行为的精神,而不是他们实际上真正做了什么。如果一个医生把一位妻子的卵子和她丈夫的精子相结合并植回妻子体内,那么只有她或他认为这项工作是一种帮助了自然或帮助了"这个人,这对情侣",医生才算完成了一个好的、负责的行为(Government Paper, 23 February 1989, *BD* 11/1856, 2)。如果医生本着"扮演上帝"的精神完成这项工作,那么就是对人性的亵渎。

15.4.4 划界者的意图

德国《胚胎保护法案》的概念基础现在应该比较清晰了。胚胎研究是被禁止的。然而《胚胎保护法案》允许对个人进行治疗。《胚胎保护法案》认定"除妇女使用自身卵子实现怀孕之外的任何导致卵子受精的原因"都是犯法的；或者"获得，使用……或保留"一个胚胎"除用于怀孕以外的任何其他原因"也都是犯法的（§1(1)2, and §2(1) and (2) EschG）。因此，如果目的不是为了治疗一位妇女，而使卵子受精或以任何手段处理胚胎，都是不合法的。其评判基于科学家的意图是什么，同样的行为可能被定义为犯罪或无罪。这一判断体现了先前的论点，即科学甚至医学都必须以谦虚和服务于人为宗旨，而不应遵循控制和操纵自然的自大精神。

关于新的生殖技术用于治疗方面，《胚胎保护法案》几乎没有任何规定。不同于英国《人工生殖和胚胎法案》，它没有任何关于治疗方面的条款，比如诊所向病人提供信息、建议和咨询的责任，记录其疗法和成功经验，或建立通过试管受精或捐献精子方法出生的孩子的数据库。《胚胎保护法案》也不包括什么样的女性可以接受治疗，或如何被确定或保证的好的医学实践条款。它让医学从业人员自己来制定医学实践的规范（Bundesärztekammer 1988；1998）。因此，德国法规结合了对一些科学实践严厉的定罪（以研究为目的的胚胎操作）和对其他医学实践相对宽松的自我调节环境（以治疗为目的的胚胎操作）。这表达出对科学家深深的不信任，同时将不受监管的责任交给了那些应用科学减轻人类痛苦的专业机构（Betta 1995；Augst 2001；Waldschmidt 1993）。

一些科学家和左翼政治代表攻击这一研究与治疗之间的划界，他们有无数理由认为这种划界是不合理的。科学家想使二者均为合法化，批判者则要求二者均应受到法律的制止。[18]实际上，反对政府提议的两股力量都认为，政府没有通过法案解决因科学进步产生的矛盾，而只是回避了矛盾。对于他们来说，在危险的研究与安全的治疗之间划界是没有意义的。科学家认为，由于生育问题的治疗是有益的，因而从逻辑上讲，也必须支持这类研究才能使得这些治疗成为可能。绿党组织认为，如果所有人都支持这些技术有着祛人类化潜能，那么就必须简单地来禁止所有影响人类生殖的技术干预。

两组批判者都认为，科学进步的危险本性并不能通过多数同意的表决方式解决。然而,《胚胎保护法案》的前提是将医学收益与胚胎研究的风险分割开来。在好的医学实践与坏的科学滥用之间划界,德国的立法者构建了一条奇特的界限:这条界限把排除科学研究带来的益处与医学实践划在了一边。显然,法律的制定者们能两全其美了。

15.5　英国:同样的忧虑,不同的解决之道

关于科学进步的本质及其对人类生命的影响之间的矛盾也在英国伦敦的讨论中出现。然而,在英国这种矛盾和它引发的忧虑,却以非常不同的方式得以解决。在这里,大多数的议员要求继续胚胎研究,但他们仍然面临着对科学潜在的破坏性与危险性的担忧。[20]因此,他们需要找到方法,对想要继续从事的胚胎研究和如果科学不加限制地继续发展将导致的可以预见的恐怖后果加以区分。他们通过在安全的科学与科学幻想之间,以及合理的信心和理性的恐惧之间划出界限来解决这一问题。这一分类法也导致了少数反对者的某些想法,他们认为胚胎研究是不合理的和愚昧的。

15.5.1　科学与科学家的主要建构

在英国的争论中,我们发现了科学家的正面形象,这是在德国的讨论中完全缺失的。英国议员始终赞美科学家的正派、勇气和值得信赖,把科学家描述为"奇妙的、敬业的和聪明的人,他们为人类服务,在工作中倾注了很多的爱"(Lord Ennals, 7 December 1989, HL, vol. 513, col. 1013)。[21]相反,德国的议员们经常讨论集团力量以及科学的发展受少数权力机构的经济利益所驱使。[22]与之形成鲜明对比的是,Lord Ennals表扬科学家在"待遇不高"的情况下做出了如此卓绝的工作(ibid., col. 1013)。在英国,赞同胚胎研究的人不对科学家与医生、或者研究与治疗进行区别,认为两者都很好。然而,这些支持胚胎研究的人仍必须面对一种反对声音,这种反对来自科学过去曾犯下的错误,这种错误说明了胚胎研究或者基因工程存在的潜在危险。科学的另一面不能简单地被忽略。

15.5.2　科学对抗科幻,理性对抗非理性

为了排除对科学和胚胎研究的忧虑,多数人采用的策略是,在科学真正论及的

问题与科学幻想之间划出一条界限。大多数发言者认为,某些科学的做法例如克隆和杂交确有很多问题,但这些问题不是议会法案中所谈及的:"我们已经听到很多杂交、克隆和设计婴儿的可怕传说,但这些言论是出自那些不懂工作界限的人的口中……他们依然停留在科学幻想的境界中。"(Mr. Turnham, 23 April 1990, HC, vol. 171, col. 64)[23] 由此我们可以看到,科学与科幻之间的区别意味着更深一层的差异,即有人能够区别看待二者,而有人则不能。这点差异允许大多数能区别对待科学与科幻的人将其自身构建为理性的和开明的,将其反对者构建为非理性的和不开明的。

多数派的发言者经常争辩道,那些反对胚胎研究的人只知道不谙世事的教义。[24]因此,与他们进行理性对话几乎是不可能的。他们常常让少数人相信他们可以保持自己的信仰(毕竟,我们生活在一个"多文化、多元的自由社会"),但他们不必将其信念强加给别人。[25]多数派的说道为自己与胚胎研究的反对者构造了对比身份,并要求以"科学与意义"取代"语义学和顾忌"(Dr. Goddson-Wickes, 2 April 1990, HC, vol. 170, col. 962)。

辨别出少数派的宗教信仰立场为多数派运用另一种离题的战术敞开了大门。许多多数派发言者讲的故事都是以教庭的偏狭和伽利略的判罪开始的[26],然后从禁止解剖教训[27]到焚烧书籍[28],直到现在的关于人类胚胎研究的争论。这种描述带来一种众所周知的结论:自从教会告诉人们科学不能做什么开始,它在每一场战役中都输了。那些以宗教信念为基础而抵制科学进步的做法,都很有可能输掉这场战役。因此胚胎研究的反对者发现,他们自己在演出的开始就已注定了失败者的角色。

多数派的离题的战术也大胆地声明了自身立场。像伽利略一样,多数派也在讲述着一场与"黑暗势力"之间展开启蒙之战的故事。比如 Warnock 女士说道:[29]

> 我们现在正处于20世纪,这一点是不可改变的,作为这一时代的一部分,我们必须允许承担我们自身知识可能导致的风险。我们与17世纪的人站在不同的立场上。当我们追求新知识时,我们必须能够承担风险,并考虑到这些风险……我们决不能拒绝文明。我认为科学的道路上设立了一些来自信仰的障碍,而这些信仰根本与科学差之千里,这样做是不道德的(7 December 1989, HL, vol. 513, col. 1036)。

在 Warnock 女士的文明宣言中,对知识的追求是一条不断前进的道路,任何阻止科学进步的企图都是徒劳的。"我们"作为她的话语中的主语,看起来代表着一群正确的自信的人。我们知道承担风险是正确的。我们也可以控制科学进步带来的负面影响,我们的目标必须是克服不合理的紧张和知识的不足。这与德国的控制自然的观点大相径庭。在德国波恩,发言者对我们可以成功地评估和控制所有相关的风险的妄想给予告诫。在伦敦,Warnock 女士和其他多数派的发言者反而认为,没有必要对人类的能力太过谦虚。"当自由在诸多领域都以无与伦比的方式不断扩大时",除了认定人类的伟大外,假想其他任何事情都是"自相矛盾"(Lord Ennals, 7 December 1989, HL, vol. 513, col. 1015)。

我们可以看出,多数派试图在自己和反对研究的少数派之间划出一条界限。这一界限将进步从衰退中分离开来,将开放理性的科学思想从宗教的偏激与迷信中分离开来,将普遍原理从特殊规定中分离出来。德国的例子表明,决定相信还是害怕科学是多么困难!在伦敦,多数派的发言者成功地竖起一道屏障,将这些意见清晰地分割开来:担忧胚胎研究的人是迷信的、老套的、不理性的;而相信科学的人是现代的、负责任的和理性的。

15.5.3　进步及其他

慎重对待这一界限,意味着在多数派一方没有任何迷信、非理性或宗教感情。然而,那些声称只受事实与原因影响的赞成研究的发言者,却经常富有激情且神秘地描述即将到来的美好明天。他们谈到科学的"梦幻般的进步",谈到"奇妙的物质"(Earl of Halsbury, 7 December 1989, HL, vol. 513, col. 1046),谈到"基因图谱将带来的科学奇迹"(Lord Glenarthur, ibid., col. 1042)。[30]支持研究的多数派的意见只有在作出科学进步是其自身的虚构的判断时,才会变得理性和清醒。当支持研究的发言者描述到科学家的工作时,他们的语言便变成了宗教的、惊异的和童话故事般的语言。Beck(1986, 344—345)曾将这种态度称为现代的对进步的信心(fortschrittsglaube),这是一种对于进步的近乎于宗教信仰的信心,"自信现代化基于其自身的以技术为形式的创造力"。这种"异化"在英国关于进步的话语中体现了出来,通过赋予一种独特的"其他"以一系列特点(不理智的、宗教的、偏激的、狭隘的),并假定自身具有"其他"所不具备的任何特征,这是克服困难的一种策略(Bauman 1991, 53)。

对于"进步力量——如果需要的话,可以用字母 P 表示"的现代信仰(Lord Ennals, 20 March 1990, HL, vol. 517, col. 234),与基督教信仰上帝没有本质的不同(见 Freud 1985,280)。谁都不能声称自己是内在合理的或只依赖于事实。英国议会中多数派与少数派的根本区别并不是一个理性而另一个不理性,而是多数派支持胚胎研究的信仰,并非是作为一种信仰而被建构的,而是作为冷静、理性的判断而建构出来的。多数派对科学的信任和依赖并不是绝望而盲目的宗教式信仰,因为它们是基于理性和知识而持有的信仰。

15.6　结　论

德国与英国的议员们为了使划出的界限合法化,转向对科学、自然、知识、进步以及人类生命进行特殊的建构。德国的立法者将人类生命与"自然秩序"紧紧联系在一起;而英国议员们则看到,人类生命出现于一个奇迹般的世界中,在其中英雄的科学家与人类的苦痛进行着抗争。

由于接受了进步与理性的现代理念,英国《人工生殖和胚胎法案》(HFEA)可以被解读为现代法案的典范。它将自己根植于对一切可以建构为"反现代化"要素的拒绝之中——不理智、宗教信仰或反对研究的少数派的恐慌。在这样的模式中,科学与医学的进步能够最大限度地服务于人类生命。另一方面,德国的《胚胎保护法案》(ESchG)却并没有全心全意地接受理性与科学精神。它以一种被认为是自然的秩序来建模,因此是与时间无关的。从这一点来看,法律的存在是为了抵制这种自然秩序发生变化。人类生命需要保护,以免受到不断进步力量的侵蚀。但是,隐含在这两种立场中的反对意见不能被不假思索地剔除。英国对宗教的反对是在追求标准的宗教性,而德国对现代科学的拒斥也在其《胚胎保护法案》否认现代医学依赖于现代科学时瓦解了。

因此,这两项法律都包含被否认的关键要素,然而否定什么和允许什么其实没有根本的不同:对进步的信仰与非理性没有根本上的不同,就好似现代医学与现代科学也没有根本的不同一样。通过立法来调控生殖技术,议员们企图控制由科学、进步、理性、理智和个人主义的本质所引起的不可回避的矛盾。简言之,他们在深切感受由新技术产生的风险与机遇共存的矛盾之时,他们试图在现代化的条件下塑造人类生命。为了做到这一点,这两项法律都不得不否认"现代心态难以忍受模棱两可,而现代制度则开始致力于消灭这种模棱两可"(Bauman 1991,52)。

认真考虑一下"现代性趋势臭名昭著的双重性"(Bauman 1991,52),很明显,一定程度的否定是在为了达成对话,划定一条界限或通过一项法律时的必要手段。用整洁的划界来规定什么是内部的、什么是排除在外的,永远都无法反映含糊不清的现实。在这方面,否认矛盾是法律的一个必要组成部分。通过部分虚构的不同之处来确定什么是包括在内的、什么是被排除在外的,尽管这种办法很不堪,但两个国家都试图对现代社会人类生命的过程进行一种形塑。"通过虚构,法律可以断言什么明显违反了公认的真理。但是,法律对其自身进行裁决是空洞的⋯⋯那么,法律虚构便使法律成为最不独立而又最独立的东西。"(Fitzpatrick 2001,88)

注释

我首先要感谢 Ian Gibson 博士,他同时是议员和科学技术特别委员会下议院(HC Science and Technology Select Committee)主席,在百忙中他抽出时间参加了新生代的会议(Next Generation Conference);还要感谢 Munizha Ahmad,在我不在的时候他仍在坚守阵地。

以下的简写在英德两国的立法文献中经常出现:英国上议院(House of Lords, HL)、下议院(House of Commons, HC)、《联邦会议记录》(*Bundestagsdrucksache*, BD)、《联邦议院会议记录》(*Plenarprotokol*, PP),以及《联邦议会记录》(*Bundesratsprotokoll*, BP)。

1. Santos(1995,2)描述了现代性的两个"支柱",规制与解放,两大支柱都"倾向于制定最高使命"从而制造出一种紧张关系。很显然,Santos 和我对现代性的定义有所重叠,但是我更乐意认为他将这两个支柱作为动力与轨迹是由于这意味着其正在进行的运动,由此指出法律在面对现代化时,正在不断接近终结。

2. 这一领域中的丰富文献见 Firestone(1970); Stanworth(1987); Smart(1987); Zipper(1989); Dewar(1989); Morgan and Douglas(1994); Eekelaar(1994); Millns(1995); Thomson(1997); Chavo(1997); Dewar(1998); Edwards et al. (1999); Jackson(2001)。

3. 对于传统在家庭价值方面的问题实质见 Nicholson(1997)。也见 Wiltshire, 20 June 1990, HC, vol. 714, col. 1022; Dr. Däubler-Gmelin, 8 December 1989, PP 11/183, 14167/14168。

4. 见 Lord Kennet, 7 December 1989, HL, vol. 513, col. 1025—1028,以及同一天的讲话和一些有相同观点的文献,Lord Duke of Norfolk, Lord Ashbourne, the Earl of Longford, Baroness Ryder of Warsaw, Lord Harrington, Baroness Elles, Viscount Sidmouth, Viscount Buckmaster, Earl of Perth, Lord Robertson of Oakridge, and the Earl of Cork and Orrery. 对德国,见

Government Bill，23 February 1988，*BD* 11/1856，7。同样见社会民主议案（Social Democratic Bill）："排除生育以外的原因，以任何其他目的创造人类，尤其是以研究为目的，都与人类生命的法律和道德要求相违背（16 November 1989，*BD* 11/5710，13）。也见 Dr. Seesing, 8 December 1989，*PP* 11/1471。

5. 见 Beck-Gernsheim，9 March 1990，*Bundesrechtsausschuss* 11 /73，6；Dr. Seesing，ibid.，71；the Duke of Norfolk，8 February 1990，HL，vol. 515，col. 996。

6. 见政府提案（25 October 1989，*BD* 11/5460，7）和绿党提案（19 October 1990，*BD* 11/8179，1/2）。对英国，见 Alan Amos，23 April 1990，HC，vol. 171，col. 106。见 Augst(2001)"为什么在德国的争论中风险特征更加重要"。

7. 见 Dr. Däubler-Gmelin，8 December 1989，*PP* 11/183，14168；Green Bill，19 October 1990，*BD* 11/8179，3；Ruehmkorf，9 November 1990，*BP* 624，639。

8. 见政府报告，23 February 1988，*BD* 11/1856，2；Clarke，2 April 1990，HC，vol. 170，col. 917；Lord Mackay of Clashfern，7 December 1989，HL，vol. 513，col. 1004。

9. 见 Lord Ennals，7 December，HL，vol. 513，col. 1014. The issue of disability is far more controversial in the German debates. 见 Ms. Schmidt，24 October 1990，*PP* 11/230，18213/18214；Green Bill，19 October 1990，*BD* 11/8179；Ms. Schmidt，8 December 1989，*PP* 11/183，14173；Dr. Däubler-Gmelin，24 October 1990，*PP* 11/230，18211；Amendments of the SPD to the Government Bill，24 October 1990，*BD* 11/8191，31。

10. 见 Ms. Fyfe，23 April 1990，HC，vol. 171，col. 64.；25 May 1990，Standing Committee B，vol. 1，147/148；Ms. Richardson，ibid.，150。

11. 同样见 Giddens："科学自此长期保持一种可靠知识的形象，这一形象也影响人们对大多技术专业形式给予尊重的态度。然而，同时外行对科学和技术知识的态度一般存在典型的矛盾性。"(Giddens 1990，89) Lee 和 Morgan(2001，2)认为，直到 20 世纪晚期我们才学会以"深刻的怀疑态度"来衡量科学进步。Wynne(1996)主张，这也许对于承担划时代意义的变化的"外行"或"专家"知识来说，并不是一个新现象或一场新斗争。

12. 同见 Dr. Seesing，24 October 1990，*PP* 11/239，18209；Baroness Ryder，7 December 1989，HL，vol. 513，col. 1067。

13. 见 Dr. Seesing，8 December 1989，*PP* 11/183，14171；Government Paper，23 February 1989，*BD* 11/1856，5；Dr. Berghofer-Weichner，22 September 1989，*BP* 604，350；Walter Remmers，ibid.，352；Engelhard，ibid.，357。

14. 一些社会民主党同样支持禁止试管受精（*BP* 604，376/377）。关于绿党的哲学，见 Bause(1999)和 Brockmann(1992)。

15. 同见 Walter Renner, 22 September 1989, *BP* 604, 352。

16. 同见 Dr. Peter(22 September 1989, *BP* 604,357); Dr. Seesing, 8 December 1989, *PP* 11/183, 14171。

17. 见 Dr. Buchborn, 9 March 1990, *Bundesrechtsausschuss* 11/73,142。

18. 见 Schmidt, 8 December 1989, *PP* 11/183, 14172。

19. 很多(激进的)女性主义作家和评论家都支持这一观点。例如,见 Raymond(1993); Steinberg(1997); Waldschmidt(1993); Corea and Ince(1987); Mies(1992)。

20. 见 Lord Jakobovitz, 7 December 1989, HL, vol. 513, col. 1075; Duke of Norfolk, ibid., col. 1030; Lord Ennals, ibid., col. 1013; Lord Walton of Detchant, ibid., 1052。

21. 同见 Lord Glenarthur, ibid., col. 1042。

22. 见 Engholm, 25 November 1988, *BP* 595, 435; Einert, ibid., 440, who speaks of "medical-industrial interest"。

23. 见 Lord Walton of Detchant, 7 December 1989, HL, vol. 513, col. 1052; Lord Glenarthur, ibid., col. 1042; Lord Ennals, ibid., col. 1013; and Ms. Richardson, 2 April 1990, HC, vol. 170, col. 925。

24. 见 Lord Meston, 7 December 1989, HL, vol. 513, col. 1102; Lord Ennals, ibid., col. 1015。

25. Earl Jellicoe, ibid., col. 1038。同见 Lord Mc Gregor of Dunnis, ibid., col. 1016—1019; Lord Hailsham of Saint Marylebone, ibid., col. 1022; Baroness White, ibid., col. 1045; Lord Winstanley, 20 March 1990, HL, vol. 517, col. 243; Ms. Richardson, 2 April 1990, HC, vol. 170, col. 927。

26. Lord Hailsham, 8 February 1990, HL, vol. 515, col. 968; Baroness Warnock, 7 December 1989, HL, vol. 513, col. 1036; Lord Flowers(also referring to Darwin), ibid., col. 1061; Lord Henderson, 8 March 1989, HL, vol. 504, col. 1578。

27. Baroness Faithful, 7 December 1989, HL, vol. 513, col. 1099。

28. Lord Sherfield, ibid., col. 1100。

29. Baroness Warnock 的观点在整个辩论中是多数派意见的核心。例如 Goodson-Wickes 博士认为,"在这件有争议的事情上很少、甚至没有任何绝对的事情。任何悬而未决的忧虑,都是 Warnock 的观点。"(2 April 1990, HC, vol. 170, col. 961)同样见 Ms. Richardson, ibid., col. 924; the Earl of Halsbury, 7 December 1989, HL, vol. 513, col. 1046; Lord Henderson of Brompton, ibid., col. 1097。Morgan 和 Lee(1991,4)认为,"《人工生殖和胚胎法案》是 Warnock 法案。"

30. 同见 Lord Ennals, 7 December 1989, HL, vol. 513, col. 1046; Lord Glenarthur, ibid., col. 1042; Baroness Nicol, ibid., col. 1062; Mr. Dafydd Wigly, 2 April 1990, HC, vol. 170, col. 948。

参考文献

Adorno, T. W., and M. Horkheimer. 1999. *Dialectic of Enlightenment*. London: Verso.

Arendt, H. 1993. *Between Past and Future: Eight Exercises in Political Thought*. New York: Penguin.

Augst, C. 2001. Verantwortung für das Denken: Feministischer Umgang mit neuen Reproduktionstechnologien in Großbritannien und der Bundesrepublik. *Jahrbuch für Kritische Medizin: Krankheitsursachen im Deutungswandel* 34: 135—156.

Bauman, Z. 2001. Leben-oder bloß Überleben? *Die Zeit* 2001(1): 41.

——. 1991. *Modernity and Ambivalence*. Cambridge: Polity Press.

——. 1998. Postmodern adventures of life and death. In *Modernity, Medicine and Health: Medical sociology towards 2000*, ed. G. Scambler and P. Higgs. London: Routledge.

Bause, M. 1999. Natur als Crenze? —Modernes und Gegenmodernes im grünen Diskurs. In *Der unscharfe Ort der Politik—Empirische Fallstudien zur Theorie reflexiver Modernisierung*, ed. U. Beck, M. A. Hajer, and S. Kesselring. Opladen: Leske und Burich.

Beck, U. 1986. *Risikogesellschaft: Auf dem Weg in eine andere Moderne*. Frankfurt a. M.: Suhrkamp.

Betta, M. 1995. *Embryonenforschung and Familie: Zur Politik der Reproduktion in Großbritannien, Italien und der Bundesrepublik*. Frankfurt a. M.: Peter Lang.

Brockmann, S. 1992. After nature: Postmodernism and the Greens. *Technology in Society* 14: 299—315.

Bundesärztekammer. 1988. Richtlinien zur Durchführung der In-Vitro-Fertilisation mit Embryotransfer und des intratubaren Gameten- und Embryotransfers als Behandlungsmethoden der menschlichen Unfruchtbarkeit. In *Kommentar zum Embryonenschutzgesetz*, ed. R. Keller, H.-L.. Günther, and P. Kaiser. 1992. Stuttgart: Verlag W. Kohlhammer.

——. 1998. Richtlinien zur Durchführung der assistierten Reproduktion. Novellierte Fassung 1998. *Deutsches Ärzteblatt*: A 3166—3171.

Chavo, R. A. 1997. The interaction between family planning policies and the introduction of the NRTs. In *Intersections: Women on Law, Medicine and Technology*, ed. K. Petersen. Aldershot/Hants.: Dartmouth.

Connolly, W. 1987. *Politics and Ambiguity*. Madison: Univ. of Wisconsin Press.

Cooke, P. 1990. *Back to the Future*. London: Unwyn Hyman.

Corea, G., and S. Ince. 1987. Report of a survey of IVF clinics in the U. S. In *Made to Order: The Myth of Reproductive and Genetic Progress*, ed. P. Spallone and D. L. Steinberg. Oxford: Pergamon.

Dewar, J. 1989. Fathers in law? The case of AID. In *Birthrights: Law and Ethics at the Beginning of Life*, ed. R. Lee and D. Morgan. London: Routledge.

Dewar, J. 1998. The normal chaos of family law. *Modern Law Review* 61: 467—485.

Douzinas, C., and R. Warrington, with S. McVeigh. 1991. *Postmodern Jurisprudence: The Law of Text in the Text of Law*. London: Routledge.

Durant, J. 1998. Once the men in the white coats held the promise of a better future.... In *The Politics of Risk Society*, ed. J. Franklin. Cambridge: Polity Press in association with the IPPR.

Firestone, S. 1970. *The Dialectic of Sex*. New York: William Morrow & Co.

Fitzpatrick, P. 2001. *Modernism and the Grounds of Law*. Cambridge: Cambridge Univ. Press.

——. 1992. *The Mythology of Modern Law*. London: Routledge.

Foucault, M. 1984. What is enlightenment? In *The Foucault Reader*, ed. P. Rabinow. London: Penguin.

Franck, T. 2000. *The Empowered Self: Law and Society in the Age of Individualism*. Oxford: Oxford Univ. Press.

Freud, S. 1985. *Civilization and Its Discontents*. In *The Pelican Freud Library-Civilization, Society and Religion*, vol. 12. Harmondsworth: Penguin.

Giddens, A. 1990. *The Consequences of Modernity*. Cambridge: Polity Press.

——. 1994. Living in a post-traditional society. In *Reflexive Modernization: Politics, Tradition and Aesthetics in the Modern Social Order*, ed. U. Beck, A. Giddens and S. Lash. Cambridge: Polity Press.

Gieryn, T. F. 1995. Boundaries of science. In *Handbook of Science and Technology Studies*, ed. S. Jasanoff, G. E. Markle, J. C. Petersen, T. Pinch. London: Sage Publications.

——. 1999. *Cultural Boundaries of Science: Credibility on the Line*. Chicago: Univ. of Chicago Press.

Jackson, E. 2001. *Regulating Reproduction: Law, Technology and Autonomy*. Oxford: Hart Publishing.

Lee, R., and D. Morgan. 2001. *Human Fertilisation and Embryology: Regulating the Reproductive Revolution*. London: Blackstone.

Mies, M. 1992. *Wider die Industrialisierung des Lebens: Eine feministische Kritik der Gen - und Reproduktionstechnik*. Pfaffenweiler: Centaurus-Verlags-Gesellschaft.

Millns, S. 1995. Making "Social judgements that go beyond the purely medical": The reproductive revolution and access to fertility treatment services. In *Law and Body Politics: Regulating the Female Body*, ed. J. Bridgeman and S. Millns. Aldershot, Hants: Dartmouth.

Morgan, D., and G. Douglas. 1994. The constitution of the family: Three waves for Plato. In *Archiv für Rechts-und Sozialphilosophie 57: Constituting Families*, ed. D. Morgan and G. Douglas. Stuttgart: Franz Steiner Verlag.

Morgan, D., and R. Lee. 1991. *Blackstone's Guide to the Human Fertilisation and Embryology Act 1990: Abortion and Embryo Research, the New Law*. London: Blackstone.

Mulkay, M. 1997. *The Embryo Research Debate: Science and the Politics of Reproduction*. Cambridge: Cambridge Univ. Press.

Nicholson, L. 1997. The myth of the traditional family. In *Feminism and Families*, ed. H. Lindemann Nelson. London: Routledge.

Raymond, J. 1993. *Women as Wombs: Reproductive Technologies and the Battle over Women's Freedom*. San Francisco: HarperCollins.

Santos, B. de Sousa. 1995. *Toward a New Common Sense: Law, Science and Politics in the Paradigmatic Transition*. New York: Routledge.

Smart, C. 1987. "There is of course the distinction dictated by nature": Law and the problem of paternity. In *Reproductive Technologies: Gender, Motherhood and Medicines*, ed. M. Stanworth. Cambridge: Polity Press.

——. 1989. *Feminism and the Power of Law*. London: Routledge.

Stanworth, M. 1987. Reproductive technologies and the deconstruction of motherhood. In *Reproductive Technologies: Gender, Motherhood and Medicine*, ed. M. Stanworth. Cambridge: Polity Press.

Steinberg, D. L. 1997. *Bodies in Glass: Genetics, Eugenics and Embryo Ethics*. Manchester: Manchester Univ. Press.

Thomson, M. 1997. Legislating for the monstrous: Access to reproductive services and the monstrous feminine. *Journal of Social and Legal Studies* 6: 401—424.

Waldschmidt, A. 1993. Halbherzige Verbote, große Regelungslücken: Deutsche Gesetze zur Fortpflanzungsmedizin und Embryonenforschung. In *Die Kontrollierte Fruchtbarkeit: Neue Beiträge gegen die Reproduktionsmedizin*, ed. E. Fleischer and U. Winkler. Vienna: Verlag für Gesellschaftskritik.

Warnock, M. 1985. *The Warnock Report on Human Fertilisation and Embryology: A Question of Life*. London: Blackwell.

Wynne, B. 1996. May the sheep safely graze? A reflexive view of the expert-lay knowledge divide. In *Risk, Environment and Modernity: Towards a New Ecology*, ed. S. Lash, B. Szerszinski, and B. Wynne. London: Sage.

Zipper, J. 1989. What else is new? Reproductive technologies and custody politics. In *Child Custody and Politics of Gender*, ed. C. Smart and S. Sevenhuijsen. London: Routledge.

重新定义技术转移
——塑造国际乳腺癌基因测试系统的挑战

Shobita Parthasarathy

全球化最引人注目的标志是技术的跨国流动。创新者们利用电脑、手机、医疗设备和药品跨越了国家边界并在各国之间建立起联系,世界似乎在不断变小。但这类进程的无缝程度如何?跨国技术转移是如何发生的?国家的具体情境,例如应对技术、资产和医疗保健的不同方式,在全球化进程中又表现出了怎样的特性呢?

对于全球化而言,许多学者和观察者认为,科学和技术的一致性为当前的全球化进程提供了坚实基础(Drori et al. 2003)。而其他分析者则对此表示反对,认为技术转移的成功与否不仅取决于科学的客观性,还依赖于制度框架和公司的组织文化(Segerstrom, Anant, and Dinopoulos 1990; Keller and Chinta 1990)。遗憾的是,这些观点都无助于我们理解当前诸如转基因食品或抗艾滋病药物等新技术在跨国转移中遇到的争议。本章我将探讨一家美国基因技术公司转移其乳腺癌(breast cancer, BRCA)基因检测技术的尝试,以此表明我们可以通过重新定义技术转移的过程来理解全球化面对的挑战。立足于科学技术学的研究路径(如Winner 1986),我认为技术是同时涉及专门知识和伦理的对象,它不仅是进行血液检测或作物种植的新工具,而且体现了对于医疗保健、知识产权或环境保护的特定价值标准。[1]当由于技术方式或者技术对象所界定的"伦理秩序"出现了冲突时,技术转移面对的挑战甚至全球化面临的争议便出现了。

20世纪90年代中期,当与乳腺癌遗传易感性有关的两个基因(BRCA 1号和2号基因)的发现被公布时,人们的注意力几乎立即转向了对相关诊断和治疗方法的开发(Davies and White 1995)。例如在美国和英国,研究小组们着手开发能够检测BRCA基因突变的技术,BRCA基因可预测卵巢癌或乳腺癌的遗传易感性。到1998年,两种迥异的BRCA检测系统分别主导了这两个国家的生物医药市场。在美国,发现了第一个BRCA基因的生物技术公司——Myriad遗传学公司(Myriad Genetics),借助其对于两个基因的专利和许可所形成的经济实力和法定权力,成为BRCA检测的独家供应商。它所提供的BRCA检测与任何其他常规的医学检测一样:个人可以通过任何医生使用其提供的DNA分析服务。因为任何人都可以通过医生获得检测服务,Myriad公司保证了其服务的潜在市场非常之大——任何负担得起相关费用的人都可以进行检测。而在英国,BRCA检测服务则是通过由国家运作的国民医疗保健系统(National Health Service,NHS)按照区域划分提供的。其形式与NHS提供的其他专门服务一样,包括风险评估和筛选分流。有意进行检测的人需要先向其所在地区的一级或二级医生提供乳腺癌和卵巢癌家族史,然后,根据与全国各地的遗传学家商议的标准,医生将会把申请人归类为低、中、高三个风险类别并提供相应服务。只有被归类为高风险的人才可以获得区域性遗传诊所提供的BRCA基因的咨询与实验室分析服务。

在BRCA检测系统被纳入美英两国的医疗体系后,美国供应商Myriad公司试图通过使医护人员信服其技术的价值,并威胁将采取法律手段制裁那些已经提供检测的机构所造成的专利侵权,来把其检测服务扩展到欧洲和亚洲市场。该公司的计划从英国开始,它试图挤垮NHS的国有BRCA检测系统,并将在英国采集的血液样本送往其在盐湖城的实验室进行分析。当Myriad公司尝试将其检测服务扩展到英国及欧洲其他国家时,到底发生了什么?Myriad公司的技术,以及其建构病人和医护人员身份的方式,会完美地转移到英国的社会语境中去吗?英国政府、科学家、医生和病人将如何应对Myriad公司试图逐步把自己的BRCA检测系统纳入到英国的机制之中的举措呢?

本章我将探讨Myriad公司影响BRCA检测全球性服务的尝试,以及英国科学家、医护人员和活动家是如何回应的。[2]我们将会看到,持续不断的紧张局势出现了:在扩展其专利权时,该公司不是仅仅试图把一个狭义的实体引入到新的地域,而是想要引入整个系统,不仅涵盖检测的临床和技术维度,也包括把系统参与者——病人和医护人员——的特定角色引入到英国极其不同的文化背景中。

本章首先描述了Myriad公司如何试图将其检测服务扩展到英国,随后探讨了英国科学家、医护人员和活动家如何从三个方面对该公司提出了挑战:他们质疑Myriad公司以专利权为理由扩展其检测服务;他们质疑仅仅基于实验室服务的BRCA检测系统的有效性;他们认为Myriad公司界定的医护人员和个人的角色并不适用于英国的情形。接下来,本章介绍了Myriad公司和NHS的谈判以及Myriad公司进行技术转移的最终解决方案。最后,我讨论并总结了这一事件对我们理解技术和全球化的关系所带来的启示。

16.1 Myriad公司尝试转移它的技术

当Myriad公司将它的注意力转移到国际市场时,它采取了其在美国市场扩张过程中相似的战略——运用其法律和经济地位扫除所有其他的BRCA基因测试供应商。实际上Myriad公司在1994年和1995年向美国申请专利时,它已经在欧洲专利办公室(European Patent Office, EPO)申请了专利,专利有效范围覆盖大多数欧洲国家(Shattuck-Eidens et al. 1996; Rommens et al. 2002)。[3] 到1998年时,怀着对欧洲专利办公室即将签署其申请的专利的期待,Myriad公司开始直接向欧洲的专业医疗保健人员推销其BRCA检测系统。它的第一个策略是强调它可以提供一个更广泛的精确的实验服务。

公司开始正式启动其在欧洲扩张的活动,他们邀请来自欧洲家族性乳腺癌示范项目(European Familial Breast Cancer Demonstration Project)的代表参观其实验室和研究设施,这一项目是旨在探讨乳腺癌高危妇女的管理方法的发起者。公司希望能够说服来自英国、法国、意大利、德国、挪威和荷兰的项目成员,它可以提供比现有机构更准确的技术服务。Myriad公司的BRCA基因测试服务能够对乳腺癌基因进行完全的测序,其敏感度可以达到99%,而大多数欧洲公司运用的方法其敏感度只能达到80%—95%。[4] 公司官员认为,与欧洲的项目合作将有可能大大提高"目前欧洲有限的乳腺癌基因测试能力",并将重点放在他们能够提供的DNA测序服务技术优势上(Myriad Genetics 1998)。当时,Neva Haites博士是Myriad公司欧洲项目的负责人,他发表了这样的欢迎辞:"希望这次会议为我们了解欧洲与Myriad公司遗传实验室之间未来合作的潜力提供机会,以确保用我们的技术帮助甄别出具有高致癌风险的人,从而对其进行最佳的筛分和管理。"(Myriad Genetics 1998)尽管Haites十分热情,但是,似乎没有几家欧洲卫生保健机构有兴趣使用 Myriad 公司的服务。他们中的大多数机构似乎更愿意继续使用现有的国内 BRCA 测试系统。

到 1998 年底，Myriad 公司将其注意力对准英国并采取了十分积极的行动，不仅宣传解释使用 Myriad 公司测试系统的好处，还对其加以威胁，即如果英国区域性基因诊所不将其样本送到 Myriad 公司在美国的实验室，Myriad 公司将会以侵害专利权为由对其采取法律行动。[5] 公司最高执行官和律师在英国癌症家庭研究组(Cancer Family Study Group)两年一度的会议上提出了他们的诉讼，该研究组包括在该领域中进行研究和为遗传性癌症提供服务的医护人员，如医学遗传学家、分子遗传学家、肿瘤专家及从事遗传学领域工作的护士和顾问。Myriad 公司采用和美国相同的策略，认为 NHS 提供的 BRCA 基因测试违反了他们拥有的欧洲专利。然而无论 Myriad 公司如何承诺提供一个更加完善的测试系统，还是威胁将投诉和关闭 NHS 的 BRCA 测试，英国的医护人员还是对其无动于衷。他们继续在全国医疗保健系统中提供测序服务，其中包括风险评估、分流、咨询和实验室分析服务。

之后 Myriad 公司改变策略，直接联系主管 NHS 的卫生部。它要求英国卫生部应为其继续开展的测试服务交付执照费，并将样本送回到 Myriad 公司在美国的实验室，或者继续承担被起诉的风险。[6] 与此同时，公司开始探索其他办法，比如他们与英国的私人实验室联系，看他们是否愿意成为其卫星实验室，将突变信息和其部分收入送到位于美国盐湖城的 Myriad 公司的乳腺癌基因测试数据库。

16.2 对 Myriad 公司的回应

Myriad 公司不断给英国卫生部和专业健康部门施压，让他们采纳它的基因测试服务，这使得英国的科学家、活动家、临床医生和政府官员开始组织对 Myriad 公司有针对性的回应。大多数主要的科学和专业机构，比如英国人类遗传学协会(British Society of Human Genetics, BSHG)和临床分子遗传学协会(Clinical Molecular Genetics Society, CMGS)——英国人类遗传学协会的一个分支，潜心于分子遗传学研究——写下表明立场的文件和官方的声明，对基因专利提出质疑，并预测人类基因序列所有权将带来的消极后果。病患(运动)活动家 Wendy Watson 在接受媒体采访时表达了她关于人类基因专利和基因测试商业化的忧虑，她也在帮助动员反对 Myriad 公司的病患运动。同时，英国卫生部建立了一个委员会来协助她与 Myriad 公司进行谈判,委员会包括临床分子遗传学协会的 Waston 主席,医生、顾问和各地区遗传学诊所的护士,以及 NHS 负责区域采购的官员。[7]

正如我们将要看到的,反对 Myriad 公司扩张其 BRCA 基因测试并在英国取得垄断地位的力量,在两个方面挑战了该公司测试系统在英国社会中的有效性。攻击的路线之一是质疑 Myriad 公司的测试服务和扩张中使用专利权的正当性,认为基因的专利化是非伦理的和不合适的。另一方面,质疑 Myriad 公司的测试系统在英国情境中的精确性,这一质疑在于强调临床治疗的重要性,并且定义了健康医疗的专业性和个人性的具体作用。

16.2.1 专利权的合法性

在美国,签署和取得测试乳腺癌 1 号与 2 号基因(BRCA 1 和 BRCA 2)的专利权不仅仅确定了 Myriad 公司是分离和提纯该基因的发明者,还认可了 Myriad 公司成为 BRCA 测试系统唯一的供应商及其在如何建立一个检测系统中作出的努力。当美国的科学家、医护人员与活动家质疑 Myriad 公司创立的测试系统的结构及其为卫生保健专家与个人所规定的角色时,他们基本上没有质疑乳腺癌基因的发明权归属,或这一专利的所有权(Parthasarathy 2003; Lewin 1996, A14; National Breast Cancer Coalition 1997)。[8]考虑到美国的管理体制和工业环境,科学界内部缺乏有组织的反抗便不难理解;不仅大学和工业部门之间的联系很频繁,就连美国大学的技术转让办公室都积极鼓励他们的科学家申请发明专利,一些科学家甚至离开学术界用自己的研究成果开起了公司(96th Cong. 1980)。[9]但是专利,尤其是乳腺癌基因专利在英国的含义相同吗?与美国相比,欧洲大学并不鼓励科学家们将自己的研究成果申请专利,在历史上也没有与企业界有过这么亲密的联系。此外,几乎没有欧洲科学家离开学术界去"开创"自己的公司。近年来奖学金也一再强调这些问题,声称科学技术的发明和所有权是取决于整个社会背景的(Hilgartner 2002; Biagioli 1998; Boyle 1996; Cambrosio and Keating 1995; Bowker 2001; de Laet 2000)。[10]接下来的讨论不仅强调了对所有权与财产权的理解是因国家而异的,还讨论了美国社会背景下对乳腺癌基因的专利权理解在英国得到了怎样的挑战和反对。

抵制欧盟法令对生物技术发明的保护

英国的科学家、医护人员、活动家在 Myriad 公司推展其业务之前就已经开始动员反对基因专利的运动了,认为欧盟通过统一协调各成员国的专利法,旨在加强欧洲生物技术产业。生物技术发明法律保护的欧盟指令(称为《生物技术专利条例》,Biotech Patent Directive)于1988年首次推出,旨在使人类基因序列与基因工程加工过的植物和动物一样,在欧盟范围内受到专利保护。有很多人反对这一指令,其中包括许多欧洲国家的政府、公司、医护人员以及一些活动家组织。他们认为,由于人类基因序列是早已在自然界存在的东西,而不是被发明的可归属知识产权规则下的新东西,因而人类基因序列根本不能成为专利(Hawkes 1995;Green 1995;Bremmer 1998;Butler and Arthur 1998)。这一在欧盟层面上对基因专利的反对态度对Myriad公司在英国的扩张策略产生了重要的影响。这为英国科学家、医护人员和活动家提供了一个机会,使他们能够动员和发展其政治战略,并展开反对基因专利的宣传,而这些反对策略将在随后被证明有效地制约了美国Myriad公司。

在1997年9月,英国人类遗传学协会(BSHG)发表了名为《人类基因序列专利和欧盟草案》(Patenting of Human Gene Sequences and the EU Draft Directive)的声明,指出欧盟的专利指令不应通过,因为基因不满足专利的第一个标准,即新颖性,因此基因不能申请专利。"仅仅描述核苷酸序列并不是新颖性。新颖性必须是发现序列的新方法或是序列的新使用及应用。"(BSHG 1997)英国人类遗传学协会认为,简单地确认已存在的核苷酸序列,并不需要研究者的创造力。一些英国遗传学家也联名写信给欧盟议会,强调了同样的顾虑。信件中写道:"作为研究者或是临床科学家,我们敦促你们将基因和基因组成从专利系统中去除掉。"(Andrews et al. 1997)这是英国科学家第一次以这种草根的形式上书,来影响政策制定者。当美国的遗传学家没能有组织地表达对基因专利的反对意见时,英国科学家已经走到一起,质疑这一在美国已成为合理权利的Myriad公司基因专利所有权的归属问题(American Medical Association 2000)。[11]

值得指出的是,像英国人类遗传学协会和临床分子遗传学协会这样的组织,并不是全盘反对专利的应用。实际上,英国人类遗传学协会1997年的声明认为,"对保护知识产权和促进在遗传疾病的诊断和治疗方面新产品开发的投资,专利是很有用的方式。"(BSHG 1997)这些组织担心申请基因专利尤其会有损英国的研究和医疗文化。他们担心,分配基因序列的所有权将使专利持有人能够控制与专利基因相关的所有研究,而这有可能潜在地限制研究机会并阻止科学家研究最具潜在价值和复杂性的生物医学问题。如果关注医药生物技术的知识产权和商业化，是否会与欧洲的公立医疗体系产生冲突，对此他们也感到困惑。

组织了积极反对欧盟提案运动的 Wendy Watson，与英国人类遗传学协会有着相似的观点。她宣称："不能将基因变成专利！……这不是一项发明，而是一个发现！"[12] 像 Watson 这样的活动家和英国人类遗传学协会这样的主流组织，都对基因是能够申请专利的发明这一观念提出质疑，因此也对 Myriad 公司想要在英国推广其测试服务和叫停 NHS 的 BRCA 基因测试服务产生了质疑。

但是这些批判的声音却没能成功制止欧盟的立法。经过多年的激烈辩论，1998 年 5 月，欧盟议会与委员会最终通过了《生物技术专利条例》，条例允许独立于人体的基因申请专利（European Parliament and Council 1998）。然而，尽管这项法律看起来允许人类基因申请专利，但是围绕人类基因是否应该授予专利以及什么样的专利授予适合欧洲医疗保健系统的讨论仍在继续。实际上，很多欧洲国家立即在欧洲法庭对这一条例提出了反对意见（Dickson 2000）。

对乳腺癌基因专利权的质疑

欧盟层面围绕《生物技术专利条例》的讨论对英国遏制 Myriad 公司的扩张运动产生了巨大的影响。该条例似乎证明了 Myriad 公司专利的合理性，但却引发了英国评论界的巨大反抗，并使他们明确了其反对基因专利的立场。

甚至在该条例通过之后，在英国反对基因授予专利的声音仍不断壮大，对此我们也不应感到惊讶。在欧盟的条例将进入最终审核阶段时，英国人类遗传学协会仍继续高呼基因不应成为专利，它在 1998 年的《专利与临床基因学》（Patenting and Clinical Genetics）声明中反复提到这一观点。"自然的人类基因序列是人类身体的一部分，因此不应成为专利。有人认为如果将基因看做是'孤立的纯粹物'或'孤立于人体以外的东西'，那么基因序列可以申请专利，这在我们看来是一种诡辩，不应允许基因成为专利。"（BSHG 1998）

这些科学组织同样认为，Myriad 公司在欧洲扩张的企图便证明了授予专利的危险性。比如英国人类遗传学协会说，被专利持有者控制的基因测试服务会影响到下游创新。"如果这样的基因序列都申请了专利，那么任何人在任何时间发明一个更好的与此不同的基因诊断都是不可能的了；这是不公平的。"[13] 临床分子遗传学协会在 1999 年发表了一篇详细讨论"基因专利和英国临床分子基因测试"（Gene Patents and Clinical Molecular Genetic Testing in the UK）的文章，同意英国人类遗传学协会的担忧。这篇文章预测,允许基因专利持有者决定谁来提供测试服务将使基因测试变得非常昂贵,从而将降低通过英国 NHS 提供的基因测试服务的便利性;允许私人机构提供最先进的测试服务,也将会有损 NHS 的临床和实验室的专业知识。这些反对欧盟基因专利议案的组织,目前都在以同样的理由来反对 Myriad 公司。

集体发现权

英国的科学家、医护人员和活动家更进一步表明,即使基因是一种可以申请专利且能够被占有的发明,Myriad 公司也不能宣布是乳腺癌基因的唯一"发明者"(Meek 2000)。这一发现是集体成果,美国和英国的研究人员、女性和资助机构都为其作出了贡献。Myriad 公司的主管在英国媒体上回应了这一指责,由于他们付出了时间和金钱,Myriad 公司配得上称为发明者并得到相应收益。"为了发现这一成果并使其成为可应用的产品,我们投入了极大的人力和物力。我们应该得到保护。"当 Myriad 公司将其应得的权利和利益归因于其前期投入的资源,来自英国的批评则要求给资源一个更广义的定义,它应包括有乳腺癌或卵巢癌史的家庭捐献的血样、对于乳腺癌基因相关知识作出过贡献的研究,以及那些资助过研究且得到成果的组织所付出的金钱。

例如,很多英国研究者认为,如果基因的所有权确实是可以争取的,他们也应拥有一些所有权,因为他们也为发现基因序列作出过很多贡献。曾参与过乳腺癌 1 号基因早期研究的 Walter Bodmer 先生说:"Myriad 公司实际上作出的贡献远没有其声称的多。结果……英国的科学家中有很多人感到不公平。"(Ross 2000) 其他科学家只是认为,乳腺癌基因的发现是一项长期共同努力的结果,最终的测绘和序列分析与其说是一种创新能力,不如说是一种运气。英国人类遗传学协会的主席 Andrew Read 解释道:"由于拿到所有权的人是在高墙上加了最后一块砖的人,因此整个基因专利问题都是极具争议的。"(Ross 2000) 科学家常常运用这类隐喻来解释其对基因专利的反对,常运用科学的无私利性和公有性的古老形象(Merton 1973; Mulkay 1976; Mitroff 1974)。肿瘤学家 Bruce Ponder 指出:"我们对授予基因专利的原则深感不安。发现一个基因仅仅是知识金字塔的最后一步,而问题是一家公司拥有这一专利是否正当(公平)。"(Connor 1994, 3) 病患(运动)活动家也同意这一观点。Wendy Waston 说:"我的确知道,当到达这一阶段时,所需的只是力气活,其中没有什么创新,只是纯粹的力气活。"[14] 对于美国 Myriad 公司得到了乳腺癌基因测试的发明权和所有权这一事实，欧洲的愤怒，自然与美国遗传学家和活动家的沉默形成了鲜明对比。

另外，其他遗传学家指出，Myriad 公司宣称其是乳腺癌基因测试技术的唯一拥有者实在是一种冒犯，因为大多数英国人（和大多数欧洲人和美国人一样）相信是 Mike Stratton，一位伦敦癌症研究中心的遗传学家，而不是 Myriad 公司，发现了乳腺癌 2 号基因。确定 BRCA 基因发现的优先权是非常有争议的。公众的兴奋和潜在的科学、医学和工业回报使许多科学家争先恐后地寻找乳腺癌基因，有人甚至认为这是一种"赛跑"（Davies and White 1995）。世界各地的研究人员参加了这场竞赛，最终 Myriad 公司第一个完成了乳腺癌 1 号基因的测绘和序列分析。比赛继续进行，但是，在研究人员寻找乳腺癌 2 号基因时，有人认为另一个基因也是影响遗传性乳腺癌的主要原因。然而这一次，"赢家"更加难以确认（Dalpe et al. 2003）。就在 Mike Stratton 研究组在《自然》（*Nature*）杂志上发表其发现乳腺癌 2 号基因的前一天，Myriad 公司宣布它已发现了乳腺癌 2 号基因，并向 GenBank（基因序列数据库，GenBank 是一个国际基因序列信息库）提交了其基因序列。Myriad 公司和 Stratton 研究组都向美国和欧洲专利办公室提出了乳腺癌 2 号基因的申请，他们都说是自己首次绘制了该基因测序。由乳腺癌 2 号基因导致的争议，使得英国科学家和部分英国小型的癌症遗传学协会的医护人员对 Myriad 公司的扩张感到十分不满。一位科学家说，她宁愿继续测试并以侵权的理由被关进监狱，也不愿接受 Myriad 公司的乳腺癌基因专利声明。"在一天结束的时候，我希望我被关起来，因为我将做出这样一件大事。我的意思是，他们说他们会尝试和执行这项专利，但我只是希望 NHS 并不仅仅是被制约，付钱给他们。另一件事是，我的同伴在萨顿[癌症研究所]发现了乳腺癌 2 号基因。所以你们可以想象这是多么难堪了吧。"[15]

反对 Myriad 公司独占所有权的一些评论员认为，基因的发明权和所有权应该扩大到包括发现的贡献者，如捐献血液样本的家庭和资助研究的慈善机构。一个参与了乳腺癌基因研究的科学家说：如果一位女性为研究乳腺癌基因捐献了血液样本，反过来她还要付钱给 Myriad 公司来作乳腺癌基因测试，这将是多么不幸。[16] Wendy Watson 也认同这一观点，她说："没有人有权利获得此类信息的专利，这一专利是在很多遭受遗传癌症痛苦的人的帮助下得到的……任何公司从此类研究中获利都是不道德的。"（Dobson 1999）Watson 在后来也提到，不仅仅 Myriad 公司自己的钱投入到了乳腺癌基因的研究中,这其中还有英国医疗慈善机构的钱。"是慈善机构的钱用于基因研究的",她说,"是学术界的钱投入到寻找基因的研究中,而不是私人企业的钱。"在美国,科学家与其他检测提供者都接受 Myriad 公司拥有专利权并控制基因检测的事实。不同于美国的是,这些评论家都认为,乳腺癌基因的发现源于多方努力和贡献,Myriad 公司没有权利称它有唯一的所有权和处置权。

最终,一些科学家认为,不仅乳腺癌基因的发现本身是多位研发者参与的结果,并且实际发现基因的过程,与上百个已经发现的其他基因所使用的方法相同。从他们的角度来看,发现乳腺癌基因的方法和过程没有任何新颖之处,因为基因的发现过程是一种已经被人很好地理解、广泛地使用且相当统一的过程。科学家参与寻找任何基因序列的过程都可能类似于 Myriad 公司的过程。英国人类遗传学协会简单地说道:"发现基因序列的办法在短时间内已经成为一个很容易理解的过程了。这一方法已经没有什么新颖或创新的成分,因此这种新的基因序列不能申请专利,即使是确定一个更简便的方法如诊断测试方法,也不能申请专利,除非对于某种具体商品的设计有了真正的进展。"(BSHG 1997)在英国,一个参与了乳腺癌基因研究的科学家指出:"我们大多数人对它[专利]都相当不安。在我们看来,乳腺癌 1 号基因的发现不涉及任何真正的新颖性。如果非要说它新颖不可,那么就是直到发现它为止,人们根本不知道这是乳腺癌基因,但这是一项大家都在做的、完全可以预见结果的工作,然而,为什么 Myriad 公司由此而获得一杯羹,无论它是否准备去赚更多的钱,在此不存在任何特殊的理由。对于我们来说,他们似乎没有完成符合迄今为止专利保护标准的任何工作。"[18]英国科学家根本不准备接受这件事,即发现乳腺癌基因存在新颖或独特之处,而值得 Myriad 公司获得其唯一的发明权和所有权。

16.2.2 反对 Myriad 的检测系统

英国的批评者还通过质疑其挑战了由国家提供的医疗服务系统和传统上临床护理与实验室服务相结合在英国与境的适用性,来对 Myriad 公司拟进行的扩张作出回应。他们抨击该系统本身的结构,认为 Myriad 公司对于 DNA 序列的专注回避了有关基因风险的不确定性以及将技术成果与预防保健相联系的咨询的重要性。他们也不同意 Myriad 系统对于医护人员和病人角色的描述,认为病人不应是被医生左右其决策的消费者。

是不需要咨询的检测吗

与 Myriad 系统相比，英国 NHS 建立了基于风险评估的 BRCA 检测系统以及综合实验室分析和经过遗传咨询的临床护理的分流制度，这已被纳入了保健体系。一位分子遗传学家更是直接表示，检测与咨询的结合是英国特色的组成部分。

> 在这个国家，我们有很强的伦理准则表明许多种基因检测应该伴随着遗传咨询，事实上这应该是一整套东西……检测前咨询、检测以及检测后咨询，或许对某些人来说在这之后还包括长期咨询。或者至少具有打消他们顾虑的可能性。因而，基因检测只是持续护理套装的一部分，技术检测只是某些方面，是最简单的部分。我们不想看到基因检测与咨询脱钩。事实上，如果与咨询分离，基因检测也将会变得不可靠，这是我们所担心的，也是我们非常渴望去维护的。[19]

如果英国医生被迫将他们的样本寄往 Myriad 公司在美国的实验室或者经 Myriad 公司认可的英国实验室，病人们将不再必须通过区域遗传服务获取实验室分析结果，这也将无法保障他们能够从 NHS 培训的医护人员那里获得合适的咨询。Myriad 系统将损害 NHS 提供遗传服务套装的承诺。临床分子遗传学协会的报告称："在多学科的区域性遗传中心进行基因检测，保证了诊断与咨询的关联，这是该地区医疗服务质量的特点和保证……如若实验室与咨询者隔绝，那么这种'在咨询中检测'的文化可能会丢失。更加糟糕的是，许多进行了基因检测的病人及其家属将要面对不充分的咨询所引致的危险后果，且可能会失去关键的后续咨询系统。"(CMGS 1999)

实验室分析的作用

Myriad 公司的批评者还认为，虽然该公司声称其拥有能完全检测这两种基因的最先进的检测系统，但事实上这并不准确(Pinch 1993；Mackenzie 1993)。[20] 对于他们来说，找到能够确诊出易患乳腺癌或卵巢癌妇女的有害突变，要比通过对这两种乳腺癌基因进行完全测序从而提供的遗传信息重要得多。而大多数英国遗传学家并没有对这种方式表达歉意。"我们不像 Myriad 公司那样有效率，因为我们不是按照同他们一样的方式进行测序，我们更倾向于学术形式……一旦碰到基因突变，我们就会停下来，而他们则对整个基因进行了测序。"(Meek 2000) 此外，英国反对者还批评 Myriad 公司的 DNA 分析方法的技术准确性,指出 Myriad 公司所采用的 DNA 测序方式的"黄金标准"并不足以发现乳腺癌基因的所有变异。[21] 批评者称,如果 Myriad 公司所采用的实验室分析方法不能对所有突变保持百分之百的敏感,那么当然不能放弃通过评估家族史以加强对遗传风险的识别。

医护人员的权威

不仅是 Myriad 检测系统的组成受到了强烈指责,英国的医护人员也质疑,该检测系统所表述的系统参与者的角色在英国情境下是否适当。他们认为,Myriad 系统将会移除医护人员进行把关的权威性,这可能会危及遗传医学在英国的未来。NHS 的 BRCA 检测系统提供了权威的遗传诊断来指导护理,同时也向管理者表明,在现有文化之下 NHS 能够对常见疾病提供遗传服务。通过创建能使个人风险得以规避的评估和分流体系的独立实验室,Myriad 系统将减弱护理人员的权威,加强个人要求获取现有服务的权利。科学家和医护人员表示,这一系统并不适合英国的情况。一位分子遗传学家以如下方式描述了这一问题:"在这个国家,我们一直非常强调试着去建立,我不认为这已经实现了,试图建立一个能够对这些服务提供公平的获取机会的系统,同时也为其设计了"入口"。这一入口拥有两方面作用,实际上,既可以用做获取某些东西的渠道,也具有控制功能。而且我认为如果你彻底放开准入,将不会对公共资源或私有资源有效利用。"[22] 而通过允许个人直接与实验室分析相联系,Myriad 公司的服务将限制医护人员控制 BRCA 检测准入的机会,从而削弱其权威性。

反对者们还担心,Myriad 公司的服务会损害遗传医学在 NHS 中的实践。例如,他们预计,分子遗传学家和临床遗传学家都有可能被阻止参与自己的实验室分析而很快丧失相关能力。"最好的情况是,英国的研究中心降级成为 Myriad 公司的合同承包者,从事常规工作……过去十年里,临床分子遗传学所展现出的特征是,将研究经费快速地转移到对病人具有明确益处的试验中。除非与其合作的区域研究中心和研究团体面临着将前沿技术转化为诊断方法的问题,否则相关发展将会越来越局限在商业公司之中。"(CMGS 1999) 转化为专门知识和能够把关权威的存在丧失的可能,引起了遗传学专家的特别关注,因为 NHS 管理层或许会把 BRCA 检测视做一种模式,并有可能在未来削减对遗传服务的经费。

个人的权利

Myriad 公司昂贵的、以需求为基础的检测系统会妨碍英国作出的为所有人提供平等医疗保健机会的承诺吗？一些批评者认为，如果检测基于需求而提供，将会在全国范围内造成不公平。获取检测与否将以积极性和经济状况为转移，而不是根据乳腺癌和卵巢癌的家族病史。临床分子遗传学协会的报告指出，这一基于需求的系统可能对整个 NHS 产生相当的破坏性后果："一方面它威胁……不断增加的费用，另一方面则是获得诊断的地区不平等性。"(CMGS 1999)

许多医护人员认为，不加区别地进行 BRCA 检测，将会有辱 NHS 为个人提供其所需医疗保健的使命，因为 NHS 将大幅限制进行检测的人数。如果 NHS 要利用其有限且相对固定的预算支付 Myriad 系统高昂的费用（每次检测 2500 美元），他们所能支持的人数要远远少于当前系统所允许的数量。最初对 Myriad 公司和欧洲医疗设备供应商之间关系持乐观态度的 Neva Haites 指出："某种程度上我宁愿向整个英国提供 70% 的服务，也不愿意把 100% 的服务只提供给这个国家 1/10 的人。"(Connor 1994, 3) 供给计划将变得更加严苛，许多具有乳腺癌和（或）卵巢癌家族史的人可能会没有资格获得 BRCA 检测服务。Wendy Watson 质问道："这将使得基因检测因为多余的消耗而变得更加有限。如果出现这种情况，我将与之斗争。这就是我的立场。如果有人把我的部分基因或别的什么东西申请了专利，我不会特别忧虑，这不是问题。问题是这可能会减少能够进行基因检测的人数，可能会有人死于缺乏基因检测，这是错误的。"[23] 虽然这一主张似乎与前文引用的 Watson 对基因专利的强烈反对相矛盾，但其实际上表明了 Myriad 公司的批评者的主要担忧。相对于基因专利本身而言，科学家、医护人员，甚至 Watson 本人，更加关注这类行为可能对医疗保健的供给造成的影响。

16.3　解　　决

英国卫生部、英国科学家、医护人员和患者权益维护团体与 Myriad 公司谈判了一年多，试图达成参与各方都能接受的协议。而到了 1999 年底，对 Myriad 公司的反对已明显扩展到了全国范围——无论是英国医护人员还是病人都不可能欢迎该公司。有些医护人员甚至威胁说，如果 Myriad 公司企图执行其专利，就会把其送上法庭。此外，有迹象表明，Mike Stratton 可能会因 Myriad 公司非法获取专利许可而提起诉讼。而 Myriad 公司依然固执己见，因为英国可能是通往欧洲患者这一潜在金矿的入口。

在此期间，Myriad 公司一直与私有实验室协商为英国民众提供 BRCA 检测。2000 年 3 月，该公司宣布其已向爱丁堡的一家私有遗传学实验室罗森有限公司（Rosgen Ltd.）发放了许可，该实验室将提供检测前与检测后咨询服务，提供按服务费衡量的 BRCA 基因的实验室分析（Myriad Genetics 2000）。拥有私人健康保险或有能力支付的病人可以利用这一速度更快、据说技术度更高的服务。但在当时，这一协议并没有影响到 Myriad 公司与 NHS 正在进行的谈判。

由 Myriad-Rosgen 协议所创建的检测系统由于三个原因而引人注目。首先，由于没有影响 NHS 的检测服务，Myriad 公司失去了在英国进行 BRCA 检测服务的大部分收益。其次，Myriad 公司似乎从其斗争中汲取了教训，开始选择在其检测系统中涵盖咨询，从而使形成的服务更符合英国医护人员和 NHS 的偏好。最后，尽管看起来 Rosgen 接受了英国的咨询方式，但其仍坚持了 Myriad 公司认定的对获得检测的个人选择权利。在其宣传材料中，该公司声称将提供最广泛的服务，并含蓄地表示将向那些因缺乏风险影响因素而无法获得 NHS 服务的人提供检测。尽管英国医护人员仍然强调理想的图景是为每一个人提供平等的机会，而 Rosgen 则通过 Myriad 公司的方式为尽可能最广泛的受众提供"尽可能最好的检测"。

尽管 Myriad 公司作出了让步，但英国医护人员仍然不愿意使用 Myriad-Rosgen 系统，而继续利用 NHS 提供的 BRCA 检测服务。例如，当 2000 年 6 月 Rosgen 致函英国的全科医生宣传其服务时，西南泰晤士区域遗传学服务中心（Southwest Thames Regional Genetics Service）的工作人员作出了激烈回应。该机构不愿使用 Myriad 系统，因为其似乎向受试者加倍采集了用于分离基因的血样。"许多测绘乳腺癌 1 号和 2 号基因的初步工作，已经作为由癌症研究所（Institute of Cancer Research）和皇家马斯登医院（Royal Marsden Hospital）资助的癌症研究运动（Cancer Research Campaign）的一部分，在西南伦敦和萨里地区的家庭中完成了。此项成果已经公布，而 Myriad 公司仅仅测序了该基因的剩余部分就宣称拥有了乳腺癌 2 号基因的专利。因此这似乎很有讽刺意味，为了促进医学的发展而提供样本的受试者的亲属们，在这种商业利益之下，很可能对检测保有成见。"（Southwest Thames Regional Genetics Service 2000）

最后，在 2000 年 11 月，Myriad 公司和 Rosgen 同英国卫生部达成了协议。这一解决方案允许 NHS 继续进行检测而无需向 Myriad 公司支付使用费或许可费。在这份被称做是"前所未有的协议"中，Myriad 公司和 Rosgen 同意放弃所有应由

NHS 支付的进行 BRCA 基因检测的特许使用权费,且 Rosgen 同意向 NHS 提供其收集的突变数据以增进 NHS 的临床服务。而 Rosgen 可以继续在英国以私有形式提供检测,检测的对象为能够负担起从 179 镑至 2600 镑(取决于进行检测的种类)费用的人。

然而,2001 年 1 月,出于某种与 NHS 之间协议无关的原因,Rosgen 申请自愿清算,使得这份协议的命运受到了威胁。Rosgen 的破产不仅意味着 Myriad 公司在英国已不再存在,而且由于与 NHS 的协议基于对 Rosgen 的许可,Myriad 公司本可以选择重新谈判,尽管到 2004 年秋天它还没有这样做。但是看起来 Myriad 公司似乎不会再把其服务引入到英国了。从 2000 年开始,Myriad 公司在欧洲各地遇到了类似的反对,在 2004 年 5 月,一个欧洲科学家和患者权益维护团体的联盟,成功地使得欧洲专利局撤销了 Myriad 公司在欧洲的乳腺癌 1 号基因专利(Pollack 2004, C3)。

16.4 结 论

当 Myriad 公司试图通过在英国施加专利权来扩展其 BRCA 检测服务时,它遇到了与在美国成功地主导局势相比相当不同的情形。在美国,一些写给竞争对手的"停止及终止"信件和诉讼就足以建立起垄断。鉴于在美国国内的轻易主导,以及英国的检测系统不包括全序列 BRCA 检测,人们可能预计 Myriad 公司的技术转移会很容易。然而 Myriad 公司在英国的努力并没有成功,因为英国医疗系统中的行动者反对 Myriad 检测系统主张的生物医学方法。

利用专利权,该公司试图转移的不仅是全序列检测,而且涉及一整套基于独立诊断实验室和特定伦理秩序的社会经济系统,即实验室仅根据支付能力来限制个人对检测服务的获得,并不需要咨询,且对安排检测的医生几乎没有什么限制。尽管 Myriad 检测系统与 NHS 系统识别了同样的现象——乳腺癌基因突变,但该公司系统中内嵌的生物医学方法在英国并不像在美国一样有效。在英国,专利权不成为控制检测服务的正当理由,NHS 区域性遗传诊所的组织形式——提供临床护理和实验室分析——所强调的优先权也与 Myriad 系统相冲突。嵌入技术组件中的不仅是技术硬件和特定功能的执行机制,还包括跨越国家边界进行技术转移的社会影响带来的挑战。

这一事件为我们提供了关于技术和全球化之间关系的一些见解。首先，它证明了国家情境在技术形塑中的重要性。尽管比较政治学和比较医疗系统学的研究者们经常指出监管体系、政府机制和无形的国家规范与价值标准在技术的供给和使用中的重要性，但这些几乎都没有打开技术的"黑箱"，以探讨技术细节本身是如何在国家情境中形成的。打开乳腺癌基因检测"黑箱"的过程向我们表明了，美国和英国的检测提供者在构建其新技术的临床和技术方面时采用了非常不同的方式。此外，分析乳腺癌基因和提供临床护理的方法的不同十分重要。这些差异激发了英国科学家、医护人员和病人对Myriad公司的反对。

其次，本章表明，即使是在两个相似的国家之间，技术转移也不是把设备运送到一个新环境中并向接受者解释新技术的好处那样简单。技术深深地植根于文化，它们的细节表述了特定的规范和价值标准。在Myriad公司案例中，DNA测序仪器及家族病史信息表与对知识产权及医护人员和病人的特殊作用的特定理解联系在一起。在拒绝Myriad公司技术的过程中，英国人不仅反对这种测序服务，而且还反对其所表述的社会系统。

再次，许多学者认为，技术转移通常是加强和促进全球化的桥梁。然而在这一案例中，拟议的技术转移却成了抵制美国的控制和文化同质化，并由此维护国家特性的机会。这场辩论从关于基因专利的技术性问题转向了关于英国致力于将医疗保健视为公共产品的国家主义问题。这个内涵丰富的案例驱使我们对那些成功的技术转移和全球化故事提出疑问：这些技术转移真的实现了无缝化，且没有争议吗？当技术被转移后，它真的是与在之前的情境中那样被认识和使用吗？

最后，全球化前景可能会导致形成看起来不太可能的联盟。在这一案例中，Myriad公司的BRCA检测服务不再仅仅关注于进行基因研究的部分科学家群体、提供检测服务的医护人员，以及可能具有乳腺癌或卵巢癌遗传风险的部分个人。问题在于，如何动员起病人、科学家和医护人员——专家与公众——来考虑他们的医疗系统的命运。

注释

1. Winner认为技术的设计能够表明它们在社会与政治方面的影响。
2. 本章以1998年到2001年之间进行的田野调查为基础。我对英国和美国大约100个参与到乳腺癌测试系统发展中的人进行了深入的、半结构化的访谈。我运用了滚雪球抽样法

(snowball sampling methodology)来确认采访对象,首先采访那些真实地参与新技术的发展中的那些人,然后通过他们的介绍和推荐找到下一个受访者。受访者包括乳腺癌基因研究领域的科学家、遗传学家、咨询师、在公共机构中提供乳腺癌测试服务的护士、开发乳腺癌测试的研究人员、病患团体中的代表、政府中关心基因测试规制问题的官员,以及对乳腺癌测试问题感兴趣的学者。我还对他们提供给我的文献及有关审议机构制定的报告进行了分析。最后,我还参加了美国卫生部与人类服务咨询委员会关于基因测试的会议,以及美国人类遗传学协会、世界乳腺癌宣传会议以及英国基因与保险协会的会议。

3. 这些专利后来都已授予。

4. 英国遗传学家♯1,私人访谈,1999 年 8 月 10 日。

5. 英国从事遗传学领域工作的护士,私人访谈,1999 年 9 月。英国的医护人员,甚至政府官员都怀疑 Myriad 公司想要在关闭其他国家相关系统之前关闭 NHS 的测试系统,因为英国几乎拥有最先进的、也最具影响力的乳腺癌测试系统。

6. 英国卫生部官员,私人访谈,1999 年 10 月。

7. 英国卫生部官员,访谈。

8. Jeremy Rifkin,一位美国生物技术批评家,是她写了一份反对乳腺癌基因专利的请愿书。一些病患运动组织在请愿书上签字,其中包括国家乳腺癌联盟和国家卵巢癌联盟,但请愿书并没起到任何改变政策的作用。实际上,国家乳腺癌联盟后来在报纸上发表文章,对于人类基因专利表示出模棱两可的态度。它认为专利也许会有益于研究,然而禁止基因专利也许会产生很多难以预见的后果。

9. 在 1980 年,美国国会通过了《Bayh-Dole 法案》,该法案允许私有研究机构花纳税人的钱。小企业、非盈利机构和大学可以将政府资助产生的研究成果申请转化为专利或是商业化。见本书第 3 章。

10. Hilgartner(2002),比如描述了实验室如何参与研究项目来测绘和确定人类基因序列,以非常特别的方式定义了所有权以及公共与私有部门之间的不同。当地人对发明权和财产的定义也体现在专利权是如何被分配和使用的。Marianne de Laet(2000)认为,专利"在不同的地方是不同的东西",注意到这点就可发现,一个专利可以同时是一个荷兰实验室的发现、瑞士的世界知识产权组织用来保护创新的机制,以及非洲政府部门的信息来源。

11. 当美国科学家与医生在 20 世纪 80 年代和 90 年代早期表示出对基因专利进行反对的微弱声音时,一些组织就开始批评科学家试图将表达序列标签(expressed sequence tags,EST)和不知功能的基因片段申请为专利的行为。然而这些反对的声音没能盖过对已知功能的基因申请专利的呼声。

12. Wendy Watson,私人访谈,1998 年 6 月。

13. 同上。

14. Wendy Watson,私人访谈,1999 年 10 月。

15. 英国遗传学家♯1,私人访谈,1999 年 8 月 10 日。

16. 英国遗传学家♯3,私人访谈,1998 年 8 月 13 日。

17. Wendy Watson,私人访谈,1998 年 6 月。

18. 英国遗传学家♯2,私人访谈,1998 年 7 月 27 日。

19. 英国分子遗传学家,私人访谈,1999 年 12 月 23 日。

20. 精度的理念是一种社会性成就,即提出地方的条件并要求在标准与误差幅度之间进行协商,科学技术学领域的学者已对这一思想进行了广泛的讨论。

21. 一位分子遗传学家解释说:"我们不怀疑测序是目前技术的'黄金标准'这一想法的有效性。尽管序列很可能并不是 100％的准确,而 Myriad 公司的测试方法也没有筛选出所有的变异(缺失基因),且也不能挑出除了乳腺癌 1 号和 2 号基因以外的其他致病基因和突变。"英国肿瘤专家♯1,私人访谈,1999 年 9 月 20 日。

22. 英国分子遗传学家,私人访谈,1999 年 12 月 23 日。

23. Wendy Watson,私人访谈,1998 年 6 月。

参考文献

96th Congo. 1980. *Public Law 96—517*(12 December). Washington, DC.

Adam, S. 2000. *Future Provision of BRCA-Testing Services*. London：Department of Health.

American Medical Association. 2000. Patenting of genes and their mutations. *Report 9 of the Council on Scientific Affairs*.

Andrews, T., et al. 1997. "As researchers or clinical scientists…" Letter(14 July).

Biagioli, M. 1998. The instability of authorship：Credit and responsibility in contemporary biomedicine. *FASEB Journal* 12(January).

Bowker, G. 2001. The new knowledge economy and science and technology policy. *Encyclopedia of Life Support System*. Paris：UNESCO.

Boyle, J. 1996. *Shamans, Software, and Spleens：Law and the Construction of the Information Society*. Cambridge, MA：Harvard Univ. Press.

Bremmer, C. 1998. Euro-MPs clear way for genetic patents. *Times*(London), 13 May.

British Society for Human Genetics. 1998. *BSHG Statement on Patenting and Clinical Genetics*. Available at http：//www.bham.ac.uk/BSHG/patent2.htm. December 1999.

——. 1997. *Patenting of Human Gene Sequences and the EU Draft Directive*. Available at http://www.bshg.org.uk/Offtcial%20Docs/patent_eu.htm. 1 April 2001.

Butler, D., and S. Goodman. 2001. French researchers take stand against cancer gene patent. *Nature* 413: 95—96.

Butler, K., and C. Arthur. 1998. Anger as Europe votes to "sell off" genes. *Independent* (London), 13 May.

Cambrosio, A., and P. Keating. 1995. *Exquisite Specificity: The Monoclonal Antibody Revolution*. New York: Oxford Univ. Press.

Clinical Molecular Genetics Society. 1999. *Gene Patents and Clinical Molecular Genetic Testing in the UK*. Executive Committee of the CMGS.

Connor, S. 1994. Concern over Cancer Gene Patent. *Independent*(London), 15 September.

Dalpé, R., L. Bouchard, A.-J. Houle, and L. Bédard. 2003. Watching the race to find the breast cancer genes. *Science, Technology, and Human Values* 28: 187—216.

Davies, K., and M. White. 1995. *Breakthrough: The Race to Find the Breast Cancer Gene*. New York: John Wiley & Sons, Inc.

de Laet, M. 2000. Patents, travel, space: Ethnographic encounters with objects in transit. *Environment and Planning: Society and Space* 18(2): 152.

Dickson, D. 2000. Politicians seek to block human-gene patents in Europe. *Nature* 404 (6780): 802.

Dobson, R. 1997. Women fight patent on cancer test. *Sunday Times*(London), 20 April.

Drori, G. S., J. W. Meyer, F. O. Ramirez, and E. Schofer. 2003. *Science in the Modern World Polity: Institutionalization and Globalization*. Palo Alto, CA: Stanford Univ. Press.

European Parliament and Council of the European Union. 1998. Directive on the legal protection of biotechnological inventions. *Directive* 98/44/EC.

Green, D. 1995. Parliament scuppers a new patents directive. *Financial Times*, 3 March: 4.

Hawkes, N. 1995. Euro MPs turn down life-form patent law. *Times*(London), 2 March.

Hilgartner, S. 2002. Acceptable intellectual property. *Journal of Molecular Biology* 319 (4): 943—946.

Keller, R. T., and R. R. Chinta. 1990. International technology transfer: Strategies for success. *Executive* 4: 33—43.

Lewin, T. 1996. Move to patent gene is called obstacle to research. *New York Times*,

21 May.

Mackenzie, D. 1993. *Inventing Accuracy: A Historical Sociology of Nuclear Missile Guidance*. Cambridge, MA: MIT Press.

Meek, J. 2000. Money and the meaning of life: Business and science in race to crack the genetic code. *Guardian*, 17 January.

Merton, R. K. 1973. The normative structure of science. Repr. in Merton, *The Sociology of Science*, 267—278. Chicago: Univ. of Chicago Press. (Orig. pub. 1942.)

Mitroff, I. 1974. Norms and counter-norms in a select group of the Apollo moon scientists: A case study of the ambivalence of scientists. *American Sociological Review* 39(August): 579—595.

Mulkay, M. J. 1976. Norms and ideology in science. *Social Science Information* 15(4—5): 637—656.

Myriad Genetics. 1998. Myriad Genetics hosting conference of European experts on breast cancer genetic testing. *Press Release*. Salt Lake City, UT.

———. 2001. Myriad Genetics launches predictive medicine business in Brazil. *Press Release* (14 November).

———. 2001. Myriad Genetics launches predictive medicine testing in Germany, Switzerland, and Austria. *Press Release* (27 June).

———. 2000. Myriad Genetics Launches genetic testing in the United Kingdom and Ireland. *Press Release* (March).

National Breast Cancer Coalition. 1997. Gene patenting: Yes or no ? *Call to Action*! *The Quarterly Newsletter of the National Breast Cancer Coalition and the National Breast Cancer Coalition Fund* (Fall/Winter).

Parthasarathy, S. 2003. Knowledge is power: Genetic testing for breast cancer and patient activism in the U. S. and Britain. In *How Users Matter: The Co-Construction of Users and Technology*, ed. N. Oudshoorn and T. Pinch. Cambridge, MA: MIT Press.

Pinch, T. 1993. "Testing—one, two, three ... testing!": Towards a Sociology of Testing. *Science, Technology & Human Values* 18: 25—41.

Pollack, A. 2004. Patent on test for cancer is revoked by Europe. *New York Times*, 19 May.

Rommens, J. M. , J. Simard, F. Couch, A. Kamb, B. L. Wever, and S. Tavtigian, Endorecherche Inc. , HSC Research and Development Ltd. Partnership, Myriad Genetics, Inc. ,

Trustees of the Univ. of Pennsylvania. 2002. *Chromosome 13-linked Breast Cancer Susceptibility Gene*. European Patent 1260520.

Rosgen Ltd. 2000. UK company announces licensing agreement for breast cancer genetic testing. *Press Release* (March).

Ross, E. 2000, Scientists object to gene patent. *Associated Press*, 18 January.

Segerstrom, P. S., T. C. A. Anant, and E. Dinopoulos, 1990. A Schumpeterian model of the product life cycle. *American Economic Review* 80: 1077—1091.

Shattuck-Eidens, D., Y. Miki, D. E. Goldgar, A. Kamb, M. H. Skolnick, J. Swenson, R. W. Wiseman, A. P. Futreal, K. D. Harshman, and S. V. Tavtigian, Myriad Genetics Inc., Univ. of Utah Research Foundation, U. S. Department of Health. 1996. *Method for Diagnosing a Predisposition to Breast or Ovarian Cancer*. European Patent 0699754.

Southwest Thames Regional Genetics Service. 2000. *Stop Press: Myriad Genetics Attempt to Monopolize Breast Cancer Testing*. St. Georges Hospital Medical School. Available at http://www.genetics-swt.org/oldnews.htm. 28 June 2001.

Winner, L. 1986. Do artifacts have politics? *The Whale and the Reactor: A Search for Limits in an Age of High Technology*. Chicago: Univ. of Chicago Press.

编者简介

David H. Guston 是亚利桑那州立大学科学、政策与结果协会(Consortium for Science, Policy and Outcomes)副主任,政治学教授,同时他还主持了美国国家科学基金会(NSF)资助的"社会中的纳米技术研究中心"(Center for Nanotechnology in Society)。他的著作《在政治与科学之间:确保研究的诚实与效率》(*Between Politics and Science: Assuring the Integrity and Productivity of Research*,剑桥大学出版社)获得了 2002 年度的由美国政治学协会设立的最佳科学技术与政策类图书奖——Don K. 奖。他是《知情的立法机构》(*Informed Legislatures*,与 M. Jones 和 L. M. Branscomb 合作)的作者之一以及《脆弱的合约》(*The Fragile Contract*,麻省理工大学出版社)一书的编者。Guston 于 1993 在麻省理工大学获得政治学博士学位,是美国科学促进协会的会员。

Daniel Sarewitz 是亚利桑那州立大学"科学与社会"领域教授,科学、政策与结果协会(Consortium for Science, Policy and Outcomes)的主任。他是《幻想的前沿:科学,技术与进步的政治学》(*Frontiers of Illusion: Science, Technology, and the Politics of Progress*,Temple 大学出版社)一书的作者,同时他又参与编写了《与神怪共生:技术以及对人类能力的探求》(*Living with the Genie: Essays on Technology and the Quest for Human Mastery*,Island 出版社,与 A. Lightman 和 C. Desser 合作)和《预测:科学,决策与自然的未来》(*Prediction: Science, Decision-Making, and the Future of Nature*,Island 出版社,与 Roger Pielke, Jr. 及 Radford Byerly, Jr. 合作)两本书。他于 1986 年在康奈尔大学获得地理学博士学位。从 1989 年到 1993 年,担任国会的科学顾问,随后又任众议院的科学、空间和技术委员会顾问。

作者简介

Charlotte Augst 是英国人类生殖与胚胎局(Human Fertilisation and Embryology Authority)的政策主管,这是一个规制生育服务和将人类晶胚用于治疗与研究的政府机构。此前,她从事公共卫生遗传学的研究,曾作为研究人员为英国议员同时也是科学技术委员会主席的 Ian Gibson 博士工作。她于 2001 年在伦敦大学获得博士学位。

Michael Barr 在英国杜伦大学(Durham University)获得哲学博士学位。他现在伦敦政治与经济学院工作,他的研究领域主要为抗抑郁的基因药物的伦理与社会问题。

Grant Black 是印第安纳大学南岸分校(Indiana University-South Bend)的助理教授,同时他还是商业与经济研究局(Bureau of Business and Economic Research)以及经济教育中心(Center for Economic Education)的主任。他于 2001 年在乔治亚州立大学(Georgia State University)获得经济学博士学位。

Mark B. Brown 是加州州立大学萨加门托分校(California State University, Sacramento)政治系的助理教授。他于 2001 年在罗格斯大学(Rutgers University)获得政治学博士学位,之后在德国的比勒费尔德大学(Bielefeld University)的 S&TS 研究所(Institute for Science and Technology Studies)做了两年的博士后工作。

Kevin Elliott 于 2004 年在美国圣母大学(University of Notre Dame)的科学史与科学哲学专业获得博士学位。他现在是路易斯安那州立大学(Louisiana State University)哲学系的助理教授。

Patrick Feng 是卡尔加里大学(University of Calgary)传播与文化学院的助理教授。2002 年他在伦斯勒理工学院(Rensselaer Polytechnic Institute)的 S&TS 专业获得博士学位,然后在加拿大温哥华的西蒙弗雷泽大学(Simon Fraser University)完成了两年的博士后工作。

Pamela M. Franklin 于 2002 年 5 月在加州大学伯克利分校(University of California, Berkeley)的能源与资源小组获得其博士学位。她曾任美国科学促进会(AAAS)资助的国会科学与技术研究员。她现在美国环境保护署(EPA)的气候变化部工作。

Carolyn Gideon 是塔夫斯大学(Tufts University)弗莱彻学院国际传播与技术政策专业的助理教授。她于 2003 年在哈佛大学公共政策学专业获得博士学位。

Tené Hamilton Franklin 是曼哈里医学院(Meharry Medical College)的遗传咨询顾问,她给一些未被充分服务的人群提供遗传咨询服务。此外,她还为非裔美国人提供社区为基础的遗传学教育。

Brian A. Jackson 是兰德(RAND)公司的一位物理学家。他于 1999 年在加州理工学院(California Institute of Technology)生物无机化学专业获得博士学位。

Shobita Parthasarathy 现在是密歇根大学福特公共政策学院的助理教授。她于 2003 年在康奈尔大学的 S&TS 专业获得博士学位。

Jason Patton 在伦斯勒理工学院(Rensselaer Polytechnic Institute)的 S&TS 专业获得博士学位。他关注的问题是城市交通基础设施中社会与环境的变化关系。他现在为加州的奥克兰城作多目标的街道设计与环境正义规划。

A. Abigail Payne 是麦克马斯特大学(McMaster University)经济学的助理教授。她任加拿大公共经济学首席研究员,并主持公共经济数据分析实验室(PEDAL)。PEDAL 是加拿大创新基金(Canada Foundation for Innovation),安大略创新基金(Ontario Innovation Fund)和麦克马斯特大学共同资助的研究机构。她的研究范围包括国家科学基金,加拿大社会与人文科学理事会和安德鲁 W. 梅伦(Andrew W. Mellon)基金资助的高等教育计划。她拥有普林斯顿大学的经济学博士学位,以及康奈尔大学的法学博士学位。

Bhaven N. Sampat 是哥伦比亚大学公共卫生学院和国际与公共事务学院的助理教授。他从 2001 年到 2003 年间在乔治亚理工大学授课,从 2003 年到 2005 年他是密歇根大学健康政策研究的罗伯特伍德基金学者(Robert Wood Johnson Foundation Scholar)。他在 2001 年获得哥伦比亚大学的经济学博士学位。

Christian Sandvig 是伊利诺伊大学香槟分校(University of Illinois at Urbana-Champaign)的言语交际学的助理教授,他还是牛津大学社会法律研究小组的副研究员。

Sheryl Winston Smith 是明尼苏达大学卡尔森管理学院的讲师。2004 年她获得哈佛大学公共政策的博士学位,研究兴趣主要为创新及国际贸易与投资。

索 引[*]

Akamai 技术　Akami Technologies, 249—250
Cohen-Boyer 技术许可　Cohen-Boyer technique licensing, 69
Myriad 公司　Myriad Genetics, 334—352
R&D 实验室　R&D labs:
　　小企业创新　small business innovation and, 86,88,90
　　作为创新方式　as innovation measure, 83,86
U 形剂量—反应曲线的毒物兴奋效应　U-shaped dose-response curve hormesis, 129,133
(人名)D. E. 司托克(美国著名的社会问题专家)　Stokes,D. E., 41,44
(人名)阿尔文·温伯格　Weinberg, Alvin, 217—218,230
(人名)爱德华·瑟雷西　Calebrese, Edward, 127,134—135,143n. 1
(人名)飞利浦·基歇尔　Kitcher, Philip, 8,20—21
(人名)理查德·蒂莫斯　Titmus, Richard, 301
(人名)鲁道夫·阿尔恩特　Arndt, Rudolph, 131
(人名)马塞尔·莫斯　Mauss, Marcel, 302
(人名)西奥多·瓦伊　Vail, Theodore, 258
(人名)雨果·舒尔茨　Schulz, Hugo, 131
《1996 年电信法案》　Telecommunications Act of 1996, 260,264,267
《Bayh-Dole 法案》　Bayh-Dole Act, 9,60—74
《多伯特投诉麦雷尔·道药业公司案件》　*Daubert v. Merrill Dow Pharmaceuticals*, 104,113
《胚胎保护法案》　Embryonenschutzgesetz(ESchG), 312,317—322
《人工生殖和胚胎法案》　Human Fertilisation and Embryology Act(HFEA), 312,317,321, 322—326
《生物技术专利条例》　Biotech Patent Directive, 339
《行政程序法案》　Administrative Procedures Act(APA), 103
《雪佛龙公司投诉自然资源保护委员会案件》　*Chevron v. NRDC*, 104

---

[*] 索引中页码为正文中的边码,即英文版中对应页码。

《政府绩效与结果法案》 Government Performance and Results Act(GPRA),43,46,48

A

阿尔恩特-舒尔茨定律(药理学定律) Arndt-Schultz law,131

B

邦弗尼斯特事件 Benveniste affair,143n.5
北坎布里亚郡社群遗传学项目 North Cumbria Community Genetics Project(NCCGP),293
贝尔公司 Bell Company,257—259
标准,技术的 Standards, technical:
 标准制定 standards setting,200—213
 定义 defining,200—202
 基础设施 infrastructure,206
 用户表征 user representations in,200
 制定时的用户参与 user involvement in setting,204—213
标准制定组织 Standards Development Organizations(SDO),202,204
病人自主权 Patient autonomy,291,294—296,303,304—307

C

参与,通信基础设施 Participation, communication infrastructure,244
参与性设计 Participatory design,205,206—208,212—213
参与制民主 Participatory democracy,21—22,28n.6
出口,创新 Exports, innovation and,175,176,179,186
创新 Innovation:
 测度 measuring,78—79
 大学的贡献 universities' contribution to,56—58
 国际贸易 international trade and,173—175,177—187
 人口密度 population density and,84,91
 商业服务 business services and,84
 小企业 small business and,77—93
 小企业研究 small business research and,77
 专利 patents and,78
创新,小企业 Innovation, small business:
 测度 measuring,78—79
 地域相邻性 geographical proximity and,90

聚群效应　agglomeration effects on，78—79，85—87，90—92

人口密度　population density and，84，86—89

商业服务　and business services，84

小企业研究　small business research and，77

研究型大学　research universities and，83

用户驱动　user-driven，243—244

D

大学　Universities：

　　参见"研究型大学"　See also Research universities

　　经济贡献　economic contributions of，56—58

　　知识溢出　knowledge spillovers，79

代表制民主　Representative democracy，21—22，28n.6

道德专家　Moral expertise，12—16

低剂量刺激/高剂量抑制毒物兴奋效应　Low-dose stimulation/high-dose inhibition hormesis，129—130

地方性技术基础设施　Local technological infrastructure：

　　测度　measuring，82—83

　　小企业创新　small business innovation and，82—83，85，87—90，92—93

地理　Geography：

　　小企业创新　small business innovation and，79

　　知识溢出　knowledge spillover and，77—93

　　资金的分布　and distribution of funds，9，59，149—152

地域相邻性，小企业创新　Geographic proximity, small business innovation，82—85

电话业，发展　Telephony, development of，257—260

电缆产业，开放性接入的争论　Cable industry, open access debate，247—248

电信 R&D　Telecommunications R&D，259—260

电信部门的撤资　Divestment of telecommunications，259—260

毒物兴奋效应，化学的　Hormesis, chemical，124—125，127—134

毒物学证据　Toxicological evidence，107—111

独立性，科学的　Independence, Scientific，112，119

端对端网络　End-to-end networks，234，239—252，261

多元化，联邦的研究　Diversification, federal research，35—37，41—42

多重效应的毒物兴奋效应　Multiple effects hormesis，133—134

F

法律标准的制定　De jure standard setting, 201

法庭,联邦政府的调控政策　Courts, federal regulatory policy and, 103—104,111,115,119

反常,科学的　Anomalies, scientific：

 对科学的影响　effects on science, 125—127,134—138,141—142

 公众舆论　public opinion, 134,135—136

 政策　policy and, 124—127,134—142

 作为回应的协商　deliberation as response to, 136—141,142

非裔美国人社区,遗传学研究　African-American community, genetics research, 277—279, 285—286,288—290

分拆收购,电信产业　Unbundling, in telecommunications industry, 264—269

风险,投资：研究　Risk, investment：research and, 35—37,40—42

G

哥伦比亚大学,研究公司　Colombia University, Research Corporation at, 58—59

搁置的计划　Set-aside programs：

 研究　research and, 160—162,164—169

 研究资金　research funding and, 150—152,154—160

个人投资目标,研究与发展(R&D)　Individual investment goals, R&D of, 38—50

个体性与现代性　Individualization and modernity, 313—315

工业 R&D 和知识生产　Industrial R&D and knowledge production, 83

公共 R&D　Public R&D：

 ……的政治学　politics of, 16—20,26

 分布产物　distributing outputs, 8—9

 公众在……中被代表　public represented in, 20—28

 公众在……中的作用　public's role in, 7—8,13—16,20—28,29n. 9

 私有化　privatization of, 8—9

 小企业创新　small business innovation and, 78,80

 遗传学研究　genetics research and, 287

 专利政策　patent policy and, 55—74

 资助的地域分布　geographic distribution of funds, 9,59

 作为投资组合　as investment portfolio, 8,33—50

公共 R&D 资金　Public R&D funding：

 分配　distribution of, 149—159,168—169

 区域集中化　regional concentration of, 149—152

公共交通,技术　Public transportation, technology and, 218—219,222—230

公交系统　Bus systems, 219—221

捷运　and rapid transit, 222, 224—227
公司的吸收能力　Absorbtive capacity of firms, 175
公众,在科学政策中的作用　Public, role of in science policy, 7—8, 13—16
公众意见,反常概念　Public opinion, anomaly concepts and, 134—136, 141
规制性科学　Regulatory science, 102—103
国际标准化组织　International standards organization(ISO), 201—202, 204
国际贸易,创新　International trade, innovation and, 173—175, 177—187
国外的R&D和国内的创新　Foreign R&D and domestic innovation, 173—181
过度补偿的毒物兴奋效应　Overcompensation hormesis, 131, 133—135

H

哈布基屋(永道国际会计咨询公司的分公司)研究　Harbridge House study, 64—65
合理性,现代性　Rationality, modernity and, 314
互联网　Internet：
　　创新　innovation and, 244—252
　　规制政策　regulatory policy and, 260—261, 265—269
　　隐私　privacy, 199—200, 208—209
互联网工程任务组　Internet Engineering Task Force(IETF), 202, 204
互联网域名与数字地址分配机构　Internet Corporation for Assigned Names and Numbers
　　(ICANN), 201—202
化学毒物兴奋效应　Chemical hormesis, 124—125, 127—134
环境保护署　Environmental Protection Agency(EPA), 99—100, 104—119
环境保护署调控中的科学　Science in EPA regulation, 114—119
霍华德大学遗传数据库　Howvard University genetics database, 294

J

机构专利协议　Institutional patent agreements, 62—63
基础设施　Infrastructure：
　　创新　innovation and, 9
　　国际贸易　international trade and, 173—175, 177—187
　　国内R&D　domestic R&D and, 178
　　国外R&D　foreign R&D and, 173—181, 186—187
　　互联网设计与政策　Internet design and policy, 261, 265—269
　　技术标准　technical standards as, 206
　　通信网络　communications networks, 244—252
基础设施,地方性技术　Infrastructure, local technological：

测度 measuring,82—83

小企业创新 small business innovation and,82—83,85,87—90,92—93

基础设施,交通:通过技术以提高 Infrastructure,transportation:improving through technology,218—219,222—230

基础设施,通信 Infrastructure,communication:

 参与塑造 participation in shaping,244

 创新 innovation and,244—252

 历史 history of,236—238

 透明性 transparency in,245—250

基督教伦理学:生殖技术 Christian ethics:reproductive technologies and,318

基因信任计划 Gene Trust,294

基因研究政策,少数民族社区 Genetics research policy,minority communities and,276—279,285—290

基因专利,欧盟的政策 Gene patenting,EU policy on,339—343

基于人口的遗传学研究 Population-based genetics research:

 在美国 in U.S.,294

 在英国 in Great Britain,292—294

 知情同意 informed consent and,294—303,304—307

激励竞争性研究的试验性计划 Experimental Program to Stimulate Competitive Research(EPSCoR),150

 研究效果 effects on research,164

 研究资金 research funding,150—151,154—160,164—168

计划目标和联邦 R&D Program goals and federal R&D,37—38,46

计算机设备工业,美国 Computer equipment industry,U.S.,173—174,180—187

技术发展 Technology development:

 规制政策 regulatory policy and,257—269

 垄断市场 monopoly markets and,257—265,268—269

技术性审判机构 Technology tribunals,140

技术转移 Technology transfer:

 《Bayh-Dole 法案》 Bayh-Dole Act and,69—70

 Myriad 公司案例 Myriad Genetics case and,336—338,339—352

剂量—反应模式,致癌性 Dose-response models,carcinogenicity,106—107

健全的科学:环境保护署 Sound science:for EPA,111—114,118—119

交通基础设施:通过技术提高 Transportaion infrastructure:improving through technology,218—219,222—230

教育,遗传技术 Education,genetics technology,286,289

阶段 II 授予,小企业创新研究计划 Phase II awards,SBIR program:

 创新方式 innovation measure,79,80—82,84—85

地域性分布　geographical distribution of, 81—82

技术基础设施　technological infrastructure and, 82—85

区域性簇群　regional clustering of, 91—92

揭示,知情同意　Disclosure, informed consent and, 295

界定的投资目标,联邦的研究　Defined investment goals, federal research, 37—50

经济发展政策,小企业创新　Economic development policy, small business innovation, 92—93

经济增长　Economic growth:

大学的贡献　universities' contribution to, 56—58

小企业的贡献　small business contribution to, 79

竞争　Competition:

国际性的　international, 184—185

新技术发展　new technology development and, 257—261,263—269

竞争性本地交换公司　Competitive local exchange companies, 260

就业,高技术:小企业创新　Employment, high tech: small business innovation and, 84

就业,工业:小企业创新　Employment, industry: small business innovation and, 88—89

聚集,小企业创新　Agglomeration, small-business innovation, 78—79,85—87,90—92

捐献,遗传的　Donations, genetic:

动机　motivations for, 301—306

知情同意　informed consent and, 301—306

作为馈赠物　as gifts, 303—306

作为义务　as duty, 303—306

K

开放式讨论,电缆工业　Open access debate, cable industry, 247—248

科学、工程和公共政策委员会　Committee on Science, Engineering and Public Policy(COSEP-UP), 43—45

科学的社会契约　Social contract for science, 11,28n.1,112

科学的专门知识　Scientific expertise:

调控为　regulation as, 102

环境保护署的政策　in EPA policy, 116—117

科学的自治　Self-regulation of science, 11—12

科学法庭　Science courts, 140,143n.4

科学咨询委员会,环境保护署　Science Advisory Board, EPA's, 107

客观性,科学的　Objectivity, scientific, 112,116—117,137,314—315,333

L

理解,知情同意　Understanding, informed consent and, 296
利他主义,遗传信息捐献　Altruism, genetic donation and, 301—302
联邦 R&D,参见"公共 R&D"　Federal R&D., *See* Public R&D
联邦 R&D 投资组合　Federal R&D portfolio, 8,33—50
联邦 R&D 资金　Federal R&D funding:
  分配　distribution of, 149—159,168—169
  区域集中化　regional concentration of, 149—152
联邦政府的调控政策,科学　Federal regulatory policy, science and, 113—114
流行病学证据　Epidemiological evidence, 107—111
垄断市场,技术发展　Monopoly markets, technology development, 257—258,261,263—265, 268—269
伦理咨询委员会　Ethics advisory committees:
  建立研究议程　setting research agenda, 20—28
  民主代表制　democratic representation and, 11,12—16,19—28
罗森有限公司　Rossen Ltd., 349—350

M

贸易,国际化:创新　Trade, international: innovation and, 173—175,177—187
民意咨询,知情同意　Public consultations, informed consent and, 300—301
民主代表制　Democratic representation:
  标准制定　standard setting and, 207—208,211—213
  科学的反常　scientific anomalies and, 137—138,141,142
  科学政策　science policy and, 11,13—16,19—20
  联邦的科学政策　federal science policy and, 10—28
  伦理咨询委员会　and ethics advisory committees, 11,12—16,19—28
模块化,计算机系统　Modularization, computer system, 239—240

P

胚胎研究　Embryo research:
  德国的立法　German legislation on, 317—322,325—326
  英国的立法　British legislation on, 322—326

Q

七层协议模型,计算机网络　Seven-layer model, computer networking, 240

启示　Enlightenment, the, 313—314
全球化与技术转移　Globalization and technology transfer, 351—352
群体同意　Group consent, 299—300

R

人口密度,小企业创新　Population density, small-business innovation and, 89, 91
人类基因组计划　Human Genome Project(HGP):
　　基于人口的遗传学研究　population-based genetic research, 292
　　少数民族社区　minority communities and, 277, 278—279, 288—289
人类受试者研究　Human subjects research, 277—278
　　病人自主权　patient autonomy and, 291, 294—296, 303, 304—307
　　知情同意　informed consent and, 291
人文科学,联邦的资助　Humanities, federal funding for, 19, 28n.5
乳腺癌基因测试　Breast cancer(BRCA) gene testing, 334—335

S

三氯甲烷含量的饮用水标准,美国环境保护署　Chloroform drinking water standard, EPA, 104—111
商务服务,小企业创新　Business services, small business innovation, 84, 86, 89, 91
少数民族社区　Minority communities:
　　卫生保健　health care and, 279, 281, 287—288
　　遗传学研究　genetics research and, 276—279, 285—287, 288—290
社群同意　Community consent, 299—300
生物技术发明法律保护的欧盟指令(《生物技术专利条例》)　EU Directive on legal Protection of Biological Invention(Biotech Patent Derivative), 339
生物伦理学,伦理咨询委员会　Bioethics, ethics advisory committees, 14
生物信息库　Biobanking:
　　在美国　in U.S., 294
　　在英国　in Great Britain, 292—294
　　知情同意　informed consent and, 294—303, 304—307
生殖技术　Reproductve technologies:
　　德国的立法　German legislation, 317—322, 325—326
　　公共政策　public policy and, 316—326
　　现代性　modernity and, 315—316
　　英国的立法　British legislation, 322—326
实践共同体　Communities of practice, 219—221

事实标准的制定　De facto standard setting, 201
私人资助的研究　Privately funded research, 55
私营部门的科学,环境保护署的使用　Private sector science, EPA's use of, 116—118,119
速递网络,古代的　Courier networks, ancient, 236—238

T

塔斯基吉实验(指黑人被剥削事件)　Tuskegee experiments, 278
调控政策　Regulatory policy:
  互联网发展　internet development and, 260—261,265—269
  环境保护署政策中的科学　science in EPA policy and, 114—119
  技术发展　technology development and, 257—269
  科学的反常　scientific anomalies and, 125—127,135—136,140
  科学的专门知识　scientific expertise and, 102,116—117
  通信技术发展　communications technology development and, 256,260—261,265—269
调控中的开放性　Openness in regulation, 103
通信技术政策,历史发展　Communications technology policy, historical development of, 257—262
同行评议　Peer review:
  健全的科学　sound science and, 112—114,119
  联邦政府资金的分配　distribution of federal funds and, 149
同种疗法的毒物兴奋效应　Homeopathic hormesis, 131,134
投资风险,研究　Investment risk, research and, 35—37,40—42
投资组合的平衡,研究　Portfolio balance, research and, 35—37,40—42
透明度,通信基础设施　Transparency, communication infrastructure, 245—250

W

万维网联盟　World Wide Web Consortium(W3C), 202
网络计价游戏,电信市场　Network pricing game, telecommunications market, 262—264,268
网络计算机辅助科学政策分析与研究数据库　WebCASPAR database, 84
卫生、教育和福利部的专利政策　Department of Health, Education, and Welfare(HEW) patent policy, 62—63
卫生保健,在少数民族社区　Health care, in minority communities, 279,281,287—288
委托—代理问题,科学政策　Principal-agent problems, science policy and, 71—72

X

现代性　Modernity：
    科学　science and, 313—317
    生殖技术　reproductive technology and, 315—316
    特征　characteristics of, 313—315

线性剂量—反应模型　Linear dose-response models, 106—107

小企业创新　Small business innovation：
    测度　measuring, 78—79
    地域相邻性　geographical proximity and, 90
    聚群效应　agglomeration effects on, 78—79, 85—87, 90—92
    人口密度　population density and, 84, 86—89
    商业服务　business services and, 84
    小企业研究　small business research and, 77
    研究型大学　research universities and, 83

小企业创新研究计划　Small Business Innovation Research Program (SBIR), 9
    参见"小企业创新研究计划阶段Ⅱ授予" *See also* SBIR Phase Ⅱ awards
    创新测度　measuring innovation of, 79
    目标　goals of, 79—80, 91
    政策内涵　policy implications of, 91—92

小企业创新研究计划阶段Ⅱ授予　SBIR Phase Ⅱ awards：
    参见"小企业创新研究计划" *See also* Small Business Innovation Research Program
    创新方式　innovation measure, 79, 80—82, 84—85
    地域性分布　geographical distribution of, 81—82
    技术基础设施　technological infrastructure and, 82—85
    区域性簇群　regional clustering, 91—92

协同转化过程,理查德·阿克塞尔　Cotransformation process, Richard Axel's, 69

许可证　Licenses：
    《Bayh-Dole 法案》　Bayh-Dole Act and, 60—78
    大学　universities and, 55—56, 58—74
    对于经济的重要性　importance to economy of, 57—58, 74n.1

Y

研究,学术的：联邦政府的资助　Research, academic：federal funding, 149—152, 160—161

研究的商业化　Commercialization of research, 19

研究伦理学　Research ethics：
    辩解的功能　alibi function of, 13—14
    不合伦理的研究实践　unethical research practices, 276—278

道德方面的专门知识　moral expertise and, 12—16

科学政策　science policy, 10—28,28n. 3

民主的代表制　democratic representation and, 11—28,28n. 4

生殖技术　reproductive technologies and, 316—326

知情同意　informed consent and, 291,294—307

研究型大学：小企业创新　Research universities：small business innovation and, 83,86,88,90

研究型公司,哥伦比亚大学　Research Corporation, Columbia University, 58—59

研究性科学　Research science, 102—103

遗传流行病学　Genetic epidemiology：

在美国　in U.S. , 294

在英国　in Great Britain, 292—294

知情同意　informed consent and, 294—303,304—307

遗传信息,特殊性质　Genetic information, exceptional nature of, 295—296

遗传信息捐献　Genetic donations：

动机　motivations for, 301—306

知情同意　informed consent and, 301—306

作为馈赠物　as gifts, 303—306

作为义务　as duty, 303—306

遗传学研究,基于人群的　Genetics research, population-based：

在美国　in U.S. , 294

在英国　in Great Britain, 292—294

知情同意　informed consent and, 294—303,304—307

引进与创新　Imports and innovation, 175—176,179—180,186

引用测度创新　Citations measuring innovation, 78

隐私参数工程平台　Platform for Privacy Preferences Project(P3P), 199—200,202—203,208—210

隐私权,互联网　Privacy, Internet, 199—200,208—209

应对反常情况的协商　Deliberative response to anomalies：

得益于　benefits of, 136—138,142

对手诉讼程序方式　adversary-proceeding approach and, 139—140

工作组　working groups and, 139

用户表征　User representations, 206—213

标准制定　standards setting, 200

用户驱动式创新　User-driven innovation, 243—244

有色人种社群与遗传学政策项目　Communities of Color and Genetics Policy Project, 276, 279—290

有益毒物兴奋效应　Beneficial hormesis, 130—131

诱增交通量　Induced traffic, 225

阈值模型,剂量—反应　Threshold models, dose-response, 106—107

Z

赠与关系,遗传信息捐献　Gift relationship, genetic donations and, 301—304

知情同意　Informed consent:
  病人自主权　patient autonomy and, 291,294—296,304—307
  广义的　broad, 297,306—307
  揭示　disclosure and, 295
  理解　understanding and, 296
  民意咨询　public consolations and, 300—301
  群体同意　group consent, 299—300
  狭义的　narrow, 297,306
  遗传信息捐献　genetic donations and, 301—304
  知情同意　consent forms and, 297—299
  自愿　voluntariness and, 295—296

知识产权　Intellectual property rights:
  Myriad 公司　Myriad Genetics and, 338—339
  参见"专利"　See also patents
  基因专利　gene patenting and, 338—345

知识溢出　Knowledge spillovers:
  小企业创新　small business innovation and, 85—86,88—92
  研究型大学　research universities and, 83—84
  研究与发展　R&D and, 175

知识转移　Knowledge transfer:
  国际贸易　international trade and, 175
  小企业创新　small business innovation and, 88—89

制度评估理事会　Institutional review boards, 13,25

智能交通系统　Intelligent transportation systems, 222—224

终端系统网络　End-system networks, 241—243,244

专家知识,技术的:标准的制定　Expertise, technological: standards setting, 211—212

专款,联邦的　Earmarks, federal:
  利益集团政治　interest group politics, 18
  研究的效应　effects on research, 160—164,168—169
  研究资金　and research funding, 150—154,157—160

专利　Patents:
  Myriad 公司　Myriad Genetics and, 336—339,351
  《Bayh-Dole 法案》　Bayh-Dole Act and, 60—78

创新方式　innovation measures and, 80—81
创新活动　innovative activity and, 78
大学　universities and, 55—56, 58—74, 338
大学教学人员持有　faculty-held, 58—59
基因专利　gene patenting and, 338—345
经济重要性　economic importance of, 57—58, 74n.1
欧盟政策　EU policy and, 339—341

专业科学小组,客观性　Expert scientific panels, objectivity of, 117
自愿,知情同意　Voluntariness, informed consent and, 295—296
自治的科学,公共研究　Autonomous science, public research and, 11—12
自主性,病人　Autonomy, Patient, 291, 294—296, 303, 304—307

译后记

由 David H. Guston 和 Daniel Sarewitz 主编的《塑造科学与技术政策——新生代的研究》是一部重要的科技政策文集,它反映了欧美国家科学与技术政策研究"新生代"的声音,这种声音被认为有可能在 21 世纪指导科学与技术的政策。对这一"新生代"的特点,Lewis M. Branscomb 在前言中作了很好的概括。比如,他们很少受技术决定论的影响,承认科学与技术政策是被社会、文化和政治因素塑造的,但却没有落入社会建构论的陷阱。同时,这些年轻学者既具有全球视野,又关注本土问题;既着力于学术探索和理论建设,又着眼于解决实践中面临的重要问题。

本书主编 David H. Guston 和 Daniel Sarewitz 对科学与技术政策研究的"新生代"给予了高度评价,认为这是 21 世纪的一个"重要的社会资源"。在 NSF 的支持下,通过严格、充分竞争性的同行评议,他们在大量年轻学者的工作中遴选了 16 篇论文结集出版,以期反映"科技政策中在学术和实践两方面最好的年轻学者的思想"。我们有理由认为,本书的翻译出版有助于国内学者和政策实践者更好地了解国际科技政策研究的前沿进展,特别是欧美国家年轻一代学者的学术思想和研究方法。同时,本书也可以为更好地促进中国科技政策领域年轻学者的成长提供借鉴。

本书的翻译是集体合作的结果。具体分工如下:前言、致谢、导论、第 1 章、第 2 章,李正风;第 3 章、第 4 章,邱慧丽;第 5—8 章,尹雪慧;第 9—12 章,丁大尉;第 13—16 章,高璐。李正风、邱慧丽对全书译稿进行了统校。由于译者水平有限,加之时间仓促,译稿难免不确之处,敬请读者批评指正。

李正风
2010 年 2 月 28 日于清华大学新斋